JN078916

大学数学入門編

初めから学べる
微分積分

■ キャンパス・ゼミ ■

大学数学を楽しく短期間で学べます！

馬場敬之

マセマ出版社

はじめに

みなさん，こんにちは。数学の**馬場敬之(ばばけいし)**です。これまで発刊した**大学数学『キャンパス・ゼミ』シリーズ(微分積分，線形代数，確率統計など)**は多くの方々にご愛読頂き，大学数学学習の新たなスタンダードとして定着してきたようで，嬉しく思っています。

しかし，度重なる大学入試制度の変更により，**理系**の方でも，**AO入試**や**推薦入試**や**共通テスト試験**のみで，本格的な大学受験問題の洗礼を受けることなく進学した皆さんにとって，**大学数学の敷居は相当に高く**感じるはずです。また，**経済学部**，**法学部**，**商学部**，**経営学部**など，**文系志望**で高校時代に十分な数学教育を受けることなく進学して，いきなり大学の**微分積分学(解析学)**の講義を受ける皆さんにとって，**大学数学の壁は想像以上に大きい**と思います。

しかし，いずれにせよ大学数学を難しいと感じる理由，それは，
「大学数学を学習するのに必要な基礎力が欠けている」からなのです。

これまでマセマには，「高校数学から大学数学へスムーズに橋渡しをする，分かりやすい参考書を是非マセマから出版してほしい」という読者の皆様からの声が，連日寄せられて参りました。確かに，**「欠けているものは，満たせば解決する」**わけですから，この読者の皆様のご要望にお応えするべく，この『**初めから学べる 微分積分キャンパス・ゼミ**』を書き上げました。

本書は，大学の**微分積分学(解析学)**に入る前の基礎として，高校の**3**年間で学習する**“数列と関数の極限”**，**“微分法”**，**“積分法”**から，**大学の基礎的な微分積分学**まで**明解にそして親切に解説した参考書**なのです。もちろん，理系の大学受験のような込み入った問題を解けるようになる必要はありません。しかし，大学数学をマスターするためには，**相当の基礎学力**が必要となります。本書は**短期間でこの基礎学力が身につく**ように工夫して作られています。

さらに，**"オイラーの公式"**や**"ダランベールの収束判定法"**や**"マクローリン展開"**，それに2変数関数の**"偏微分と全微分"**や**"重積分"**など，高校で習っていない内容のものでも，これから必要となるものは，**その基本を丁寧に解説**しました。ですから，本書を一通り学習して頂ければ，**大学数学へも違和感なくスムーズに入っていける**はずです。

この『**初めから学べる 微分積分キャンパス・ゼミ**』は，全体が4章から構成されており，各章をさらにそれぞれ10ページ程度のテーマに分けていますので，非常に読みやすいはずです。大学数学を難しいと感じたら，**本書をまず1回流し読みする**ことをお勧めします。初めは公式の証明などは飛ばしても構いません。小説を読むように本文を読み，図に目を通して頂ければ，**大学基礎数学 微分積分の全体像**をとらえることができます。この**通し読みだけなら，おそらく1週間もあれば十分**だと思います。

1回通し読みが終わりましたら，後は各テーマの詳しい解説文を**精読**して，例題も**実際に自力で解きながら**，勉強を進めていきましょう。

そして，この精読が終わりましたら，大学の**微分積分学(解析学)**の講義を受講できる力が十分に付いているはずですから，自信を持って，講義に臨んで下さい。その際に，『**微分積分キャンパス・ゼミ**』が大いに役に立つはずですから，是非利用して下さい。

それでも，講義の途中で**行き詰まった箇所**があり，上記の推薦図書でも理解できないものがあれば，**基礎力が欠けている証拠**ですから，またこの『**初めから学べる 微分積分キャンパス・ゼミ**』に戻って，所定のテーマを再読して，**疑問を解決**すればいいのです。

数学というのは，他の分野と比べて**最も体系が整った美しい学問分野**なので，基礎から応用・発展へと順にステップ・アップしていけば，どなたでも**大学数学の相当の高見まで登って行く**ことができます。読者の皆様が，本書により大学数学に開眼され，さらに楽しみながら強くなって行かれることを願ってやみません。

マセマ代表　馬場 敬之（けいし）

この「初めから学べる 微分積分キャンパス・ゼミ」は，初級の大学数学により親しみをもって頂くために「大学基礎数学 微分積分キャンパス・ゼミ」の表題を変更したものです。さらに，**Appendix**(付録)の補充問題として逆三角関数 $\sin^{-1}x$ の微分の問題を加えました。

◆ 目次 ◆

講義1 数列と関数の極限

講義2 微分法

講義3 積分法

講義4 2変数関数の微分・積分

数列と関数の極限

▶ **無限級数**

（無限等比級数 $\sum_{k=1}^{\infty} ar^{k-1} = \frac{a}{1-r}$）

▶ **漸化式と数列の極限**

（$F(n+1) = rF(n)$ ならば $F(n) = F(1)r^{n-1}$）

▶ **関数の基本**

（逆関数 $f^{-1}(x)$，合成関数 $g \circ f(x)$）

▶ **関数の極限**

（分数関数，無理関数，三角関数の極限）

§1. 無限級数

さァ，これから“**極限**”の講義を始めよう。この“**極限**”は“**微分・積分**”をマスターするための基礎として欠かせないものだから，まず，ここでシッカリ習得しておこう。

極限には“**数列の極限**”と“**関数の極限**”の**2**つがあるんだけれど，ここではまずΣ計算と絡めて，“**無限級数**”について詳しく解説するつもりだ。一般に，極限の考え方は分かりづらいかも知れない。でも，親切に分かりやすく教えるから，すべて理解できるはずだ。

それでは，早速講義を始めよう！

● まず，Σ計算から解説しよう！

Σ計算は数列$\{a_n\}$の和を求めるのに便利な記号法だ。例えば$\sum_{k=1}^{n}(k\text{の式})$の形で表されると，これは「($k$の式)の$k$を，$k=1$，$2$，$3$，…，$n$と動かして，その和を取りなさい」という意味なんだ。例として挙げると，

$$\sum_{k=1}^{n} a_k = a_1 + a_2 + a_3 + \cdots + a_n,\quad \sum_{k=1}^{n} k^2 = 1^2 + 2^2 + 3^2 + \cdots + n^2$$

などとなるんだね。

それではまず，Σ計算の基本公式を下に示そう。

Σ計算の基本公式

(1) $\sum_{k=1}^{n} k = \frac{1}{2}n(n+1)$　　(2) $\sum_{k=1}^{n} k^2 = \frac{1}{6}n(n+1)(2n+1)$

(3) $\sum_{k=1}^{n} k^3 = \frac{1}{4}n^2(n+1)^2$　　(4) $\sum_{k=1}^{n} c = nc$ ← n個のcの和だ！（c：定数）

具体的に書くと，(1) $\sum_{k=1}^{n} k = 1+2+3+\cdots+n = \frac{1}{2}n(n+1)$であり，

(2) $\sum_{k=1}^{n} k^2 = 1^2+2^2+3^2+\cdots+n^2 = \frac{1}{6}n(n+1)(2n+1)$であり，また，

(3) $\sum_{k=1}^{n} k^3 = 1^3+2^3+3^3+\cdots+n^3 = \frac{1}{4}n^2(n+1)^2$　だね。そして，

(4) $\sum_{k=1}^{n} c = \underbrace{c+c+c+\cdots+c}_{n\text{個の}c\text{の和}} = nc$となる。

Σ 計算については既に高校で学んでいると思うけれど，復習を兼ねて，次の例題を解いてみてごらん。

例題 1　$S_n=(n+1)^2+(n+2)^2+(n+3)^2+\cdots+(2n)^2$ を求めよう。

$S_n=(n+1)^2+(n+2)^2+(n+3)^2+\cdots+(n+n)^2$　と変形して，

1，2，3，…，n と動く部分を k とおくと，Σ 計算にもち込める。

$$S_n=\sum_{k=1}^{n}(n+k)^2=\sum_{k=1}^{n}(n^2+2nk+k^2)$$

定数扱い ← 1，2，3，…，n と動くのは k だからね。

定数 c とみる。

$$=\sum_{k=1}^{n}n^2+2n\sum_{k=1}^{n}k+\sum_{k=1}^{n}k^2$$

$n\cdot n^2$　$\frac{1}{2}n(n+1)$　$\frac{1}{6}n(n+1)(2n+1)$

公式
$\sum_{k=1}^{n}c=nc$，　$\sum_{k=1}^{n}k=\frac{1}{2}n(n+1)$
$\sum_{k=1}^{n}k^2=\frac{1}{6}n(n+1)(2n+1)$

$$=n^3+n^2(n+1)+\frac{1}{6}n(n+1)(2n+1)$$

$$=\frac{1}{6}n\{6n^2+6n(n+1)+(n+1)(2n+1)\}$$

$6n^2+6n^2+6n+2n^2+3n+1=14n^2+9n+1$

$$=\frac{1}{6}n(14n^2+9n+1)$$　となる。

公式は使うことによって，本当にマスターできるんだね。

● $\frac{\infty}{\infty}$ の不定形の意味を押さえよう！

では次，極限の解説に入ろう。極限の式 $\lim_{n\to\infty}\frac{1}{2n^2}$ の場合，これは分母が $2n^2\to\infty$ となって，$\frac{1}{\infty}$ の形だから，当然 0 に近づいていくのが分かるだろう。つまり，$\lim_{n\to\infty}\frac{1}{2n^2}=0$ だ。

同様に，$\lim_{n\to\infty}\frac{3}{3n^2+1}$ も $\lim_{n\to\infty}\frac{-2}{n^3-1}$ も，それぞれ $\frac{3}{\infty}$，$\frac{-2}{\infty}$ の形だから，0 に**収束**するのも大丈夫だね。

逆に，$\lim_{n\to\infty}\frac{\overset{\infty}{n^2-4}}{2}$ や $\lim_{n\to\infty}\frac{\overset{-\infty}{1-3n}}{4}$ は，それぞれ $\frac{\infty}{2}$ や $\frac{-\infty}{4}$ の形なので，結局，∞と－∞に**発散**してしまうのもいいね。

それでは次，$\frac{\infty}{\infty}$ の**不定形**について，その意味を解説しよう。大体のイメージとして，次の3つのパターンが考えられる。

(i) $\frac{400}{10000000000} \longrightarrow 0$　(収束)　$\left[\frac{弱い\infty}{強い\infty} \to 0\right]$

(ii) $\frac{300000000000}{100} \longrightarrow \infty$　(発散)　$\left[\frac{強い\infty}{弱い\infty} \to \infty\right]$

(iii) $\frac{1000000}{2000000} \longrightarrow \frac{1}{2}$　(収束)　$\left[\frac{同じ強さの\infty}{同じ強さの\infty} \to 有限な値\right]$

$\frac{\infty}{\infty}$ なので，分子・分母が共に非常に大きな数になっていくのは分かるね。一般に，極限の問題では，数値が変動するので，これを紙面に表現することは難しい。上に示した3つの例は，これら動きがあるものの，ある瞬間をとらえたスナップ写真のようなものだと考えるといい。

(i) 分子・分母が無限大に大きくなっていくんだけれど，$\frac{弱い\infty}{強い\infty}$ であれば，相対的に分母の方がずっと大きい。よって，これは0に収束する。

(ii) これは，(i)の逆の場合で，分母に対して分子の方が圧倒的に強い∞だね。よって割り算しても，∞に発散する。

(iii) これは，分子・分母ともに，同じレベル(強さ)の無限大なので，分子・分母の値が大きくなっても，割り算すると $\frac{1}{2}$ という一定の値に近づく。
(一定の値：これを“**有限確定値**”という。)

注意

ここで言っている“強い∞”，“弱い∞”とは，∞に発散していく速さが，それぞれ大きい∞と小さい∞のことだ。これらは，理解を助けるための便宜上の表現に過ぎないので，答案には，“強い∞”や“弱い∞”などと記述してはいけない。あくまでも頭の中だけの操作にしよう。

以上 (i)(ii)(iii) の例から分かるように，$\frac{\infty}{\infty}$ の極限は収束するか発散するか定まらない。だから，$\frac{\infty}{\infty}$ の不定形というんだ。さらに，

$\frac{\infty}{\infty} = \infty \times \frac{1}{\infty} = \infty \times 0$ と変形できるので，$\infty \times 0$ も不定形と言える。

それでは，例題で練習しておこう。

$(ex1)\ \lim_{n\to\infty} \frac{n^2+n}{3n^3+1} = 0$ (収束)

2次の∞ (弱い)
3次の∞ (強い)

$(ex2)\ \lim_{n\to\infty} \frac{n^2+1}{n-1} = \infty$ (発散)

2次の∞ (強い)
1次の∞ (弱い)

> 例題 2　次の極限を求めよう。
>
> $$\lim_{n\to\infty} \frac{(n+1)^2+(n+2)^2+(n+3)^2+\cdots+(2n)^2}{n^3}$$

この分子は例題 **1** (**P9**) で既に計算した S_n のことで，

$S_n = \frac{1}{6}n(14n^2+9n+1)$ であることは分かっている。よって，

$$\lim_{n\to\infty} \frac{S_n}{n^3} = \lim_{n\to\infty} \frac{\frac{1}{6}n(14n^2+9n+1)}{n^3} = \lim_{n\to\infty} \frac{14n^2+9n+1}{6n^2}$$

2次の∞ (同じ強さ)
2次の∞ (同じ強さ)

$$= \lim_{n\to\infty} \frac{14+\frac{9}{n}+\frac{1}{n^2}}{6}$$

$\frac{9}{n} \to 0$，$\frac{1}{n^2} \to 0$

分子・分母を n^2 で割った！

$$= \frac{14}{6} = \frac{7}{3}$$ (有限確定値) となる。

● $\lim_{n\to\infty} r^n$ の極限も重要だ！

$\lim_{n\to\infty} r^n$ (r : 定数) の形の極限の問題も頻出なので，その対処法をシッカリマスターしておく必要がある。

まず，$\lim_{n\to\infty} r^n$ の極限の基本公式を次に示そう。

$\lim_{n\to\infty} r^n$ の基本公式

$$\lim_{n\to\infty} r^n = \begin{cases} 0 & (-1<r<1 \text{ のとき}) & (\text{I}) \\ 1 & (r=1 \text{ のとき}) & (\text{II}) \\ \text{発散} & (r \leqq -1,\ 1<r \text{ のとき}) & (\text{III}) \end{cases}$$

(Ⅰ) $-1<r<1$ のとき，$\lim_{n\to\infty} r^n$ が 0 に収束するのは，大丈夫だね。

$r=\frac{1}{2}$ や $-\frac{1}{2}$ のとき，これを無限にかけていけば 0 に近づくからだ。

ここで，$-1<r<1$ ならば，$\lim_{n\to\infty} r^{n-1}=\lim_{n\to\infty} r^{2n+1}=0$ となるのもいいね。この場合，指数部が $n-1$ や $2n+1$ となっても，r を無限にかけることに変わりはないわけだからね。

(Ⅱ) $r=1$ のとき，$\lim_{n\to\infty} r^n=\lim_{n\to\infty} 1^n=1$ となるのもいいね。

(Ⅲ) 次，$1<r$ のとき，$n\to\infty$ とすると，$r^n\to\infty$ と発散する。また，$r\leqq -1$ のとき，$n\to\infty$ とすると，⊕，⊖の値を交互にとって振動しながら，発散する。

ここで，(Ⅲ)の場合，$r=-1$ を除いた，$r<-1$，$1<r$ のとき，r の逆数 $\frac{1}{r}$ は，$-1<\frac{1}{r}<1$ となるから，次のように覚えておくといいよ。

$r<-1$，$1<r$ のとき，

$$\lim_{n\to\infty}\left(\frac{1}{r}\right)^n=0 \quad \left(\because -1<\frac{1}{r}<1\right)$$

・$r<-1$ の両辺を $-r\ (>0)$ で割って，$-1<\frac{1}{r}$ となり，
・$1<r$ の両辺を $r\ (>0)$ で割って，$\frac{1}{r}<1$ となる。

以上より，$\lim_{n\to\infty} r^n$ の問題に対しては，r の値により，次の 4 通りに場合分けして解いていけばいいんだね。

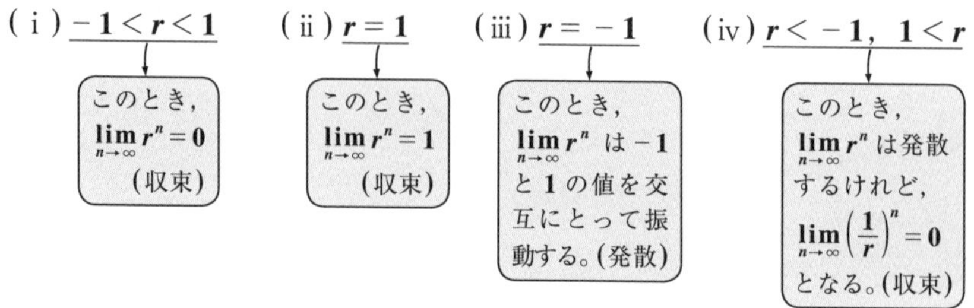

● 無限級数の和の公式をマスターしよう！

数列の無限和を"**無限級数**"，または単に"**級数**"という。まず，無限級数の和が求まる基本的な **2** つのパターンの公式を下に示そう。

無限級数の和の公式

(Ⅰ) 無限等比級数の和

$$\sum_{k=1}^{\infty} ar^{k-1} = a + ar + ar^2 + \cdots\cdots = \frac{a}{1-r} \quad (\text{収束条件}: -1 < r < 1)$$

（a：初項，r：公比）

(Ⅱ) 部分分数分解型

これについては，$\displaystyle\sum_{k=1}^{\infty}\frac{1}{k(k+1)}$ の例で示す。

(ⅰ) まず，"**部分和**"（初項から第 n 項までの和）S_n を求める。

$$\text{部分和 } S_n = \sum_{k=1}^{n}\frac{1}{k(k+1)} = \sum_{k=1}^{n}\left(\frac{1}{k} - \frac{1}{k+1}\right)$$

（部分分数に分解した！　$\frac{1}{k} = I_k$，$\frac{1}{k+1} = I_{k+1}$）

$$= \left(\frac{1}{1} - \frac{1}{2}\right) + \left(\frac{1}{2} - \frac{1}{3}\right) + \left(\frac{1}{3} - \frac{1}{4}\right) + \cdots + \left(\frac{1}{n} - \frac{1}{n+1}\right)$$

$$= 1 - \frac{1}{n+1}$$

（バサバサバサと途中の項が消えて，初めの項と最後の項のみが残る！）

(ⅱ) $n \to \infty$ として，無限級数の和を求める。

$$\therefore \text{無限級数の和 } \lim_{n\to\infty} S_n = \lim_{n\to\infty}\left(1 - \frac{1}{n+1}\right) = 1 \text{ となって答えだ！}$$

（$\frac{1}{n+1} \to 0$）

(Ⅰ) 無限等比級数 $(r \neq 1)$ の場合，部分和 S_n を求めると，公式から，

$$S_n = \sum_{k=1}^{n} ar^{k-1} = \frac{a(1-r^n)}{1-r} \text{ だね。}$$

（$r^n \to 0$）

$\begin{cases} S_n = a + ar + ar^2 + \cdots + ar^{n-1} & \cdots\cdots\cdots ① \\ r \cdot S_n = \quad ar + ar^2 + \cdots + ar^{n-1} + ar^n & \cdots ② \end{cases}$

①−②より，$(1-r)S_n = a - ar^n$

$\therefore S_n = \dfrac{a(1-r^n)}{1-r}$ となる。

ここで，収束条件：$-1 < r < 1$ をみたせば，$n \to \infty$ のとき $\displaystyle\lim_{n\to\infty} r^n = 0$ となるので，無限等比級数の和は，

$\displaystyle\sum_{k=1}^{\infty} ar^{k-1} = \frac{a}{1-r}$ と，アッという間に結果が出せるんだね。大丈夫？

(Ⅱ) 部分分数分解型の問題では，例で示したように，まず(ⅰ)部分和 S_n を求めて，(ⅱ) $n\to\infty$ にして無限級数の和を求める，という2つの手順を踏んで解くんだよ。

一般に部分分数分解型の部分和は，

$\sum_{k=1}^{n}(I_k-I_{k+1})$，$\sum_{k=1}^{n}(I_{k+1}-I_k)$ や $\sum_{k=1}^{n}(I_k-I_{k+2})$ など，さまざまなヴァリエーションがある。早速，例題で練習しておこう！

> 例題3　次の無限級数の和を求めよう。
>
> (1) $\sum_{k=1}^{\infty}\left\{\left(\frac{1}{2}\right)^k-\left(\frac{1}{2}\right)^{k+2}\right\}$　　(2) $\sum_{k=1}^{\infty}\frac{2k+3}{k(k+1)}\left(\frac{1}{3}\right)^{k+1}$

(1) 部分分数分解型の無限級数だから，まず部分和 S_n を求めると，

$$S_n=\sum_{k=1}^{n}\left\{\underbrace{\left(\frac{1}{2}\right)^k}_{I_k}-\underbrace{\left(\frac{1}{2}\right)^{k+2}}_{I_{k+2}}\right\}=\sum_{k=1}^{n}\left(\frac{1}{2}\right)^k-\sum_{k=1}^{n}\left(\frac{1}{2}\right)^{k+2}$$

公式：$\sum_{k=1}^{n}(a_k\pm b_k)=\sum_{k=1}^{n}a_k\pm\sum_{k=1}^{n}b_k$ より

$$=\frac{1}{2}+\left(\frac{1}{2}\right)^2+\left(\frac{1}{2}\right)^3+\left(\frac{1}{2}\right)^4+\cdots+\left(\frac{1}{2}\right)^n$$

$$-\left\{\left(\frac{1}{2}\right)^3+\left(\frac{1}{2}\right)^4+\cdots+\left(\frac{1}{2}\right)^n+\left(\frac{1}{2}\right)^{n+1}+\left(\frac{1}{2}\right)^{n+2}\right\}$$

$$=\frac{1}{2}+\left(\frac{1}{2}\right)^2-\left(\frac{1}{2}\right)^{n+1}-\left(\frac{1}{2}\right)^{n+2}$$

途中がバサバサバサバサ…と消えて初めの2項と最後の2項のみが残る。

$$=\frac{3}{4}-\left(\frac{1}{2}\right)^{n+1}-\left(\frac{1}{2}\right)^{n+2}$$

∴求める無限級数の和を S とおくと，

$$S=\lim_{n\to\infty}S_n=\lim_{n\to\infty}\left\{\frac{3}{4}-\overbrace{\left(\frac{1}{2}\right)^{n+1}}^{0}-\overbrace{\left(\frac{1}{2}\right)^{n+2}}^{0}\right\}=\frac{3}{4}$$ となる。

(1) の別解

$$\left(\frac{1}{2}\right)^k-\left(\frac{1}{2}\right)^{k+2}=\left(\frac{1}{2}\right)^k-\frac{1}{4}\left(\frac{1}{2}\right)^k=\left(1-\frac{1}{4}\right)\left(\frac{1}{2}\right)^k=\underbrace{\frac{3}{8}}_{\text{初項}a}\cdot\underbrace{\left(\frac{1}{2}\right)}_{\text{公比}r}{}^{k-1}$$

これは，初項 $a=\frac{3}{8}$，公比 $r=\frac{1}{2}$ の等比数列で，収束条件：

$-1<r<1$ をみたす。よって，(1) の Σ 計算は無限等比級数の問題として次のように解いても，同じ結果が出せる。

$$与式=\sum_{k=1}^{\infty}\frac{3}{8}\cdot\left(\frac{1}{2}\right)^{k-1}=\frac{\frac{3}{8}}{1-\frac{1}{2}}=\frac{\frac{3}{8}}{\frac{1}{2}}=\frac{3}{4}$$

無限等比級数の和の公式：$\sum_{k=1}^{\infty}ar^{k-1}=\frac{a}{1-r}\quad(-1<r<1)$

(2) の場合，この形のままではよく分からないので，まず，$\frac{2k+3}{k(k+1)}$ を部分分数 $\frac{a}{k}+\frac{b}{k+1}$ $(a, b:$ 定数$)$ の形に分解してみよう。

$$\frac{2k+3}{k(k+1)}=\frac{a}{k}+\frac{b}{k+1}=\frac{a(k+1)+bk}{k(k+1)}=\frac{(a+b)k+a}{k(k+1)}$$ だね。

よって，この両辺の分子の係数を比較して，

$a+b=2$，$a=3$　　よって，$a=3$，$b=-1$ となる。

以上より，

$$与式=\sum_{k=1}^{\infty}\underbrace{\left(\frac{3}{k}-\frac{1}{k+1}\right)}_{\frac{2k+3}{k(k+1)}}\left(\frac{1}{3}\right)^{k+1}=\sum_{k=1}^{\infty}\Big\{\underbrace{\frac{1}{k}\left(\frac{1}{3}\right)^{k}}_{I_k}-\underbrace{\frac{1}{k+1}\left(\frac{1}{3}\right)^{k+1}}_{I_{k+1}}\Big\}$$

部分分数分解型だ！

よって，まずこの部分和 S_n を求めると，

$$S_n=\sum_{k=1}^{n}\left\{\frac{1}{k}\left(\frac{1}{3}\right)^{k}-\frac{1}{k+1}\left(\frac{1}{3}\right)^{k+1}\right\}$$

$$=\left\{\frac{1}{1}\cdot\frac{1}{3}-\frac{1}{2}\cdot\left(\frac{1}{3}\right)^{2}\right\}+\left\{\frac{1}{2}\cdot\left(\frac{1}{3}\right)^{2}-\frac{1}{3}\cdot\left(\frac{1}{3}\right)^{3}\right\}+\left\{\frac{1}{3}\cdot\left(\frac{1}{3}\right)^{3}-\frac{1}{4}\cdot\left(\frac{1}{3}\right)^{4}\right\}+$$

$$\cdots+\left\{\frac{1}{n-1}\cdot\left(\frac{1}{3}\right)^{n-1}-\frac{1}{n}\cdot\left(\frac{1}{3}\right)^{n}\right\}+\left\{\frac{1}{n}\cdot\left(\frac{1}{3}\right)^{n}-\frac{1}{n+1}\cdot\left(\frac{1}{3}\right)^{n+1}\right\}$$

$$=\frac{1}{3}-\frac{1}{n+1}\cdot\left(\frac{1}{3}\right)^{n+1}$$ となる。 ← 初めと終りの 1 項ずつが残る。

∴求める無限級数の和を S とおくと，

$$S=\lim_{n\to\infty}S_n=\lim_{n\to\infty}\left\{\frac{1}{3}-\underbrace{\frac{1}{n+1}}_{\to 0}\cdot\underbrace{\left(\frac{1}{3}\right)^{n+1}}_{\to 0}\right\}=\frac{1}{3}$$ となって，答えだ！

これで，部分分数分解型の無限級数の解法にも慣れただろうね。

● $\lim_{n\to\infty} a_n = 0$ のとき，無限級数は収束するか？

無限級数 $\lim_{n\to\infty} S_n = \sum_{k=1}^{\infty} a_k = a_1 + a_2 + a_3 + \cdots$ について，一般に次の命題
「$\lim_{n\to\infty} S_n = S$（収束）ならば，$\lim_{n\to\infty} a_n = 0$ となる」……$(*1)$
が成り立つ。

$(*1)$ の証明　$n \geqq 2$ のとき，$a_n = S_n - S_{n-1}$ ……① が成り立つ。

S_n は $a_1 + a_2 + \cdots + a_{n-1} + a_n$，$S_{n-1}$ は $a_1 + a_2 + \cdots + a_{n-1}$

ここで，$\lim_{n\to\infty} S_n = S$ より，$\lim_{n\to\infty} S_{n-1} = S$ となる。

$n \to \infty$ のとき $S_n \to S$ ならば，S_{2n} も，S_{n+1} も，S_{n-1} なども，$n \to \infty$ のとき S に収束する！

よって，$n \to \infty$ のとき，①は，

$\lim_{n\to\infty} a_n = \lim_{n\to\infty} (S_n - S_{n-1}) = S - S = 0$ となる。

（$S_n \to S$，$S_{n-1} \to S$）

では，$(*1)$ の逆の命題
「$\lim_{n\to\infty} a_n = 0$ ならば，$\lim_{n\to\infty} S_n = S$ となる」……$(*2)$
は成り立つのだろうか？ 残念ながら $(*2)$ は成り立たないんだ。
この反例について，次の例題で練習しておこう。

例題4　数列 $a_n = \dfrac{1}{\sqrt{n}}$ $(n = 1, 2, \cdots)$ に対して，この部分和を S_n とおく。
このとき，無限級数 $\lim_{n\to\infty} S_n$ が発散することを示そう。

$\lim_{n\to\infty} a_n = \dfrac{1}{\sqrt{n}} = 0$ となるけれど，この無限級数 $\lim_{n\to\infty} S_n$ は発散することに

（$\sqrt{n}$：$\frac{1}{2}$ 次の ∞）

なる。その証明は次の通りだ。まず部分和を求めると，

$$S_n = a_1 + a_2 + a_3 + \cdots + a_n = \frac{1}{\sqrt{1}} + \frac{1}{\sqrt{2}} + \frac{1}{\sqrt{3}} + \cdots + \frac{1}{\sqrt{n}}$$

$$> \underbrace{\frac{1}{\sqrt{n}} + \frac{1}{\sqrt{n}} + \frac{1}{\sqrt{n}} + \cdots + \frac{1}{\sqrt{n}}}_{n\text{ 項の和}} = n \cdot \frac{1}{\sqrt{n}} = \sqrt{n}$$

分母をすべて $\sqrt{n}$ にしたので，S_n より小さくなる。

$\therefore S_n > \sqrt{n}$ だね。

ここで，$n \to \infty$ にすると，$\displaystyle\lim_{n\to\infty} S_n \geqq \lim_{n\to\infty} \sqrt{n} = \infty$ となるので，

$\displaystyle\lim_{n\to\infty} a_n = 0$ であっても，無限級数 $\displaystyle\lim_{n\to\infty} S_n = \infty$ となって，発散する。

● ダランベールの判定法も押さえよう！

これまで，無限級数の和が求まる場合を中心に解説してきたけれど，本当のことを言うと，無限級数の和が求まることって，実はめったにないんだよ。たとえば「無限級数の和 $\displaystyle\sum_{k=1}^{\infty} \frac{3^k}{k!}$ を求めよ」と言われても，途方に暮れるだけだろうね。

ここで，$a_n > 0$ $(n = 1,\ 2,\ \cdots)$ の数列 $\{a_n\}$ の無限級数を "**無限正項級数**(むげんせいこうきゅうすう)" または簡単に "**正項級数**(せいこうきゅうすう)" というんだけれど，この無限正項級数 $\displaystyle\sum_{k=1}^{\infty} a_k$ について，その和の値は求められなくても，これが収束するのか，発散するのかについては，次の "**ダランベールの判定法**" を用いれば決定できるので，紹介しておこう。

ダランベールの判定法

正項級数 $\displaystyle\sum_{k=1}^{\infty} a_k$ について，

$\displaystyle\lim_{n\to\infty} \frac{a_{n+1}}{a_n} = r$ のとき，← r は∞でもかまわない。

$\begin{cases} (\text{i})\ 0 \leqq r < 1 \text{ ならば，正項級数は収束し，} \\ (\text{ii})\ 1 < r \text{ ならば，正項級数は発散する。} \end{cases}$

したがって，正項級数 $\displaystyle\sum_{k=1}^{\infty} \frac{3^k}{k!}$ （a_k）についても，一般項 $a_n = \dfrac{3^n}{n!}$ だから，

$$\lim_{n\to\infty} \frac{a_{n+1}}{a_n} = \lim_{n\to\infty} \frac{\dfrac{3^{n+1}}{(n+1)!}}{\dfrac{3^n}{n!}} = \lim_{n\to\infty} \frac{3^{n+1}}{3^n} \cdot \frac{n!}{(n+1)!} = \lim_{n\to\infty} \frac{3}{n+1} = 0 \ (= r)$$

（$(n+1)! = (n+1)\cdot n!$，$n+1 \to \infty$）

よって，ダランベールの判定法により，この無限正項級数は収束することが分かるんだね。便利な判定法なので，是非覚えておこう。

演習問題 1 ● 数列の極限 ●

次の極限の値を求めよ。

$$\lim_{n\to\infty}\frac{2^2+4^2+6^2+\cdots+(2n)^2}{1^2+3^2+5^2+\cdots+(2n-1)^2} \quad \cdots\cdots①$$

ヒント！ ①の分子と分母の部分和をそれぞれ S_n と T_n とおいて，これを求めて，①に代入して極限の値を求めればいい。

解答＆解説

①の分子の部分和を S_n，分母の部分和を T_n とおくと，

$$S_n = 2^2+4^2+6^2+\cdots+(2n)^2$$

$$= 2^2(1^2+2^2+3^2+\cdots+n^2)$$

（2^2 をくくり出した。）

$$= 4\sum_{k=1}^{n}k^2 = 4\cdot\frac{1}{6}n(n+1)(2n+1) = \frac{2}{3}n(n+1)(2n+1) \quad \cdots\cdots\cdots\cdots②$$

$$T_n = 1^2+3^2+5^2+\cdots+(2n-1)^2$$

$$= \sum_{k=1}^{n}(2k-1)^2 = \sum_{k=1}^{n}(4k^2-4k+1)$$

$$= 4\sum_{k=1}^{n}k^2 - 4\sum_{k=1}^{n}k + \sum_{k=1}^{n}1$$

（$\frac{1}{6}n(n+1)(2n+1)$，$\frac{1}{2}n(n+1)$，$n\cdot 1 = n$）

公式：
$\sum_{k=1}^{n}k^2 = \frac{1}{6}n(n+1)(2n+1)$
$\sum_{k=1}^{n}k = \frac{1}{2}n(n+1)$
$\sum_{k=1}^{n}c = nc$

$$= \frac{2}{3}n(n+1)(2n+1) - 2n(n+1) + n$$

$$= \frac{n}{3}\{2(2n^2+3n+1)-6(n+1)+3\} = \frac{1}{3}n(2n+1)(2n-1) \quad \cdots\cdots③$$

（$4n^2-1=(2n+1)(2n-1)$）

以上②，③より，①の極限は，

$$\lim_{n\to\infty}\frac{S_n}{T_n} = \lim_{n\to\infty}\frac{\frac{2}{3}n(n+1)(2n+1)}{\frac{1}{3}n(2n+1)(2n-1)} = \lim_{n\to\infty}\frac{2n+2}{2n-1} = \lim_{n\to\infty}\frac{2+\frac{2}{n}}{2-\frac{1}{n}}$$

（$\frac{1次の\infty}{1次の\infty}$）（$\frac{2}{n}\to 0$，$\frac{1}{n}\to 0$）（分子・分母を n で割った。）

$$= \frac{2}{2} = 1 \quad \cdots\cdots\cdots\cdots（答）$$

演習問題 2 ● 等比級数と極限 ●

$S_n = 2 + 6 + 18 + \cdots + 2\cdot 3^{n-1}$ $(n = 1, 2, 3, \cdots)$ のとき，

極限 $\lim_{n\to\infty} \dfrac{\log_3 S_n}{2n}$ を求めよ。

ヒント！ S_n は，初項 $a = 2$，公比 $r = 3$ の等比数列の第 n 項までの部分和なので，公式から $S_n = \dfrac{a(1-r^n)}{1-r} = \dfrac{2(1-3^n)}{1-3}$ となる。後は，対数計算の公式をうまく使って，極限の値を求めればいいんだね。

解答＆解説

$S_n = 2 + 2\cdot 3 + 2\cdot 3^2 + \cdots + 2\cdot 3^{n-1}$ $(n = 1,\ 2,\ 3,\ \cdots)$ より，

S_n は，初項 $a = 2$，公比 $r = 3$ の等比数列の第 n 項までの部分和であるので，

> 等比数列の和の公式
> $a + ar + ar^2 + \cdots + ar^{n-1} = \dfrac{a(1-r^n)}{1-r}$ $(r \neq 1)$

$$S_n = \frac{2\cdot(1-3^n)}{1-3} = 3^n - 1 = 3^n\left\{1 - \left(\frac{1}{3}\right)^n\right\} \quad \cdots\cdots ①$$ となる。

> このように，3^n と $1-\left(\dfrac{1}{3}\right)^n$ の積の形にしておくと，この後の極限が計算しやすくなる。

①より，求める極限は，

$$\lim_{n\to\infty}\frac{\log_3 S_n}{2n} = \lim_{n\to\infty}\frac{\log_3 3^n\left\{1-\left(\frac{1}{3}\right)^n\right\}}{2n}$$

> 対数計算の公式
> $\log_a 1 = 0$，$\log_a a = 1$，
> $\log_a xy = \log_a x + \log_a y$，
> $\log_a x^n = n\log_a x$
> $(a > 0$ かつ $a \neq 1$，$x > 0$，$y > 0)$

$$= \lim_{n\to\infty}\frac{\log_3 3^n + \log_3\left\{1-\left(\frac{1}{3}\right)^n\right\}}{2n}$$

（$n\cdot\log_3 3 = n\cdot 1 = n$）

$$= \lim_{n\to\infty}\left[\frac{n}{2n} + \frac{\log_3\left\{1-\left(\frac{1}{3}\right)^n\right\}}{2n}\right] = \frac{1}{2} + \frac{\log_3 1}{\infty} = \frac{1}{2} \quad \cdots\cdots\cdots(答)$$

（$\left(\frac{1}{3}\right)^n \to 0$，$2n \to \infty$，$\log_3 1 = 0$）

演習問題 3 ● 部分分数分解型の無限級数 ●

次の無限級数の和を求めよ。

$$\sum_{n=1}^{\infty}\frac{2n+1}{1^3+2^3+3^3+\cdots+n^3}\quad\cdots\cdots①$$

ヒント！ ①の分母は $1^3+2^3+3^3+\cdots+n^3=\frac{1}{4}n^2(n+1)^2$ となるので，これを①に代入して，部分分数分解型の Σ 計算にもち込むとうまくいく。

解答＆解説

①の分母は，

$$\sum_{k=1}^{n}k^3=1^3+2^3+3^3+\cdots+n^3=\frac{1}{4}n^2(n+1)^2\quad\cdots\cdots②\text{ となる。}$$

②を①に代入して，

$$\sum_{n=1}^{\infty}\frac{2n+1}{1^3+2^3+3^3+\cdots+n^2}=\sum_{n=1}^{\infty}\frac{2n+1}{\frac{1}{4}n^2(n+1)^2}=4\sum_{n=1}^{\infty}\frac{2n+1}{n^2(n+1)^2}\quad\cdots\cdots③$$

となる。ここで③の第 m 項までの部分和を S_m とおくと，

部分分数分解型の Σ 計算

$(n^2+2n+1)-n^2=(n+1)^2-n^2$

$$S_m=4\sum_{n=1}^{m}\frac{2n+1}{n^2(n+1)^2}=4\sum_{n=1}^{m}\frac{(n+1)^2-n^2}{n^2(n+1)^2}=4\sum_{n=1}^{m}\left\{\frac{1}{n^2}-\frac{1}{(n+1)^2}\right\}$$

$\frac{1}{n^2}=I_n$，$\frac{1}{(n+1)^2}=I_{n+1}$

$$=4\left[\left(\frac{1}{1^2}-\frac{1}{2^2}\right)+\left(\frac{1}{2^2}-\frac{1}{3^2}\right)+\left(\frac{1}{3^2}-\frac{1}{4^2}\right)+\cdots+\left\{\frac{1}{m^2}-\frac{1}{(m+1)^2}\right\}\right]$$

$$=4\left\{1-\frac{1}{(m+1)^2}\right\}\quad\cdots\cdots④\text{ となる。}$$

途中がバサバサと消去されて，初めと終わりの1項ずつが残る。

よって，求める無限級数の和は，④より，

$$\lim_{m\to\infty}S_m=\lim_{m\to\infty}4\left\{1-\frac{1}{(m+1)^2}\right\}=4\times1=4\quad\cdots\cdots\text{(答)}$$

$\frac{1}{\infty}=0$

演習問題 4　● $\lim_{n\to\infty} r^n$ の問題 ●

$f(r)=\lim_{n\to\infty}\dfrac{r^{2n+1}+r^2}{r^{2n}+1}$ について，(i) $-1<r<1$，(ii) $r=1$，(iii) $r=-1$，(iv) $r<-1$ または $1<r$ のときの値を求めよ。

ヒント！ (i) $-1<r<1$ のとき，$\lim_{n\to\infty} r^{2n}=\lim_{n\to\infty} r^{2n+1}=0$，(iv) $r<-1$，$1<r$ のとき，$\lim_{n\to\infty}\left(\dfrac{1}{r}\right)^{2n}=\lim_{n\to\infty}\left(\dfrac{1}{r}\right)^{2n-2}=0$ となることに気を付ければいいんだね。頑張ろう！

解答＆解説

(i) $-1<r<1$ のとき，$f(r)=\lim_{n\to\infty}\dfrac{r^{2n+1}+r^2}{r^{2n}+1}=\dfrac{0+r^2}{0+1}=r^2$ ……………(答)

（$2n+1$ や $2n$ を m とおけば，$\lim_{m\to\infty} r^m=0$ だからね。）

(ii) $r=1$ のとき，$f(1)=\lim_{n\to\infty}\dfrac{1^{2n+1}+1^2}{1^{2n}+1}=\dfrac{1+1}{1+1}=\dfrac{2}{2}=1$ ………………(答)

（1 を何回かけても，1 は 1 だね。）

(iii) $r=-1$ のとき，$f(-1)=\lim_{n\to\infty}\dfrac{(-1)^{2n+1}+(-1)^2}{(-1)^{2n}+1}=\dfrac{-1+1}{1+1}=0$ ……(答)

（-1 を奇数回かけたら，-1 だね。）
（-1 を偶数回かけたら，1 だね。）

(iv) $r<-1$ または $1<r$ のとき，

$$f(r)=\lim_{n\to\infty}\frac{r^{2n+1}+r^2}{r^{2n}+1}=\lim_{n\to\infty}\frac{r+\left(\frac{1}{r}\right)^{2n-2}}{1+\left(\frac{1}{r}\right)^{2n}}$$

（分子・分母を r^{2n} で割った。）
（$2n-2$ や $2n$ を m とおけば，$\lim_{m\to\infty}\left(\dfrac{1}{r}\right)^m=0$ だからね。）

$$=\frac{r+0}{1+0}=r$$ ……………………………………………………(答)

演習問題 5　● $\lim_{n\to\infty} a_n$ と $\lim_{n\to\infty} S_n$ の関係 ●

数列 $\{a_n\}$ の第 n 部分和 $S_n = a_1+a_2+a_3+\cdots+a_n$ について，一般に，

命題「$\lim_{n\to\infty} a_n = 0$ ならば，$\lim_{n\to\infty} S_n$ は収束する。」……(*) は成り立たない。

(*)の反例として，$a_n = \dfrac{1}{\sqrt[3]{n}}$ $(n=1, 2, 3, \cdots)$ を用いて，このことを示せ。

ヒント！ 一般に，命題「$\lim_{n\to\infty} S_n = S$(収束)ならば，$\lim_{n\to\infty} a_n = 0$」は成り立つけれど，この逆の (*) は成り立たない。(*) の反例として，$a_n = \dfrac{1}{\sqrt[3]{n}}$ を用いて示そう。

解答＆解説

数列 $a_n = \dfrac{1}{\sqrt[3]{n}} = \dfrac{1}{n^{\frac{1}{3}}}$ $(n=1, 2, 3, \cdots)$ について，この $n\to\infty$ の極限は，

$$\lim_{n\to\infty} a_n = \lim_{n\to\infty} \frac{1}{\sqrt[3]{n}} = \frac{1}{\infty} = 0$$ となる。

（$\sqrt[3]{n} \to \infty$）

しかし，この数列の無限級数 $a_1+a_2+a_3+\cdots$ は収束しないことを示す。

数列 $\{a_n\}$ の初項から第 n 項までの部分和を S_n とおくと，

$$S_n = a_1+a_2+a_3+\cdots+a_n$$
$$= \frac{1}{\sqrt[3]{1}} + \frac{1}{\sqrt[3]{2}} + \frac{1}{\sqrt[3]{3}} + \cdots + \frac{1}{\sqrt[3]{n}}$$
$$> \underbrace{\frac{1}{\sqrt[3]{n}} + \frac{1}{\sqrt[3]{n}} + \frac{1}{\sqrt[3]{n}} + \cdots + \frac{1}{\sqrt[3]{n}}}_{n\text{項の和}}$$

$\sqrt[3]{1} < \sqrt[3]{n}$，$\sqrt[3]{2} < \sqrt[3]{n}$，$\sqrt[3]{3} < \sqrt[3]{n}$，… より，分母をすべて $\sqrt[3]{n}$ にしたものは，S_n より小さくなる。

$$= n \times \frac{1}{\sqrt[3]{n}} = \frac{n}{n^{\frac{1}{3}}} = n^{1-\frac{1}{3}} = n^{\frac{2}{3}} = \sqrt[3]{n^2}$$

$\therefore\ S_n > \sqrt[3]{n^2}$　となるので，この両辺の $n\to\infty$ の極限をとると，

$\lim_{n\to\infty} S_n > \lim_{n\to\infty} \sqrt[3]{n^2} = \lim_{n\to\infty} n^{\frac{2}{3}} = \infty$ となる。よって，$\lim_{n\to\infty} a_n = 0$ ではあるが，

（$n^{\frac{2}{3}} \to \infty$）

この無限級数 $\lim_{n\to\infty} S_n = a_1+a_2+a_3+\cdots$ は発散する。

よって，命題 (*) は成り立たない。……………………………………………(終)

演習問題 6　● ダランベールの判定法 ●

次の正項級数の収束・発散を判定せよ。

$$\sum_{n=1}^{\infty} \frac{3^n(n!)^2}{(2n)!}$$

ヒント！ 正項級数 $\sum_{n=1}^{\infty} a_n$ の収束・発散は，$\lim_{n\to\infty} \frac{a_{n+1}}{a_n} = r$ を求めて，(i) $0 \leqq r < 1$ ならば収束し，(ii) $1 < r$ ならば発散する，と判定できる。これがダランベールの判定法なんだね。

解答＆解説

正項級数 $\sum_{n=1}^{\infty} \frac{3^n(n!)^2}{(2n)!}$ について，一般項を $a_n = \frac{3^n(n!)^2}{(2n)!}$ とおいて，

極限 $\lim_{n\to\infty} \frac{a_{n+1}}{a_n}$ を調べる。

$$\lim_{n\to\infty} \frac{a_{n+1}}{a_n} = \lim_{n\to\infty} \frac{\dfrac{3^{n+1}\{(n+1)!\}^2}{\{2(n+1)\}!}}{\dfrac{3^n(n!)^2}{(2n)!}}$$

・$\dfrac{(n+1)!}{n!} = \dfrac{1\cdot 2\cdot 3\cdots n\cdot(n+1)}{1\cdot 2\cdot 3\cdots n} = n+1$

・$\dfrac{(2n)!}{(2n+2)!} = \dfrac{1\cdot 2\cdot 3\cdots(2n)}{1\cdot 2\cdot 3\cdots(2n)(2n+1)(2n+2)} = \dfrac{1}{(2n+2)(2n+1)}$

$$= \lim_{n\to\infty} \frac{3^{n+1}}{3^n}\left\{\frac{(n+1)!}{n!}\right\}^2 \cdot \frac{(2n)!}{(2n+2)!} = \lim_{n\to\infty} 3\cdot(n+1)^2 \cdot \frac{1}{(2n+2)(2n+1)}$$

$$= \lim_{n\to\infty} \frac{3(n+1)^{2}}{2(n+1)(2n+1)} = \lim_{n\to\infty} \frac{3}{2}\cdot\frac{n+1}{2n+1} = \lim_{n\to\infty} \frac{3}{2}\cdot\frac{1+\frac{1}{n}}{2+\frac{1}{n}} = \frac{3}{4}$$

（$\dfrac{1次の\infty}{1次の\infty}$，$\frac{1}{n} \to 0$）

よって，$\lim_{n\to\infty} \frac{a_{n+1}}{a_n} = \frac{3}{4}$ となって，$0 \leqq \frac{3}{4} < 1$ より，ダランベールの判定法から，

この正項級数は収束する。 ……………………………………(答)

§2. 漸化式と数列の極限

それでは"**漸化式と数列の極限**"の講義に入ろう。数列の漸化式には，(Ⅰ)それが解けて一般項が求まる場合と，(Ⅱ)解けなくて一般項が求まらない場合の **2** 通りがある。

まず，(Ⅰ)漸化式が解ける場合は，その一般項 a_n を (n の式) の形で求め，その極限 $\lim_{n\to\infty} a_n$ を求めればいい。次，(Ⅱ)漸化式が解けない場合でも，その極限値 α のみは求められる場合があるんだよ。

これから詳しく解説しよう。

● まず，等差・等比・階差数列型の漸化式から始めよう！

漸化式というのは，第一義的には a_n と a_{n+1} との間の関係式のことで，これから一般項 a_n を求めることを，"**漸化式を解く**"というんだよ。

まず，一番簡単な **(1) 等差数列**，**(2) 等比数列**の場合の漸化式と，その解である一般項 a_n を書いておくから，確認しておこう。

(1) 等差数列型

漸化式：$a_{n+1} = a_n + d$ （d：公差）

のとき，$a_n = a_1 + (n-1)d$

(2) 等比数列型

漸化式：$a_{n+1} = r a_n$ （r：公比）

のとき，$a_n = a_1 \cdot r^{n-1}$

ここで，**(2)** の等比数列型漸化式とその解については，また後で重要な役割を演じるので，よ～く頭に入れておこう。

それでは次，**(3) 階差数列**の漸化式とその解についても示す。

(3) 階差数列型

漸化式：$a_{n+1} - a_n = b_n$

のとき，$n \geqq 2$ で，

$$a_n = a_1 + \sum_{k=1}^{n-1} b_k$$

$n=1$ のとき，　$a_2 - a_1 = b_1$
$n=2$ のとき，　$a_3 - a_2 = b_2$
$n=3$ のとき，　$a_4 - a_3 = b_3$
…………………………
$n=n-1$ のとき，　$a_n - a_{n-1} = b_{n-1}$ (+
　$a_n - a_1 = b_1 + b_2 + \cdots + b_{n-1}$
$\therefore n \geqq 2$ のとき，$a_n = a_1 + \sum_{k=1}^{n-1} b_k$ となる！

以上のことは，既に高校の数学で学習されているはずだ。

漸化式と数列の極限の問題では，これまでのように一般項 a_n が求まる場合は，まず一般項 a_n を求めて，それから極限の計算をすればいい。

それでは，次の例題で練習しておこう。

> 例題 5　数列 $\{a_n\}$ が，
>
> $a_1 = 0$，$a_{n+1} - a_n = \sqrt{n+1} - \sqrt{n}$ ……①　$(n = 1, 2, \cdots)$
>
> で定義されるとき，極限 $\displaystyle\lim_{n\to\infty}\frac{a_n}{\sqrt{n}}$ を求めよう。

$a_{n+1} - a_n = \underbrace{\sqrt{n+1} - \sqrt{n}}_{b_n}$ ……① $(n = 1, 2, \cdots)$ は階差数列型の漸化式より，$n \geqq 2$ で，

部分分数分解型の Σ 計算！

$$a_n = \underbrace{a_1}_{0} + \sum_{k=1}^{n-1}\left(\underbrace{\sqrt{k+1} - \sqrt{k}}_{b_k}\right) = -\sum_{k=1}^{n-1}\left(\sqrt{k} - \sqrt{k+1}\right)$$

$$= -\left\{\left(\sqrt{1} - \sqrt{2}\right) + \left(\sqrt{2} - \sqrt{3}\right) + \left(\sqrt{3} - \sqrt{4}\right) + \cdots + \left(\sqrt{n-1} - \sqrt{n}\right)\right\}$$

$$= -\left(1 - \sqrt{n}\right)$$

$\therefore\ a_n = \sqrt{n} - 1$ となる。これは $a_1 = \sqrt{1} - 1 = 0$ となって，$n = 1$ のときもみたす。

よって，一般項 $a_n = \sqrt{n} - 1$ $(n = 1, 2, \cdots)$ となる。

以上より，求める極限は，

$$\lim_{n\to\infty}\frac{a_n}{\sqrt{n}} = \lim_{n\to\infty}\frac{\sqrt{n}-1}{\sqrt{n}} = \lim_{n\to\infty}\left(1 - \underbrace{\frac{1}{\sqrt{n}}}_{\to 0}\right) = 1$$ となって，答えだ！

● $F(n+1) = rF(n)$ 型の漸化式もマスターしよう！

それではこれから，漸化式を解く上で最も有効な解法パターンを紹介しよう。それは **“等比関数列型の漸化式”** と呼ばれるもので，下に示すように **“等比数列型の漸化式”** と同じ形式をしている。

等比数列型	**等比関数列型**
$a_{n+1} = ra_n$ のとき，	$F(n+1) = rF(n)$ のとき，
$a_n = a_1 r^{n-1}$	$F(n) = F(1)r^{n-1}$

それでは，この等比関数列型の漸化式とその解法について，下にいくつか例を示す。これで，等比関数列型漸化式の解法パターンに慣れよう。

(*ex*1)

n+1の式　nの式

$a_{n+1}+3=5(a_n+3)$ のとき，

$[F(n+1)=5\ F(n)]$

nの式　1の式

$a_n+3=(a_1+3)\cdot 5^{n-1}$

$[F(n)=F(1)\cdot 5^{n-1}]$

(*ex*2)

n+1の式　nの式

$a_{n+1}-b_{n+1}=4(a_n-b_n)$ のとき，

$[F(n+1)=4\ F(n)]$

nの式　1の式

$a_n-b_n=(a_1-b_1)\cdot 4^{n-1}$

$[F(n)=F(1)\cdot 4^{n-1}]$

(*ex*3)

n+1の式　nの式

$a_{n+2}+a_{n+1}=2(a_{n+1}+a_n)$ のとき，

($n+2$ → $(n+1)+1$ とみる)

$[F(n+1)=2\ F(n)]$

nの式　1の式

$a_{n+1}+a_n=(a_2+a_1)\cdot 2^{n-1}$

$[F(n)=F(1)\cdot 2^{n-1}]$

(*ex*4)

n+1の式　nの式

$(n+1)a_{n+1}=3na_n$ のとき，

$[F(n+1)=3F(n)]$

nの式　1の式

$na_n=1\cdot a_1\cdot 3^{n-1}$

$[F(n)=F(1)\cdot 3^{n-1}]$

どう？　以上の例で要領はつかめた？

● $a_{n+1}=pa_n+q$ 型の漸化式を押さえよう！

一般に**2項間の漸化式**と呼ばれる“$a_{n+1}=pa_n+q$”型の漸化式の解法パターンを下に示そう。

2項間の漸化式

- $a_{n+1}=pa_n+q$ のとき，$(p,\ q:$ 定数$)$

  特性方程式：$x=px+q$ の解 α を使って，

  $a_{n+1}-\alpha=p(a_n-\alpha)$ の形にもち込んで解く。

  $[F(n+1)=p\cdot F(n)]$ ← 等比関数列型の漸化式

慣れるが勝ちだ！ 早速，次の例題で練習してみよう。

例題 6 数列 $\{a_n\}$ が次の漸化式で定義されている。

$$a_1=1,\ a_{n+1}=\frac{2}{3}a_n+1 \quad \cdots\cdots① \quad (n=1,\ 2,\ \cdots)$$

このとき，極限 $\lim_{n\to\infty}a_n$ を求めてみよう。

$$a_1=1,\ a_{n+1}=\frac{2}{3}a_n+1 \quad \cdots\cdots① \quad (n=1,\ 2,\ \cdots)$$

について，①の特性方程式：

$x=\frac{2}{3}x+1$ ……② を解くと，$\frac{1}{3}x=1$ より，

$x=3$ となる。よって，①を変形して，

$$a_{n+1}-3=\frac{2}{3}(a_n-3) \text{ となる。}$$

$$\left[F(n+1)=\frac{2}{3}F(n)\right]$$

よって，

$$a_n-3=(\underset{1}{a_1}-3)\left(\frac{2}{3}\right)^{n-1}$$

$$\left[F(n)=F(1)\left(\frac{2}{3}\right)^{n-1}\right]$$

何故，特性方程式の解を使うと，$F(n+1)=rF(n)$ の形にもち込めるのかって？
まず，①と②を並記して，

$$\begin{cases} a_{n+1}=\frac{2}{3}a_n+1 & \cdots\cdots① \\ x=\frac{2}{3}x+1 & \cdots\cdots② \end{cases}$$

①－②を求めると，

$$a_{n+1}-x=\frac{2}{3}(a_n-x)$$

$$\left[F(n+1)=\frac{2}{3}F(n)\right]$$

の等比関数列型の形になる！
後は②の解 $x=3$ を代入すればいいんだね。

∴一般項 a_n は，$a_n=3-2\cdot\left(\frac{2}{3}\right)^{n-1}$ $(n=1,\ 2,\ 3,\ \cdots)$ となるね。

よって，求める数列の極限は，

$$\lim_{n\to\infty}a_n=\lim_{n\to\infty}\left\{3-2\cdot\underbrace{\left(\frac{2}{3}\right)^{n-1}}_{0}\right\}=3 \text{ となって，答えだ！}$$

これで，基本的な 2 項間の漸化式と数列の極限の解法も理解できたと思う。それではさらに，この 2 項間の漸化式と数列の極限の問題を深めてみよう。

● さらに，2項間の漸化式を深めてみよう！

それでは，次の例題で2項間の漸化式と数列の極限の応用問題にチャレンジしてみよう。

例題7　数列 $\{a_n\}$ が，次の漸化式で定義されている。

$$a_1 = 1,\quad a_{n+1} = \frac{1}{2}a_n + \left(\frac{1}{3}\right)^n \quad \cdots\cdots ①\quad (n = 1,\ 2,\ \cdots)$$

このとき，極限 $\lim_{n\to\infty} 2^n a_n$ を求めてみよう。

①の右辺の a_n の係数が $\frac{1}{2}$ から，①を変形して，等比関数列型の漸化式：$F(n+1) = \frac{1}{2}F(n)$ ……② にもち込めればいいんだね。ここで，①の右辺の第2項 $\left(\frac{1}{3}\right)^n$ から，$F(n) = a_n + \alpha\left(\frac{1}{3}\right)^n$ ……③ となることが推定できる。

この係数はまだ未定だ！

よって，$F(n+1)$ は，$F(n+1) = a_{n+1} + \alpha\left(\frac{1}{3}\right)^{n+1}$ ……④ となる。

③，④を②に代入して，係数 α の値を決定しよう。

$$a_{n+1} + \alpha\left(\frac{1}{3}\right)^{n+1} = \frac{1}{2}\left\{a_n + \alpha\left(\frac{1}{3}\right)^n\right\} \quad \cdots\cdots ⑤ \quad \left[F(n+1) = \frac{1}{2}F(n)\right]$$

⑤をまとめると，

$$a_{n+1} = \frac{1}{2}a_n + \frac{\alpha}{2}\left(\frac{1}{3}\right)^n - \frac{\alpha}{3}\left(\frac{1}{3}\right)^n$$

$$\therefore\ a_{n+1} = \frac{1}{2}a_n + \frac{\alpha}{6}\left(\frac{1}{3}\right)^n \quad \cdots\cdots ⑤'$$

（$\frac{\alpha}{6}$ は 1）

これは，①を変形してできた式と考える。だから，①と⑤′が同じ式なんだ。

①と⑤′を比較して，$\frac{\alpha}{6} = 1$ 　$\therefore\ \alpha = 6$ ← α が決定できた！

これを⑤に代入すると，後は速いよ。

$$a_{n+1} + 6\left(\frac{1}{3}\right)^{n+1} = \frac{1}{2}\left\{a_n + 6\left(\frac{1}{3}\right)^n\right\} \quad \left[F(n+1) = \frac{1}{2}F(n)\right]$$

$$\therefore\ a_n + 6\left(\frac{1}{3}\right)^n = \left\{a_1 + 6\cdot\left(\frac{1}{3}\right)^1\right\}\left(\frac{1}{2}\right)^{n-1} \quad \left[F(n) = F(1)\left(\frac{1}{2}\right)^{n-1}\right]$$ となる。

（a_1 は 1）

以上より，一般項 a_n は，

$$a_n = \underbrace{3\cdot\left(\frac{1}{2}\right)^{n-1}}_{2\cdot\left(\frac{1}{2}\right)^n} - 6\left(\frac{1}{3}\right)^n = 6\left\{\left(\frac{1}{2}\right)^n - \left(\frac{1}{3}\right)^n\right\}$$ $(n = 1,\ 2,\ \cdots)$ となる。

よって，求める数列の極限は，

$$\lim_{n\to\infty} 2^n a_n = \lim_{n\to\infty} 6\cdot 2^n\left\{\left(\frac{1}{2}\right)^n - \left(\frac{1}{3}\right)^n\right\} = \lim_{n\to\infty} 6\left\{1 - \left(\frac{2}{3}\right)^n\right\} = 6$$

（$\left(\frac{2}{3}\right)^n \to 0$）

となって，答えになるんだね。納得いった？

別解

例題 **7** は階差数列型の漸化式としても解ける。

①の両辺に 2^{n+1} をかけると，

$$2^{n+1}\cdot a_{n+1} = 2^{n+1}\left\{\frac{1}{2}a_n + \left(\frac{1}{3}\right)^n\right\}$$ より，

$$\underbrace{2^{n+1}\cdot a_{n+1}}_{b_{n+1}} = \underbrace{2^n a_n}_{b_n} + 2\cdot\left(\frac{2}{3}\right)^n$$

ここで，$b_n = 2^n a_n$ とおくと，$b_1 = 2^1\cdot a_1 = 2\cdot 1 = 2$ より，

$$b_1 = 2,\quad b_{n+1} - b_n = \underbrace{2\cdot\left(\frac{2}{3}\right)^n}_{c_n} \cdots\cdots(a)$$ となる。

階差数列型の漸化式の解法：
$b_{n+1} - b_n = c_n$ ならば，
$n \geqq 2$ で，
$b_n = b_1 + \sum_{k=1}^{n-1} c_k$ となる。

よって，$n \geqq 2$ で，

$$b_n = \underbrace{b_1}_{2} + \sum_{k=1}^{n-1} 2\left(\frac{2}{3}\right)^k$$

$$= 2 + \sum_{k=1}^{n-1}\frac{4}{3}\left(\frac{2}{3}\right)^{k-1} = 2 + \frac{\frac{4}{3}\left\{1 - \left(\frac{2}{3}\right)^{n-1}\right\}}{1 - \frac{2}{3}}$$

（項数：$n-1$）

$$= 2 + 4\left\{1 - \left(\frac{2}{3}\right)^{n-1}\right\} = 2 + 4 - 4\times\frac{3}{2}\left(\frac{2}{3}\right)^n$$

$$= 6\left\{1 - \left(\frac{2}{3}\right)^n\right\} \quad [= 2^n a_n]$$

よって，この解法では $2^n a_n$ が直接求まるので，この極限をとればいいんだね。

● 3項間の漸化式と数列の極限の問題も押さえよう！

次，**3項間の漸化式**：$a_{n+2}+pa_{n+1}+qa_n=0$ の解法パターンを下に示す。これにより一般項 a_n を求めて，極限の問題にもち込めばいいんだよ。

3項間の漸化式

- $a_{n+2}+pa_{n+1}+qa_n=0$ のとき，(p，q：定数)

  特性方程式：$x^2+px+q=0$ の解 α，β を用いて，

$$\begin{cases} a_{n+2}-\alpha a_{n+1}=\beta(a_{n+1}-\alpha a_n) \quad \cdots\cdots(a) \quad [F(n+1)=\beta F(n)] \\ a_{n+2}-\beta a_{n+1}=\alpha(a_{n+1}-\beta a_n) \quad \cdots\cdots(b) \quad [G(n+1)=\alpha G(n)] \end{cases}$$

  の形にもち込んで解く！

(a) と (b) をまとめると，同じ式 $a_{n+2}-(\alpha+\beta)a_{n+1}+\alpha\beta a_n=0$ ……(c)

（a_{n+2} → x^2，$-(\alpha+\beta)=p$，a_{n+1} → x，$\alpha\beta=q$，a_n → 1）

になる。これが3項間の漸化式なんだね。そして，この a_{n+2}，a_{n+1}，a_n の場所にそれぞれ x^2，x，1 を代入したものが，特性方程式：

$x^2-(\alpha+\beta)x+\alpha\beta=0$ ……(d) であり，これは

$(x-\alpha)(x-\beta)=0$ と変形できるので，(a)，(b) の式を作るのに必要な2つの係数 α と β を2解に持つ2次方程式になっているんだね。

それでは，3項間の漸化式と数列の極限の問題も解いてみよう。

例題8　数列 $\{a_n\}$ が，次の漸化式で定義されている。

$a_1=3$，$a_2=4$，$3a_{n+2}-5a_{n+1}+2a_n=0$ ……① $(n=1, 2, \cdots)$

このとき，極限 $\lim_{n\to\infty} a_n$ を求めてみよう。

$a_1=3$，$a_2=4$，$3a_{n+2}-5a_{n+1}+2a_n=0$ ……① $(n=1, 2, \cdots)$ について，

（a_{n+2} → x^2，a_{n+1} → x，a_n → 1）← これらを代入したものが特性方程式だ。

①の特性方程式は，$3x^2-5x+2=0$ となる。これを解いて，

$$\begin{matrix} 3 & \diagdown\!\!\!\!\diagup & -2 \\ 1 & & -1 \end{matrix}$$

$(3x-2)(x-1)=0$ より，$x=\dfrac{2}{3}$，1 となる。← これで，α と β の値が求まった！

これらの値を用いて①を変形すると，　　　2つの等比関数列型漸化式

$$\begin{cases} a_{n+2}-\frac{2}{3}a_{n+1}=1\cdot\left(a_{n+1}-\frac{2}{3}a_n\right) & [F(n+1)=1\cdot F(n)] \\ a_{n+2}-1\cdot a_{n+1}=\frac{2}{3}(a_{n+1}-1\cdot a_n) & \left[G(n+1)=\frac{2}{3}G(n)\right] \end{cases}$$

となる。

よって，

$$\begin{cases} a_{n+1}-\frac{2}{3}a_n=\left(\underset{4}{a_2}-\frac{2}{3}\underset{3}{a_1}\right)\cdot 1^{n-1} & [F(n)=F(1)\cdot 1^{n-1}] \\ a_{n+1}-a_n=(\underset{4}{a_2}-\underset{3}{a_1})\left(\frac{2}{3}\right)^{n-1} & \left[G(n)=G(1)\cdot\left(\frac{2}{3}\right)^{n-1}\right] \end{cases}$$

これから，

$$\begin{cases} a_{n+1}-\frac{2}{3}a_n=2 & \cdots\cdots② \\ a_{n+1}-a_n=\left(\frac{2}{3}\right)^{n-1} & \cdots\cdots③ \end{cases}$$

となる。ここまでは大丈夫？

後は②－③を実行して，a_{n+1} を消去すると，

$$\frac{1}{3}a_n=2-\left(\frac{2}{3}\right)^{n-1}$$

∴一般項 a_n は，$a_n=6-3\cdot\left(\frac{2}{3}\right)^{n-1}$　$(n=1,\ 2,\ 3,\ \cdots)$ となる。

よって，求める数列の極限は，

$$\lim_{n\to\infty}a_n=\lim_{n\to\infty}\left\{6-3\underbrace{\left(\frac{2}{3}\right)^{n-1}}_{\to 0}\right\}=6$$

となって，答えだ！

注意

3項間の漸化式では，$F(n)=a_{n+1}-\frac{2}{3}a_n$ とおくと，

$F(n+1)=a_{n+1+1}-\frac{2}{3}a_{n+1}=a_{n+2}-\frac{2}{3}a_{n+1}$ となるし，また，

$F(1)=a_{1+1}-\frac{2}{3}a_1=a_2-\frac{2}{3}a_1$ となるんだね。これから，

$F(n+1)=1\cdot F(n)$ ならば，$F(n)=F(1)\cdot 1^{n-1}$ と変形したんだ。

● 一般項は求まらなくても，極限は求まる！

これまで，等比数列型の漸化式を中心に，漸化式を解いて一般項 a_n を求め，それを元にして数列の極限を求めてきた。しかし，漸化式には一般項が求まらない形のものも多い。たとえばキミは次の漸化式の一般項を求められるだろうか？

(ex1) $a_1=1$，$a_{n+1}=\sqrt{3a_n+4}$ ……① $(n=1,\ 2,\ 3,\ \cdots)$

(ex2) $a_1=2$，$a_{n+1}=\frac{3}{a_n}+2$ ……② $(n=1,\ 2,\ 3,\ \cdots)$

しかし，このような解くのが難しい漸化式でも，その極限 $\lim_{n\to\infty}a_n$ を求めることができる。その手法をまず下に示そう。

一般項 a_n が求まらない場合の極限の解法

$|a_{n+1}-\alpha|\leqq r|a_n-\alpha|$ （ただし，$0<r<1$）

$[F(n+1)\leqq r\ F(n)]$

$0\leqq|a_n-\alpha|\leqq|a_1-\alpha|r^{n-1}$

$[\ F(n)\ \leqq\ F(1)\ r^{n-1}]$

ここでも，不等式の形式だけど，等比関数列型の漸化式の解法パターンが活かされている。

ここで，$n\to\infty$ の極値を求めると，

$$0\leqq\lim_{n\to\infty}|a_n-\alpha|\leqq\lim_{n\to\infty}|a_1-\alpha|r^{n-1}=0$$

（$r^{n-1}\to 0$ $(\because 0<r<1)$）

0以上，0以下のはさみ打ちだ！

よって，はさみ打ちの原理より，

$\lim_{n\to\infty}|a_n-\alpha|=0$ （$a_n\to\alpha$） $\therefore\lim_{n\to\infty}a_n=\alpha$ となる。

この解法は完璧なんだけれど，これを見て疑問に思う方も多いと思う。それは，最終的な答えである極限値 α が最初の式：$|a_{n+1}-\alpha|\leqq r|a_n-\alpha|$ の時点で既に分かっていないといけないからなんだね。

ボクはこれを“刑コロ問題”と呼んでいる。最近，放送されることはめったになくなったけれど，ドラマ“刑事コロンボ”では，いつも初めに犯人が犯行を犯すシーンから始まる。それを，名刑事コロンボが追い詰めていくという筋書きだ。つまり，この種の問題も最初から犯人である極限値の α が分かっていないといけない特殊な問題なので，“刑コロ”問題と呼ぶことにしてるんだ。

（刑コロ：“刑事コロンボ”の略）

それでは，この刑コロ問題の解法パターンを次の問題で練習しておこう。

例題 9　数列 $\{a_n\}$ が，$a_1=3$，$|a_{n+1}-2| \leqq \frac{1}{3}|a_n-2|$　$(n=1,\ 2,\ \cdots)$ をみたすとき，極限 $\lim_{n\to\infty} a_n$ を求めてみよう。

$a_1=3$，$\underline{|a_{n+1}-2|} \leqq \frac{1}{3}\underline{|a_n-2|}$ ……①　$(n=1,\ 2,\ \cdots)$ より，

$\left[F(n+1) \leqq \frac{1}{3}F(n)\right]$

刑コロ問題のスタートラインだ。

$0 \leqq |a_n-2| \leqq |a_1-2| \cdot \left(\frac{1}{3}\right)^{n-1}$　（$a_1 = 3$）

絶対値が付いているので $0 \leqq |a_n-2|$ もいいね。

$\left[F(n) \leqq F(1) \cdot \left(\frac{1}{3}\right)^{n-1}\right]$

$0 \leqq |a_n-2| \leqq \left(\frac{1}{3}\right)^{n-1}$

よって，各辺の $n\to\infty$ の極値をとると，

$0 \leqq \lim_{n\to\infty}|a_n-2| \leqq \lim_{n\to\infty}\left(\frac{1}{3}\right)^{n-1} = 0$　（$\left(\frac{1}{3}\right)^{n-1} \to 0$）

∴はさみ打ちの原理より，

$\lim_{n\to\infty}|a_n-2|=0$　（$a_n \to 2$）　よって，$\lim_{n\to\infty}a_n=2$　となる。

それでは，刑コロ問題の実践練習をしよう。

例題 10　数列 $\{a_n\}$ が次の漸化式で定義されている。
$a_1=1$，$a_{n+1}=\sqrt{3a_n+4}$ ……①　$(n=1,\ 2,\ 3,\ \cdots)$
このとき，極限 $\lim_{n\to\infty}a_n$ を求めてみよう。

①は解けない形の漸化式だけど，その極限が $\lim_{n\to\infty}a_n=\alpha$（極限値）となるものと仮定しよう。すると，$\lim_{n\to\infty}a_{n+1}=\alpha$ となるので，$n\to\infty$ のとき，①は，$\alpha=\sqrt{3\alpha+4}$　となる。これを解いて，

$\alpha^2=3\alpha+4$　　$\alpha^2-3\alpha-4=0$　　$(\alpha-4)(\alpha+1)=0$

$\therefore\ \alpha=4$　（明らかに $\alpha>0$ だから，$\alpha\neq-1$）

エッ，これで $\lim_{n\to\infty}a_n=4$ が求まって，オシマイだって!?　とんでもない!!

これはあくまでも，$\lim_{n\to\infty} a_n$ が極限値 α をもつものと仮定して出てきた結果だから，$\lim_{n\to\infty} a_n = 4$ となる保証はまだどこにもない。ただ，犯人（極限値）は 4 らしいと分かっただけだ。したがって，この後ボク達はコロンボになって，$|a_{n+1}-4| \leqq r|a_n-4|$ $(0<r<1)$ の形にもち込んで，犯人を追い詰めていけばいいんだね。

それでは，実際の解答に入ろう。

$a_1 = 1$，$a_{n+1} = \sqrt{3a_n+4}$ ……① $(n=1, 2, \cdots)$ について，

①の両辺から 4 を引いて，

$$a_{n+1}-4 = \sqrt{3a_n+4}-4$$

まず，左辺に $a_{n+1}-4$ の形を作るところから始める。

$$= \frac{(\sqrt{3a_n+4}-4)(\sqrt{3a_n+4}+4)}{\sqrt{3a_n+4}+4}$$

$3a_n+4-16$

分子・分母に $\sqrt{\ }+4$ をかけた。

$$\therefore\ a_{n+1}-4 = \frac{3}{4+\sqrt{3a_n+4}}(a_n-4) \quad \cdots\cdots②$$

②の両辺の絶対値をとって，

⊕より，これは絶対値の外に出せる。

$$|a_{n+1}-4| = \left|\frac{3}{4+\sqrt{3a_n+4}}(a_n-4)\right|$$

$$= \frac{3}{4+\sqrt{3a_n+4}}|a_n-4| \leqq \frac{3}{4}|a_n-4|$$

0 以上

分母に⊕のこの数がない方が，分数は大きくなる。

さァ，刑コロ問題のスタートラインだ！

$$\therefore\ |a_{n+1}-4| \leqq \frac{3}{4}|a_n-4| \quad \left[F(n+1) \leqq \frac{3}{4}F(n)\right] \text{ より，}$$

$$0 \leqq |a_n-4| \leqq |\underset{1}{a_1}-4|\cdot\left(\frac{3}{4}\right)^{n-1} \quad \left[F(n) \leqq F(1)\cdot\left(\frac{3}{4}\right)^{n-1}\right]$$

$$0 \leqq |a_n-4| \leqq 3\cdot\left(\frac{3}{4}\right)^{n-1}$$ 各辺の $n\to\infty$ の極限をとって，

$$0 \leqq \lim_{n\to\infty}|a_n-4| \leqq \lim_{n\to\infty} 3\cdot\underbrace{\left(\frac{3}{4}\right)^{n-1}}_{\to 0} = 0$$

以上，はさみ打ちの原理より，$\lim_{n\to\infty}|a_n-4| = 0$ （$a_n \to 4$）

よって，$\lim_{n\to\infty} a_n = 4$ となるんだね。納得いった？

では，もう 1 題，解いておこう！

例題 **11**　数列 $\{a_n\}$ が，$a_1 = 2$，$a_{n+1} = \dfrac{3}{a_n} + 2$ ……①　$(n = 1,\ 2,\ \cdots)$

で定義されているとき，極限 $\displaystyle\lim_{n\to\infty} a_n$ を求めよう。

まず，$a_n \geqq 2\ (n = 1,\ 2,\ \cdots)$ を示す。←（これが，後で役に立つんだ）

・$n = 1$ のとき，$a_1 = 2$ でみたす。

・$n = k$ のとき，$a_k \geqq 2$ と仮定すると，

①より，$a_{k+1} = \dfrac{3}{a_k} + 2 \geqq 2$ となる。（a_k：⊕）

よって，$n = k+1$ のときも成り立つ。

以上より，数学的帰納法により，

$a_n \geqq 2\ (n = 1,\ 2,\ \cdots)$ となる。

では，①の両辺から 3 を引いて，

> $\displaystyle\lim_{n\to\infty} a_n = \alpha$ と仮定すると，
> $\displaystyle\lim_{n\to\infty} a_{n+1} = \alpha$ となる。
> よって，$n \to \infty$ のとき①は，
> $\alpha = \dfrac{3}{\alpha} + 2$
> $\alpha^2 - 2\alpha - 3 = 0$
> $(\alpha - 3)(\alpha + 1) = 0$
> $\therefore \alpha = 3 \quad (\alpha \neq -1)$
> よって，
> $|a_{n+1} - 3| \leqq r|a_n - 3|\ (0 < r < 1)$
> の形にもち込もう！

$$a_{n+1} - 3 = \frac{3}{a_n} - 1 = \frac{3 - a_n}{a_n}$$

この両辺の絶対値をとって，

$$|a_{n+1} - 3| = \left|\frac{1}{a_n}(3 - a_n)\right| = \frac{1}{a_n}|3 - a_n| = \frac{1}{a_n}|a_n - 3| \leqq \frac{1}{2}|a_n - 3|$$

（⊕より，絶対値の外へ出せる。）（$\because a_n \geqq 2$ だからね。）（0 以上）

$$\therefore |a_{n+1} - 3| \leqq \frac{1}{2}|a_n - 3| \quad \left[F(n+1) \leqq \frac{1}{2}F(n)\right]$$ ←（スタートライン！）

$$0 \leqq |a_n - 3| \leqq |a_1 - 3|\left(\frac{1}{2}\right)^{n-1} \quad \left[F(n) \leqq F(1)\left(\frac{1}{2}\right)^{n-1}\right]$$

（$a_1 = 2$）

$$0 \leqq |a_n - 3| \leqq \left(\frac{1}{2}\right)^{n-1}$$ 各辺の $n \to \infty$ の極限をとって，

$$0 \leqq \lim_{n\to\infty}|a_n - 3| \leqq \lim_{n\to\infty}\left(\frac{1}{2}\right)^{n-1} = 0$$

（$\left(\frac{1}{2}\right)^{n-1} \to 0$）

以上，はさみ打ちの原理より，$\displaystyle\lim_{n\to\infty}|a_n - 3| = 0$（$a_n \to 3$）

よって，$\displaystyle\lim_{n\to\infty} a_n = 3$ となる。

どう？　これで，“刑コロ”問題にもずい分慣れることが出来ただろう。

演習問題 7　●階差数列型漸化式と極限●

数列 $\{a_n\}$ が，$a_1=0$，$a_{n+1}-a_n=2n$ ……①　$(n=1,\ 2,\ 3,\ \cdots)$

で定義されるとき，極限 $\lim_{n\to\infty}\frac{a_n}{n^2}$ を求めよ。

また，$S_n=\sum_{k=1}^{n}a_k$ とおくとき，極限 $\lim_{n\to\infty}\frac{S_n}{n^3}$ を求めよ。

ヒント！ $a_{n+1}-a_n=2n$ は階差数列型の漸化式なので，$n\geqq 2$ で，$a_n=a_1+\sum_{k=1}^{n-1}2k$ から，a_n を求め，$n=1$ のときも成り立つことを確認して，極限の計算に入ろう。

解答&解説

$a_1=0$，$a_{n+1}-a_n=2n$ ……①　$(n=1,\ 2,\ 3,\ \cdots)$ より，

$n\geqq 2$ のとき，

$$a_n=\underbrace{a_1}_{0}+\sum_{k=1}^{n-1}2k=2\underbrace{\sum_{k=1}^{n-1}k}_{\frac{1}{2}(n-1)(n-1+1)=\frac{1}{2}n(n-1)}$$

階差数列型漸化式
$a_{n+1}-a_n=b_n$ のとき，
$n\geqq 2$ で，
$a_n=a_1+\sum_{k=1}^{n-1}b_k$ となる。

公式：$\sum_{k=1}^{n}k=\frac{1}{2}n(n+1)$ の n に，$n-1$ を代入したもの。

$a_n=n(n-1)=n^2-n$ ……②　となる。

（これは，$n=1$ のときも，$a_1=0$ となってみたす。）

②より，求める極限は，

$\left(\frac{2次の\infty}{2次の\infty}\right)$

$$\lim_{n\to\infty}\frac{a_n}{n^2}=\lim_{n\to\infty}\frac{n^2-n}{n^2}=\lim_{n\to\infty}\left(1-\underbrace{\frac{1}{n}}_{\to 0}\right)=1$$ である。 ……………………………（答）

②より，部分和 S_n は，

$$S_n=\sum_{k=1}^{n}a_k=\sum_{k=1}^{n}(k^2-k)=\underbrace{\sum_{k=1}^{n}k^2}_{\frac{1}{6}n(n+1)(2n+1)}-\underbrace{\sum_{k=1}^{n}k}_{\frac{1}{2}n(n+1)}=\frac{1}{6}n(n+1)(2n+1)-\frac{1}{2}n(n+1)$$

←公式通り！

$$=\frac{1}{6}n(n+1)(2n+1-3)=\frac{1}{3}n(n+1)(n-1)=\frac{1}{3}(n^3-n)$$ ……③　となる。

③より，求める極限は，

$\left(\frac{3次の\infty}{3次の\infty}\right)$

$$\lim_{n\to\infty}\frac{S_n}{n^3}=\lim_{n\to\infty}\frac{n^3-n}{3n^3}=\lim_{n\to\infty}\frac{1}{3}\left(1-\underbrace{\frac{1}{n^2}}_{\to 0}\right)=\frac{1}{3}$$ である。 ……………………（答）

演習問題 8 ● 2 項間の漸化式と極限(Ⅰ) ●

数列 $\{a_n\}$ が，$a_1=1$，$a_{n+1}=2a_n+3$ ……① $(n=1,\ 2,\ 3,\ \cdots)$

で定義されるとき，極限 $\lim_{n\to\infty}\frac{a_n}{2^n}$ を求めよ。

また，$S_n=\sum_{k=1}^{n}a_k$ とおくとき，極限 $\lim_{n\to\infty}\frac{S_n}{2^n}$ を求めよ。

ヒント！ ①は，2 項間の漸化式なので，特性方程式の解 $x=-3$ を用いて，等比関数列型の漸化式 $F(n+1)=rF(n)$ の形に持ち込んで，一般項を導き，極限を求めよう。

解答＆解説

$a_1=1$，$a_{n+1}=2a_n+3$ ……① $(n=1,\ 2,\ 3,\ \cdots)$ の特性方程式：$x=2x+3$ の解は，$x=-3$ より，①を変形して，

$$a_{n+1}+3=2(a_n+3) \qquad [F(n+1)=2\cdot F(n)\ ]$$

$$a_n+3=(\underbrace{a_1}_{1}+3)\cdot 2^{n-1} \qquad [\ F(n)\ =F(1)\cdot 2^{n-1}]$$

$$\begin{cases}a_{n+1}=2a_n+3 & \cdots\cdots①\\ x=2x+3 & \cdots\cdots\cdots④\end{cases}$$
①－④より，
$a_{n+1}-x=2(a_n-x)$
これに④の解 $x=-3$ を代入する。

$\therefore\ a_n=4\cdot 2^{n-1}-3=2^{n+1}-3$ ……② となる。②より，求める極限は，

$$\lim_{n\to\infty}\frac{a_n}{2^n}=\lim_{n\to\infty}\frac{2^{n+1}-3}{2^n}=\lim_{n\to\infty}\left\{2-3\cdot\underbrace{\left(\frac{1}{2}\right)^n}_{0}\right\}=2$$ である。 ………………(答)

②より，部分和 S_n は，

$$S_n=\sum_{k=1}^{n}a_k=\sum_{k=1}^{n}(2^{k+1}-3)=\underbrace{\sum_{k=1}^{n}4\cdot 2^{k-1}}_{\frac{4\cdot(1-2^n)}{1-2}=4(2^n-1)}-\underbrace{\sum_{k=1}^{n}3}_{3n}=4\cdot 2^n-3n-4 \quad\cdots\cdots③$$

③より，求める極限は，

$$\lim_{n\to\infty}\frac{S_n}{2^n}=\lim_{n\to\infty}\frac{4\cdot 2^n-3n-4}{2^n}=\lim_{n\to\infty}\left(4-\underbrace{\frac{3n}{2^n}}_{0\left(=\frac{弱い\infty}{強い\infty}\right)}-\underbrace{\frac{4}{2^n}}_{0}\right)=4$$ である。 ………(答)

演習問題 9　●2項間の漸化式と極限(II)●

数列 $\{a_n\}$ が，$a_1=1$，$a_{n+1}=3a_n+4n$ ……①　$(n=1,\ 2,\ 3,\ \cdots)$

で定義されるとき，極限 $\lim_{n\to\infty}\frac{a_n}{3^n}$ を求めよ。

ヒント！ 定数 α, β を用いて，①を $a_{n+1}+\alpha(n+1)+\beta=3(a_n+\alpha n+\beta)$, すなわち，等比関数列型の漸化式 $F(n+1)=3F(n)$ の形にもち込んで，α と β の値を決定して解けばいい。

解答＆解説

$a_1=1$，$a_{n+1}=\underline{\underline{3}}a_n+4n$ ……①

定数 α，β を用いて，①が次のように変形できるものとする。

$a_{n+1}+\alpha(n+1)+\beta=\underline{\underline{3}}(a_n+\alpha n+\beta)$ ……②

$[\quad F(n+1)\quad=\underline{\underline{3}}\cdot\quad F(n)\quad]$

$F(n)=a_n+\underbrace{\alpha n+\beta}_{n\text{の1次式}}$ とおくと，$F(n+1)=a_{n+1}+\alpha(n+1)+\beta$ となり，$F(n+1)=\underline{\underline{3}}\cdot F(n)$ をみたすように，α, β の値を決定すれば，等比関数列型の漸化式が完成するんだね。

②をまとめると，

$a_{n+1}=3a_n+3\alpha n+3\beta-\alpha n-\alpha-\beta$

$a_{n+1}=3a_n+\underbrace{2\alpha}_{4} n+\underbrace{2\beta-\alpha}_{0}$ ……②′ となる。ここで，①と②′の係数を比較して，

$2\alpha=4$，かつ $2\beta-\alpha=0$ より，$\alpha=2$，$\beta=1$ となる。これらを②に代入して，

$a_{n+1}+2(n+1)+1=3(a_n+2n+1)$　$[F(n+1)=3\cdot F(n)\quad]$ より，

$a_n+2n+1=(\underbrace{a_1}_{1}+2\cdot1+1)\cdot3^{n-1}$　$[\ F(n)\ =F(1)\cdot3^{n-1}]$

$\therefore\ a_n=4\cdot3^{n-1}-2n-1$ ……③ $(n=1,\ 2,\ 3,\ \cdots)$ となる。

③より，求める極限は，

$$\lim_{n\to\infty}\frac{a_n}{3^n}=\lim_{n\to\infty}\frac{4\cdot3^{n-1}-2n-1}{3^n}=\lim_{n\to\infty}\left(\frac{4}{3}-\boxed{\frac{2n}{3^n}}-\boxed{\frac{1}{3^n}}\right)=\frac{4}{3}$$

（$\frac{2n}{3^n}\to 0\left(=\frac{\text{弱い}\infty}{\text{強い}\infty}\right)$，$\frac{1}{3^n}\to0$）

である。……(答)

演習問題 10　● 3 項間の漸化式と極限 ●

数列 $\{a_n\}$ が，$a_1=0$，$a_2=1$，$5a_{n+2}-3a_{n+1}-2a_n=0$ ……①

$(n=1,\ 2,\ 3,\ \cdots)$ で定義されるとき，極限 $\lim_{n\to\infty} a_n$ を求めよ。

ヒント！ 3 項間の漸化式①の特性方程式の解 $x=\alpha,\ \beta$ を用いて，2 つの等比関数列型の漸化式 $a_{n+2}-\alpha a_{n+1}=\beta(a_{n+1}-\alpha a_n)$，$a_{n+2}-\beta a_{n+1}=\alpha(a_{n+1}-\beta a_n)$ を作って解こう。

解答＆解説

（①の a_{n+2}，a_{n+1}，a_n にそれぞれ x^2，x，1 を代入したもの。）

①の特性方程式：$5x^2-3x-2=0$ を解くと，$(5x+2)(x-1)=0$ より，

$x=-\frac{2}{5}$，1 より，①は次のように変形できる。よって，

$$\begin{cases} a_{n+2}+\frac{2}{5}a_{n+1}=1\cdot\left(a_{n+1}+\frac{2}{5}a_n\right) & [F(n+1)=1\cdot F(n)] \\ a_{n+2}-1\cdot a_{n+1}=-\frac{2}{5}(a_{n+1}-1\cdot a_n) & \left[G(n+1)=-\frac{2}{5}G(n)\right] \end{cases}$$ より，

$$\begin{cases} a_{n+1}+\frac{2}{5}a_n=\left(\underbrace{a_2}_{1}+\frac{2}{5}\underbrace{a_1}_{0}\right)\cdot 1^{n-1} & [F(n)=F(1)\cdot 1^{n-1}] \\ a_{n+1}-a_n=(\underbrace{a_2}_{1}-\underbrace{a_1}_{0})\cdot\left(-\frac{2}{5}\right)^{n-1} & \left[G(n)=G(1)\cdot\left(-\frac{2}{5}\right)^{n-1}\right] \end{cases}$$

よって，$a_{n+1}+\frac{2}{5}a_n=1$ ……②，$a_{n+1}-a_n=\left(-\frac{2}{5}\right)^{n-1}$ ……③　より，

② − ③から，$\frac{7}{5}a_n=1-\left(-\frac{2}{5}\right)^{n-1}$

$\therefore\ a_n=\frac{5}{7}\left\{1-\left(-\frac{2}{5}\right)^{n-1}\right\}$ ……④　$(n=1,\ 2,\ 3,\ \cdots)$ となる。

④より，求める極限は，

$\lim_{n\to\infty}a_n=\lim_{n\to\infty}\frac{5}{7}\left\{1-\underbrace{\left(-\frac{2}{5}\right)^{n-1}}_{\to 0}\right\}=\frac{5}{7}$ である。 ……………………………(答)

演習問題 11 ● 数列の漸化式と極限の応用 ●

数列 $\{a_n\}$ が，$a_1=3$，$a_{n+1}=\dfrac{3a_n+8}{2a_n+3}$ ……① $(n=1,\ 2,\ 3,\ \cdots)$

で定義されるとき，次の問いに答えよ。

(1) $a_n>0$ $(n=1,\ 2,\ 3,\ \cdots)$ であることを示せ。

(2) $\displaystyle\lim_{n\to\infty}a_n=2$ であることを示せ。

ヒント！ (1)は，数学的帰納法を利用しよう。(2)一般項 a_n を求めることは難しいけれど，$\displaystyle\lim_{n\to\infty}a_n$ の極限値を求める，"刑コロ型"の問題なんだね。$\displaystyle\lim_{n\to\infty}a_n=2$ となることは容易に類推できるので，これから $|a_{n+1}-2|\leqq r|a_n-2|$ $(0<r<1)$ の形にもち込んで，はさみ打ちの原理を用いて，$\displaystyle\lim_{n\to\infty}a_n=2$ となることを証明しよう。

解答＆解説

$a_1=3$，$a_{n+1}=\dfrac{3a_n+8}{2a_n+3}$ ……① $(n=1,\ 2,\ 3,\ \cdots)$ について，

(1) $n=1,\ 2,\ 3,\ \cdots$ のとき，$a_n>0$ ……(＊) が成り立つことを数学的帰納法により示す。

(ⅰ) $n=1$ のとき，$a_1=3>0$ である。

(ⅱ) $n=k$ $(k=1,\ 2,\ 3,\ \cdots)$ のとき

$a_k>0$ と仮定すると，①より，

$$a_{k+1}=\frac{3a_k+8}{2a_k+3}>0$$ となって，$a_{k+1}>0$ である。

（a_k：⊕）

以上(ⅰ),(ⅱ)より，数学的帰納法から，$a_n>0$ ……(＊) $(n=1,\ 2,\ 3,\ \cdots)$ は成り立つ。……………………(終)

> 数学的帰納法の手順
> (ⅰ) $n=1$ のとき，$a_1>0$ を示す。
> (ⅱ) $n=k$ $(k=1,\ 2,\ 3,\ \cdots)$ のとき $a_k>0$ と仮定して，$a_{k+1}>0$ を示す。

(2) $\displaystyle\lim_{n\to\infty}a_n=\alpha$ (収束) と仮定すると，$\displaystyle\lim_{n\to\infty}a_{n+1}=\alpha$ となる。

よって，$n\to\infty$ のとき，①は，

$\alpha=\dfrac{3\alpha+8}{2\alpha+3}$ となるので，$\alpha(2\alpha+3)=3\alpha+8$ $2\alpha^2=8$

$\alpha^2=4$ ここで，$a_n>0$ より，$\alpha \geqq 0$ である。

$\therefore \alpha=2$ すなわち，$\lim_{n\to\infty} a_n = 2$ であることが推定できる。

よって，これから，$\lim_{n\to\infty} a_n = 2$ ……(＊＊) が成り立つことを示す。

①の両辺から 2 を引いて，

これから，
$|a_{n+1}-2| \leqq r|a_n-2|$
$[F(n+1) \leqq r\cdot F(n)]$
の形にもち込んで解く。

$$a_{n+1}-2=\frac{3a_n+8}{2a_n+3}-2$$

$$=\frac{3a_n+8-2(2a_n+3)}{2a_n+3}$$

よって，$a_{n+1}-2=\dfrac{-a_n+2}{2a_n+3}$ ……② となる。

②の両辺の絶対値をとって，

$$|a_{n+1}-2|=\left|\frac{-a_n+2}{2a_n+3}\right|=\left|\frac{a_n-2}{2a_n+3}\right|$$

$|-x|=|x|$ より。

$$=\frac{1}{2a_n+3}|a_n-2| \leqq \frac{1}{3}|a_n-2|$$

これは⊕より，絶対値の外に出せる。

分母の $2a_n(>0)$ をとることにより，分数は大きくなる。

$$\therefore |a_{n+1}-2| \leqq \frac{1}{3}|a_n-2| \quad \left[F(n+1) \leqq \frac{1}{3}F(n)\right]$$

スタートライン！

$$0 \leqq |a_n-2| \leqq |a_1-2|\cdot\left(\frac{1}{3}\right)^{n-1} \quad \left[F(n) \leqq F(1)\cdot\left(\frac{1}{3}\right)^{n-1}\right]$$

（$a_1=3$）

$0 \leqq |a_n-2| \leqq \left(\dfrac{1}{3}\right)^{n-1}$ 各辺の $n\to\infty$ の極限をとって，

$$0 \leqq \lim_{n\to\infty}|a_n-2| \leqq \lim_{n\to\infty}\left(\frac{1}{3}\right)^{n-1}=0$$

（$\left(\frac{1}{3}\right)^{n-1}\to 0$）

よって，はさみ打ちの原理より，$\lim_{n\to\infty}|a_n-2|=0$ （$a_n \to 2$）

$\therefore \lim_{n\to\infty} a_n = 2$ ……(＊＊) は成り立つ。……………………………………(終)

§3. 関数の基本

これから“**関数の極限**”の解説に入ろう。しかし，その前に関数について，その基本を予め学習しておく必要があるんだね。だから，この講義では“**関数の平行移動**”，“**1対1対応**”，“**逆関数**”，“**合成関数**”などについて，グラフを使って，ヴィジュアルに分かりやすく解説するつもりだ。

● 関数の平行移動からはじめよう！

図**1**に示すように，一般に関数 $y=f(x)$ を x 軸方向に p，y 軸方向に q だけ平行移動したものは，x と y の代わりに $x-p$，$y-q$ を代入して，$y-q=f(x-p)$ となるのは大丈夫だね。

図**1** 関数の平行移動

関数の平行移動

$$y=f(x) \xrightarrow[\text{平行移動}]{(p,\ q)\text{だけ}} y-q=f(x-p)$$

$$\therefore\ y=f(x-p)+q \text{ となる。}$$

ここで，分数関数：

$y=\dfrac{k}{x}$　(k：定数)

のグラフは，k の値の正・負によって，図**2**(ⅰ)(ⅱ)に示すように，**2**通りのグラフに分類される。

これと，関数の平行移動の知識を使って，次の例題のグラフを描いてみよう。

図**2** 分数関数 $y=\dfrac{k}{x}$ のグラフ

(ⅰ) $k>0$ のとき

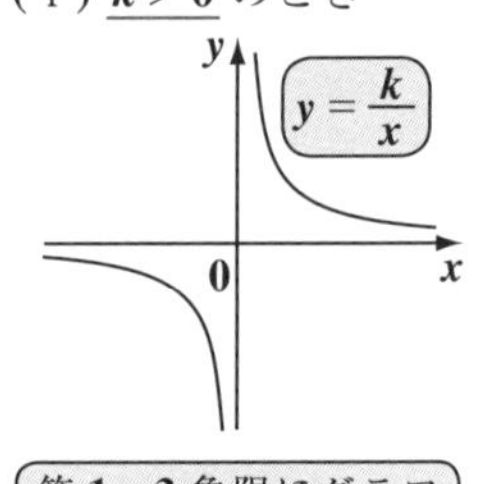

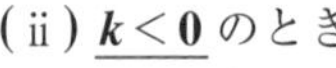

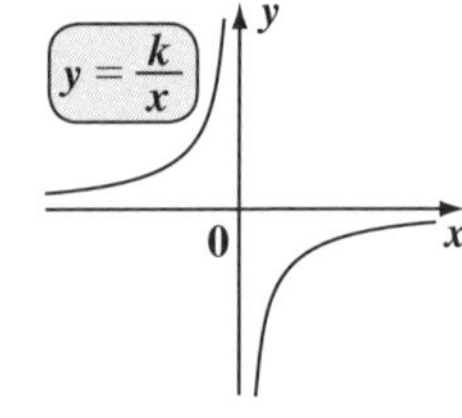

第**2**，**4**象限にグラフ

例題 12　$y=\dfrac{x+1}{x-2}$ のグラフを描いてみよう。

与関数を変形すると

$$y=\frac{x+1}{x-2}=\frac{x-2+3}{x-2}=1+\frac{3}{x-2}$$

$\therefore\ y=\dfrac{3}{x-2}+1$ は，$y=\dfrac{3}{x}$ を $(2,\ 1)$ だけ平行移動したものだ。

すなわち，

$$y=\frac{3}{x}\ \xrightarrow[\text{平行移動}]{(2,\ 1)\text{だけ}}\ y-1=\frac{3}{x-2}$$

よって，$y=\dfrac{x+1}{x-2}$ のグラフは右上図のようになる。

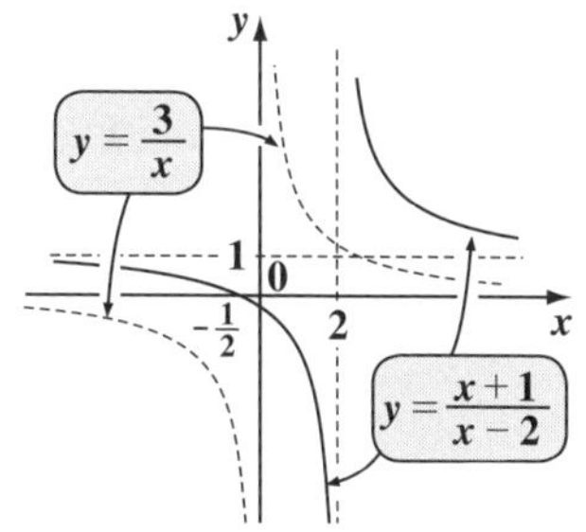

では次，無理関数：

$y=\sqrt{ax}$ (a: 定数)

のグラフは a の値の正・負によって，図 3(ⅰ)(ⅱ) に示すように，2 通りのグラフに分類される。

図 3　無理関数 $y=\sqrt{ax}$ のグラフ

(ⅰ) $a>0$ のとき　　(ⅱ) $a<0$ のとき

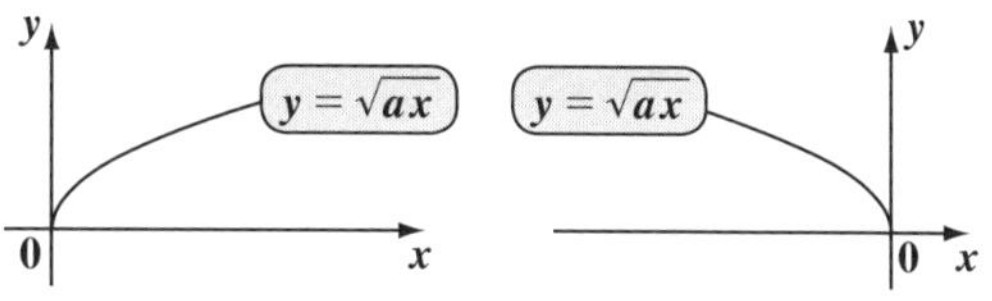

だから，たとえば関数 $y=\sqrt{2x+4}+1$ のグラフを求めたかったら，$y=\sqrt{2(x+2)}+1$ と変形すると，$y=\sqrt{2x}$ を $(-2,\ 1)$ だけ平行移動したものであることが分かるね。

つまり，

$$y=\sqrt{2x}\ \xrightarrow[\text{平行移動}]{(-2,\ 1)\text{だけ}}\ y-1=\sqrt{2(x+2)}$$

よって，$y=\sqrt{2x+4}+1$ のグラフは，図 4 のようになるんだね。

図 4　$y=\sqrt{2x+4}+1$ のグラフ

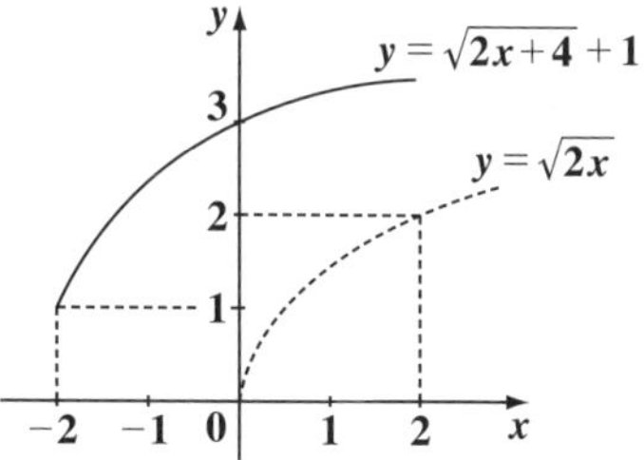

● 逆関数もマスターしよう！

それでは次，"**1対1対応**"の関数と，"**逆関数**"についても解説しよう。

関数 $y=f(x)$ が与えられたとき，図5(ⅰ)のように，1つの y の値 (y_1) に対して，1つの x の値 (x_1) が対応するとき，この関数を，**1対1対応の関数**という。これに対して，図5(ⅱ)のように，1つの y の値 (y_1) に対して，複数の x の値 $(x_1,\ x_2)$ が対応する場合，当然これは1対1対応の関数ではないという。

図5

(ⅰ) 1対1対応

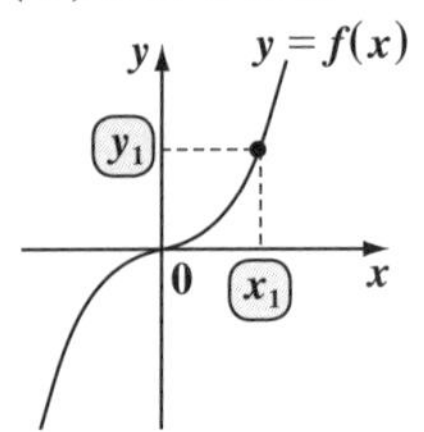

(ⅱ) 1対1対応ではない

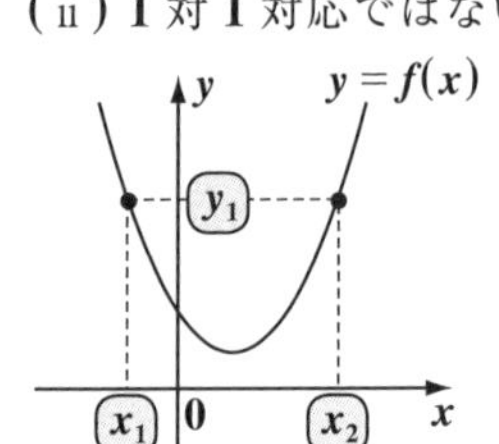

そして，$y=f(x)$ が1対1対応の関数のとき，x と y を入れ替え，さらにこれを $y=(x$ の式$)$ の形に変形したものを，$y=f(x)$ の"**逆関数**"と呼び，$y=f^{-1}(x)$ で表す。この $y=f(x)$ と $y=f^{-1}(x)$ は，直線 $y=x$ に関して対称なグラフになることも覚えておこう。

逆関数の公式

$y=f(x)$：1対1対応の関数のとき，

$y=f(x)$ ←**逆関数**→ $x=f(y)$ ← 元の関数の x と y を入れ替えたもの

直線 $y=x$ に関して対称なグラフ

$x=f(y)$ → これを，$y=(x$ の式$)$ の形に書き換える。

$y=f^{-1}(x)$ ← 逆関数の出来上がり！

次の例題で，実際に逆関数を求めてみよう。

例題13　$y=f(x)=x^2+1\ (x\geqq 0)$ の逆関数 $y=f^{-1}(x)$ を求めてみよう。

$y=x^2+1\ \ (-\infty<x<\infty)$ は，1対1対応の関数ではないけれど，右図に示すように，$y=f(x)=x^2+1\ (x\geqq 0)$ は，定義域を $x\geqq 0$ に絞ることによって，1対1対応の関数になっているんだね。

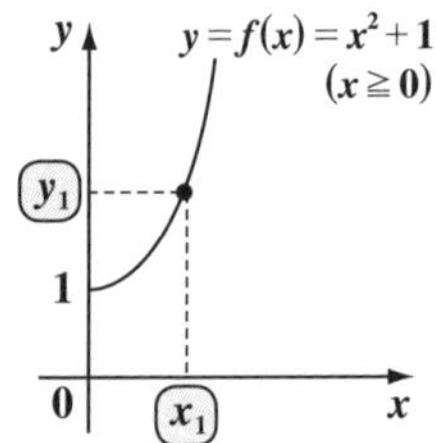

よって，$y = f(x) = x^2 + 1 \ (x \geqq 0)$ ……①

の逆関数を求めることができる。

（ⅰ）まず①の x と y を入れ替えて，

$$x = y^2 + 1 \ (y \geqq 0)$$

（ⅱ）これを $y = (x$ の式）の形に変形すると，

$y^2 = x - 1$　　ここで，$y \geqq 0$ より，

$y = \sqrt{x-1}$　となる。

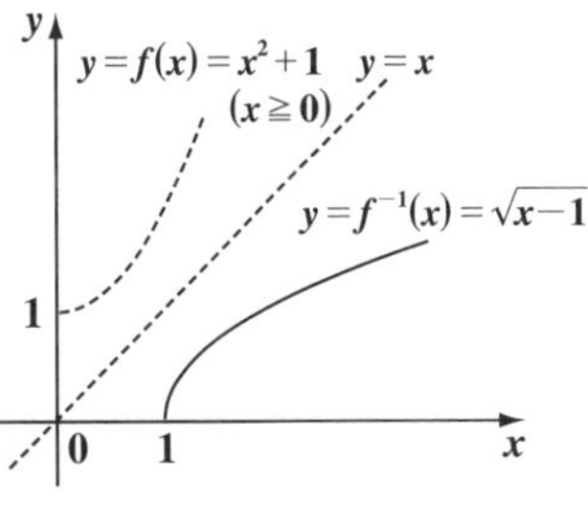

以上（ⅰ）（ⅱ）より，求める逆関数 $y = f^{-1}(x)$ は $y = f^{-1}(x) = \sqrt{x-1}$ となって，無理関数が導けた。

$y = f(x)$ と $y = f^{-1}(x)$ のグラフを右上図に示す。これから，$y = f(x) = x^2 + 1 \ (x \geqq 0)$ と $y = f^{-1}(x) = \sqrt{x-1}$ のグラフは，直線 $y = x$ に関して線対称になることも確認できただろう。

同様に，三角関数 $y = \sin x$ は **1** 対 **1** 対応の関数ではないので，その逆関数は存在しない。でも図 **6** に示すように，定義域を $-\frac{\pi}{2} \leqq x \leqq \frac{\pi}{2}$ に限定して，

図 6　$y = \sin x \left(-\frac{\pi}{2} \leqq x \leqq \frac{\pi}{2}\right)$ のグラフ

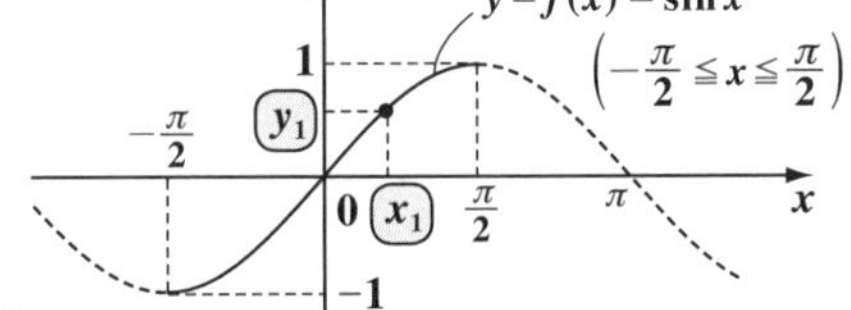

$$y = f(x) = \sin x \quad \left(-\frac{\pi}{2} \leqq x \leqq \frac{\pi}{2}\right) \ (-1 \leqq y \leqq 1)$$

とおくと，これは **1** 対 **1** 対応の関数なので，その逆関数が存在するんだね。これも求めてみよう。

（ⅰ）まず x と y を入れ替えて，

$$x = \sin y \quad \left(-\frac{\pi}{2} \leqq y \leqq \frac{\pi}{2}\right) \ (-1 \leqq x \leqq 1)$$

（ⅱ）これを $y = (x$ の式）の形に表現するのに $\sin^{-1}$ の記号を用いて，

$$y = \underline{\sin^{-1} x} \quad (-1 \leqq x \leqq 1) \ \left(-\frac{\pi}{2} \leqq y \leqq \frac{\pi}{2}\right) \text{となる。}$$

（これは，$\sin x$ の逆関数で，"アークサイン x" と読む。）

これから，求める逆関数は $f^{-1}(x) = \sin^{-1} x \ \ (-1 \leqq x \leqq 1)$ となるんだね。

逆関数 $y=f^{-1}(x)=\sin^{-1}x\ (-1\leqq x\leqq 1)$ のグラフを，図7に示す。当然，$y=f(x)=\sin^{-1}x\ (-1\leqq x\leqq 1)$ のグラフは，元の関数 $y=f(x)=\sin x\ \left(-\dfrac{\pi}{2}\leqq x\leqq\dfrac{\pi}{2}\right)$ のグラフと直線 $y=x$ に関して線対称になる。同様に，$\cos x\ (0\leqq x\leqq\pi)$ や $\tan x\ \left(-\dfrac{\pi}{2}<x<\dfrac{\pi}{2}\right)$ の逆関数 $\cos^{-1}x$ と $\tan^{-1}x$ も定義できる。

（$\cos^{-1}x$：“アークコサイン x”）

（$\tan^{-1}x$：“アークタンジェント x”と読む。）

図7　$y=\sin^{-1}x\ (-1\leqq x\leqq 1)$ のグラフ

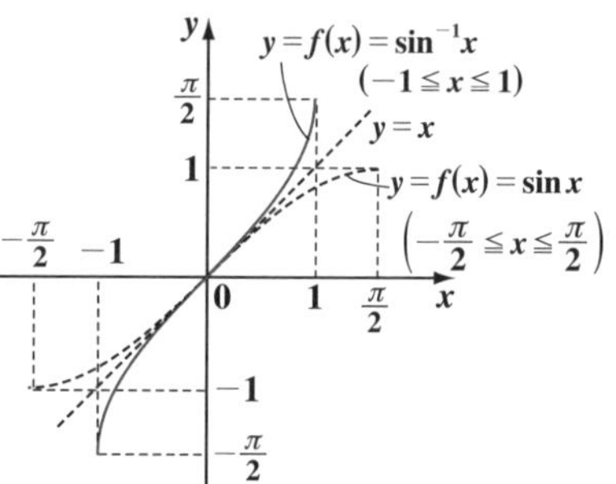

$y=\sin^{-1}x\ (-1\leqq x\leqq 1)$ は上のグラフを表す関数のことで，決して $\dfrac{1}{\sin x}$ のことではないよ。

$\cos^{-1}x$ や $\tan^{-1}x$ についても，演習問題14, 15で練習しよう。

図8(i) $y=\cos^{-1}x$ のグラフ

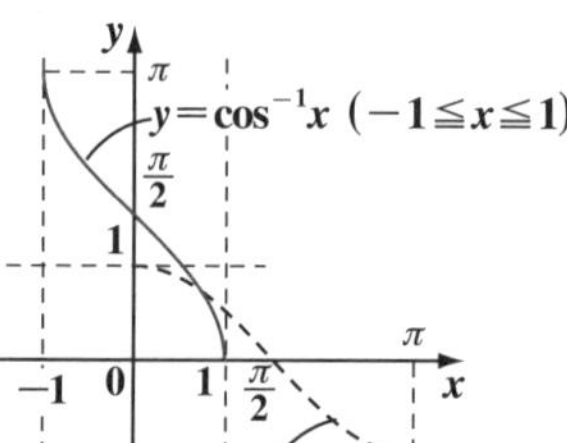

図8(ii) $y=\tan^{-1}x$ のグラフ

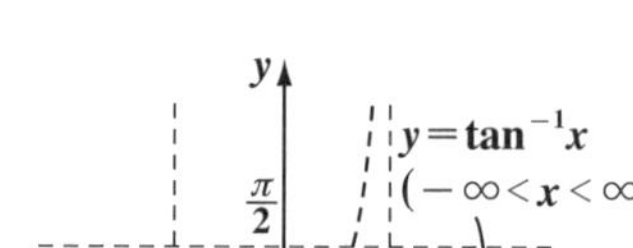
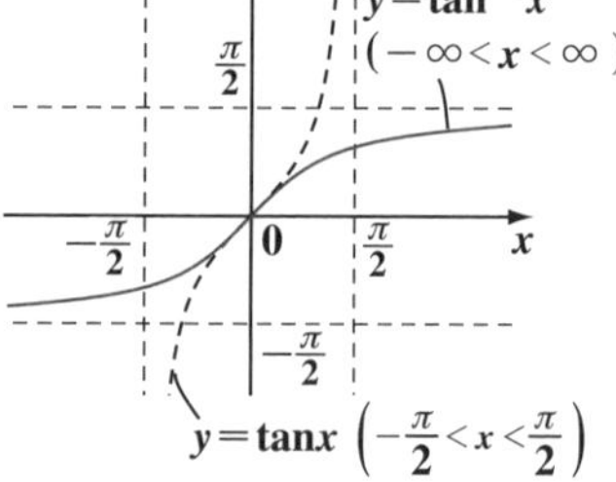

● 合成関数は，東京発・SF経由・NY行きで覚えよう！

では，これから“合成関数（ごうせい）”について解説しよう。下に，合成関数の考え方の模式図を示す。

合成関数の公式

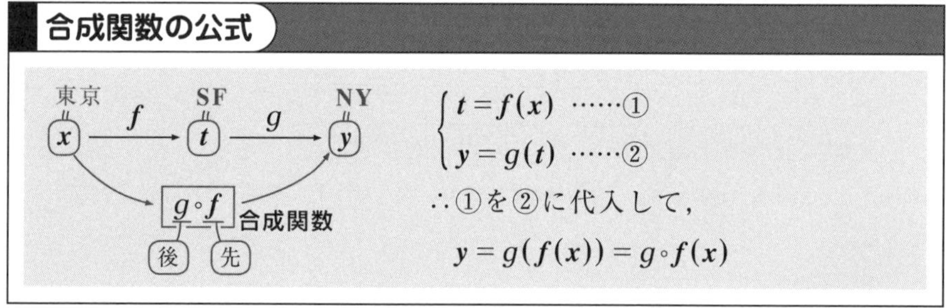

$$\begin{cases} t=f(x) & \cdots\cdots① \\ y=g(t) & \cdots\cdots② \end{cases}$$

∴①を②に代入して，

$$y=g(f(x))=g\circ f(x)$$

左の公式の x を東京，t を SF（サンフランシスコ），y を NY（ニューヨーク）とみると，上の図は，"東京発，SF 経由，NY 行き" ってことになるね。まず，(i) f という飛行機で x（東京）から t (SF) に行き，次に (ii) g という飛行機で，中継地の t (SF) から最終目的地の y (NY) に行くことを表している。

この (i) $x \longrightarrow t$，(ii) $t \longrightarrow y$ の代わりに，x（東京）から y (NY) に直航便を飛ばすのが合成関数なんだね。これを数式で表すと，

(i) $t = f(x)$ ……① $[x \longrightarrow t]$
(ii) $y = g(t)$ ……② $[t \longrightarrow y]$ となる。ここで，

①を②に代入して，直接 x と y の関係式にしたものが，合成関数なんだ。

$y = g(f(x))$ $[x \longrightarrow y$ の直航便$]$

これは，$y = g \circ f(x)$ と書いてもいい。ここで，$g \circ f(x)$ は，x に f が先に
（g：後，f：先）
作用して，g が後で作用することに注意しよう。これを間違えて，$f \circ g(x)$ とすると，g が先で，f が後だから，"東京発，台北経由，ハノイ行き (??)" なんてことになるかも知れない。この $g \circ f(x)$ と $f \circ g(x)$ の違いを，次の例題でシッカリ確認しておこう。

> 例題 14　$f(x) = 3x - 4x^3$，$g(x) = \sin x$ のとき，合成関数 $g \circ f(x)$ と $f \circ g(x)$ を求めてみよう。

(i) $g \circ f(x) = g(f(x)) = \sin\{f(x)\} = \sin(3x - 4x^3)$ となる。

(ii) $f \circ g(x) = f(g(x)) = 3g(x) - 4g(x)^3$

$= 3\sin x - 4\sin^3 x = \sin 3x$ となる。

三角関数の 3 倍角の公式：$\sin 3x = 3\sin x - 4\sin^3 x$ を使った！

これで違いも十分理解できたと思う。

この合成関数の考え方は，複雑な関数の微分計算や積分計算でも利用することになるので，シッカリ頭に入れておこう。

演習問題 12　●無理関数の逆関数●

関数 $f(x)=\sqrt{2x+6}+1$ 　$(x \geqq -3,\ y \geqq 1)$ の逆関数 $f^{-1}(x)$ を求めよ。
また，2 つの曲線 $y=f(x)$ と $y=f^{-1}(x)$ の交点の座標を求めよ。

ヒント！ $y=f(x)$ は，1 対 1 対応の関数なので，x と y を入れ替えて，$y=f^{-1}(x)$ の形にもち込めばよい。$y=f(x)$ と $y=f^{-1}(x)$ は，直線 $y=x$ に関して線対称なグラフになることを利用して，この 2 曲線の交点の座標を求めよう。

解答＆解説

$y=f(x)=\sqrt{2x+6}+1$ ……① $(x \geqq -3,\ y \geqq 1)$ は，
$y=f(x)=\sqrt{2(x+3)}+1$ より，これは $y=\sqrt{2x}$ を $(-3,\ 1)$ だけ平行移動した右図のようなグラフになる。よって，$y=f(x)$ は 1 対 1 対応の関数なので，①の x と y を入れ替えて，逆関数 $f^{-1}(x)$ は次のように求められる。

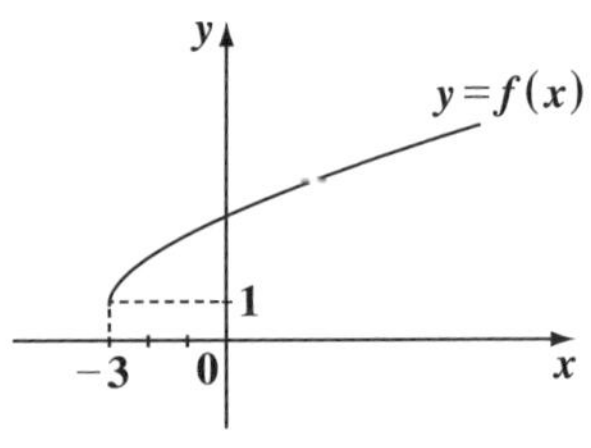

$x=\sqrt{2y+6}+1$ 　$(y \geqq -3,\ x \geqq 1)$ ← ①の x と y を入れ替えて，$y=f^{-1}(x)$ の形にする。

$x-1=\sqrt{2y+6}$ 　両辺を 2 乗して，$(x-1)^2=2y+6$ 　　$2y=(x-1)^2-6$

$\therefore\ y=f^{-1}(x)=\dfrac{1}{2}(x-1)^2-3$ 　$(x \geqq 1,\ y \geqq -3)$
となる。 ……………………………………(答)

2 曲線 $y=f(x)$ と $y=f^{-1}(x)$ は，直線 $y=x$ に関して対称なグラフとなるため，この 2 曲線の交点は，$y=f(x)$ と $y=x$ との交点に等しい。
よって，$y=f(x)$ ……① と $y=x$ から y を消去して，

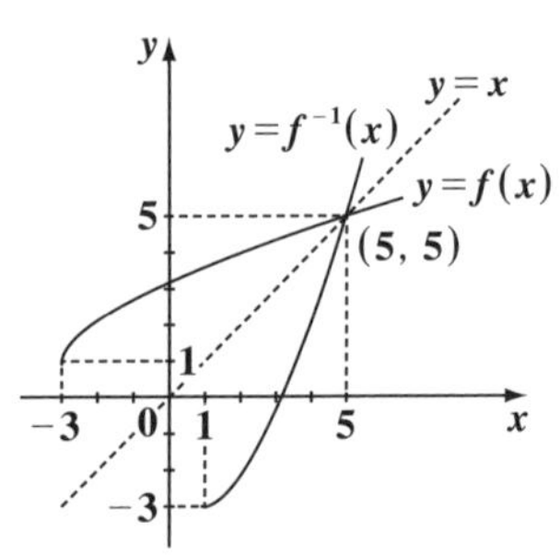

$\sqrt{2x+6}+1=x$ 　　$\sqrt{2x+6}=x-1$ ……② 　　両辺を 2 乗して，

$2x+6=x^2-2x+1$ 　　$x^2-4x-5=0$ 　　$(x-5)(x+1)=0$

$\therefore\ x=5$ 　(グラフより明らかに，$x \neq -1$) ← $x=-1$ のとき，②は $2=-2$ となって不適。

以上より，$y=f(x)$ と $y=f^{-1}(x)$ の交点の座標は $(5,\ 5)$ である。………(答)

↑ $y=x$ 上の点より，$x=5$ のとき，$y=5$

演習問題 13　● 分数関数の逆関数 ●

2つの関数 $y=f(x)=\dfrac{2x-1}{x+1}$ $(x \neq -1)$ と $y=g(x)=-2x+2$ がある。

このとき，合成関数 $g \circ f(x)$ $(x \neq -1)$ を求めよ。

また，この逆関数 $\{g \circ f(x)\}^{-1}$ を求めよ。

ヒント！ 合成関数 $g \circ f(x)=g(f(x))=-2f(x)+2$ となる。$g \circ f(x)=h(x)$ とおくと，$h(x)$ は1対1対応の関数なので，$y=h(x)$ の x と y を入れ替えて，$y=h^{-1}(x)$ の形にもち込もう。

解答＆解説

$f(x)=\dfrac{2x-1}{x+1}$ $(x \neq -1)$，$g(x)=-2x+2$ から，合成関数 $g \circ f(x)$ を求めると，

$$g \circ f(x)=g(f(x))=-2f(x)+2=-2\cdot\frac{2x-1}{x+1}+2$$

$$=\frac{-2(2x-1)+2(x+1)}{x+1}=\frac{-2x+4}{x+1} \quad \cdots\cdots ① \quad (x \neq -1) \text{ となる。}\cdots\cdots(\text{答})$$

ここで，$y=h(x)=g \circ f(x)$ とおくと，①より，

$$y=h(x)=\frac{-2x+4}{x+1}=\frac{-2(x+1)+6}{x+1}=\frac{6}{x+1}-2$$

よって，$h(x)$ は1対1対応の関数より，

$y=h(x)=\dfrac{-2x+4}{x+1}$ の x と y を入れ替えて，

$h(x)$ の逆関数 $h^{-1}(x)$ を求めると，

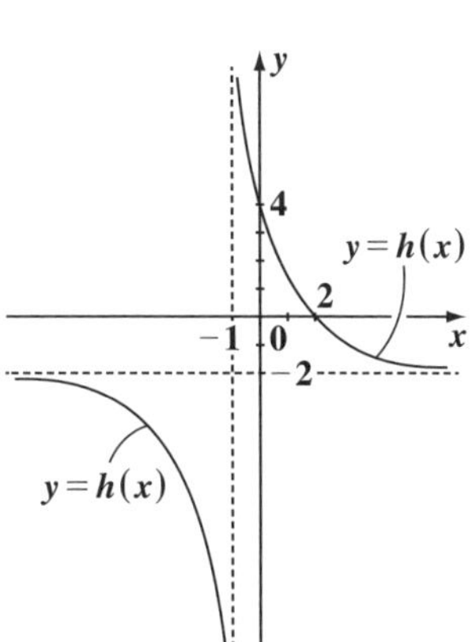

$$x=\frac{-2y+4}{y+1} \qquad xy+x=-2y+4$$

$$(x+2)y=-x+4 \qquad \therefore y=\frac{-x+4}{x+2} \quad (x \neq -2) \text{ となる。}$$

以上より，$h(x)=g \circ f(x)$ の逆関数 $h^{-1}(x)=\{g \circ f(x)\}^{-1}$ は，

$$h^{-1}(x)=\{g \circ f(x)\}^{-1}=\frac{-x+4}{x+2} \quad (x \neq -2) \text{ である。} \cdots\cdots(\text{答})$$

演習問題 14　●逆三角関数(Ⅰ)●

次の逆三角関数の値を求めよ。

(1) $\sin^{-1}\dfrac{1}{2}$　(2) $\sin^{-1}\left(-\dfrac{1}{\sqrt{2}}\right)$　(3) $\cos^{-1}\dfrac{1}{2}$

(4) $\cos^{-1}\left(-\dfrac{\sqrt{3}}{2}\right)$　(5) $\tan^{-1}\sqrt{3}$　(6) $\tan^{-1}(-1)$

ヒント! たとえば, (1) $\sin^{-1}\left(\dfrac{1}{2}\right)=\alpha$ とおくと, $\sin\alpha=\dfrac{1}{2}$ $\left(-\dfrac{\pi}{2}\leqq\alpha\leqq\dfrac{\pi}{2}\right)$ より, α の値が求まる。同様に, (3)は, $\cos^{-1}\dfrac{1}{2}=\gamma$ とおくと, $\cos\gamma=\dfrac{1}{2}$ $(0\leqq\gamma\leqq\pi)$, (5)は, $\tan^{-1}\sqrt{3}=\beta$ とおくと, $\tan\beta=\sqrt{3}$ $\left(-\dfrac{\pi}{2}<\beta<\dfrac{\pi}{2}\right)$ から, γ や β の値を求めよう。

解答＆解説

(1) $\sin^{-1}\dfrac{1}{2}=\alpha$ $\left(-\dfrac{\pi}{2}\leqq\alpha\leqq\dfrac{\pi}{2}\right)$ とおくと,

$\sin\alpha=\dfrac{1}{2}$ より, $\alpha=\dfrac{\pi}{6}$ $(=30°)$ ……(答)

(2) $\sin^{-1}\left(-\dfrac{1}{\sqrt{2}}\right)=\beta$ $\left(-\dfrac{\pi}{2}\leqq\beta\leqq\dfrac{\pi}{2}\right)$ とおくと,

$\sin\beta=-\dfrac{1}{\sqrt{2}}$ より, $\beta=-\dfrac{\pi}{4}$ $(=-45°)$ ……(答)

(3) $\cos^{-1}\dfrac{1}{2}=\gamma$ $(0\leqq\gamma\leqq\pi)$ とおくと,

$\cos\gamma=\dfrac{1}{2}$ より, $\gamma=\dfrac{\pi}{3}$ $(=60°)$ ……(答)

(4) $\cos^{-1}\left(-\dfrac{\sqrt{3}}{2}\right)=\alpha$ $(0\leqq\alpha\leqq\pi)$ とおくと,

$\cos\alpha=-\dfrac{\sqrt{3}}{2}$ より, $\alpha=\dfrac{5}{6}\pi$ $(=150°)$ ……(答)

(5) $\tan^{-1}\sqrt{3}=\beta$ $\left(-\dfrac{\pi}{2}<\beta<\dfrac{\pi}{2}\right)$ とおくと,

$\tan\beta=\sqrt{3}$ より, $\beta=\dfrac{\pi}{3}$ $(=60°)$ ……(答)

(6) $\tan^{-1}(-1)=\gamma$ $\left(-\dfrac{\pi}{2}<\gamma<\dfrac{\pi}{2}\right)$ とおくと,

$\tan\gamma=-1$ より, $\gamma=-\dfrac{\pi}{4}$ $(=-45°)$ ……(答)

演習問題 15　● 逆三角関数 (II) ●

$\tan^{-1}\frac{1}{4}+\tan^{-1}\frac{3}{5}$ の値を求めよ。

ヒント！ $\tan^{-1}\frac{1}{4}=\alpha$, $\tan^{-1}\frac{3}{5}=\beta$ とおくと, $\tan\alpha=\frac{1}{4}$, $\tan\beta=\frac{3}{5}$ となる。ここで, $\alpha+\beta$ の値を求めたいわけだから, そのために $\tan(\alpha+\beta)$ の値を加法定理を使って計算するといいんだね。

解答＆解説

$\underbrace{\tan^{-1}\frac{1}{4}}_{\alpha}+\underbrace{\tan^{-1}\frac{3}{5}}_{\beta}$ ……① について, ← これから, $\alpha+\beta$ の値を求めればいい。

$\tan^{-1}\frac{1}{4}=\alpha$ ……② $\left(-\frac{\pi}{2}<\alpha<\frac{\pi}{2}\right)$, $\tan^{-1}\frac{3}{5}=\beta$ ……③ $\left(-\frac{\pi}{2}<\beta<\frac{\pi}{2}\right)$

とおくと, ②, ③より,

$$\begin{cases}\tan\alpha=\dfrac{1}{4} & \cdots\cdots②' \quad \left(\tan\alpha>0 \text{ より, } 0<\alpha<\dfrac{\pi}{2}\right)\\[2mm] \tan\beta=\dfrac{3}{5} & \cdots\cdots③' \quad \left(\tan\beta>0 \text{ より, } 0<\beta<\dfrac{\pi}{2}\right)\end{cases}$$

ここで, $\tan(\alpha+\beta)$ の値を求めると,

$$\tan(\alpha+\beta)=\frac{\tan\alpha+\tan\beta}{1-\tan\alpha\tan\beta}=\frac{\frac{1}{4}+\frac{3}{5}}{1-\frac{1}{4}\cdot\frac{3}{5}}=\frac{\frac{5+12}{20}}{1-\frac{3}{20}}=\frac{\frac{17}{20}}{\frac{17}{20}}=1$$

tan の加法定理「1マイナス タン・タン分のタン プラス タン」と覚えよう。

以上より, $\tan(\alpha+\beta)=1$ $(0<\alpha+\beta<\pi)$ から, $\alpha+\beta=\tan^{-1}1=\frac{\pi}{4}$

よって, $\alpha+\beta=\frac{\pi}{4}$, すなわち, $\tan^{-1}\frac{1}{4}+\tan^{-1}\frac{3}{5}=\frac{\pi}{4}$ である。……(答)

§4. 関数の極限

“関数の基本”の解説も終わったので，いよいよ“**関数の極限**”の解説に入ろう。“関数の極限”はこれまで学習した“数列の極限”と，$\frac{\infty}{\infty}$の不定形など，オーバーラップ(重複)する部分も多いので，学習しやすいはずだ。

しかし，$\frac{0}{0}$の不定形など，関数の極限で新たに出てくるテーマもあるので，また分かりやすく解説するつもりだ。

今回の講義では，具体的には“**分数関数**”，“**無理関数**”，そして“**三角関数**”の極限を中心に教えよう。

● まず，$\frac{0}{0}$の不定形の意味をマスターしよう！

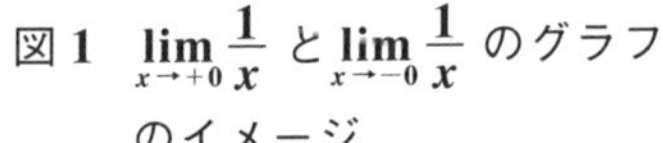

図1　$\lim_{x\to+0}\frac{1}{x}$ と $\lim_{x\to-0}\frac{1}{x}$ のグラフのイメージ

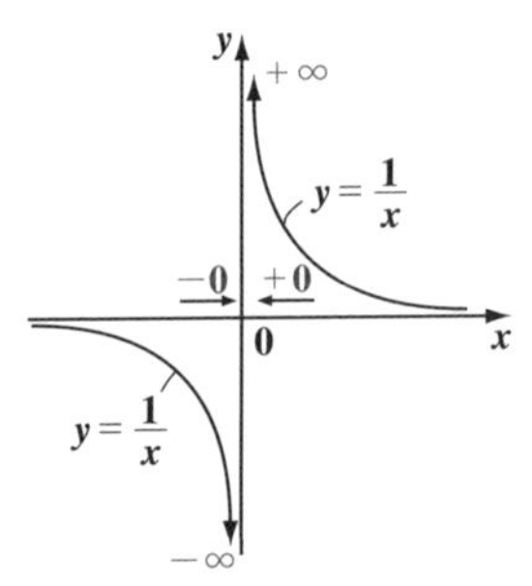

まず，分数関数$\frac{1}{x}$に対して，

(i) $x\to+0$ と (ii) $x\to-0$ の

（$x=+0.00\cdots01$ のように，⊕側から0に近づく。）（$x=-0.00\cdots01$ のように，⊖側から0に近づくことを表す。）

2つの極限について考えよう。

(i) $x\to+0$ のときは，

$$\lim_{x\to+0}\frac{1}{x}=\frac{1}{+0}=+\infty$$ と発散し，

（x：$+0.00\cdots01$）

(ii) $x\to-0$ のときは，

$$\lim_{x\to-0}\frac{1}{x}=\frac{1}{-0}=-\infty$$ と発散するのも大丈夫だね。

（x：$-0.00\cdots01$）

このグラフのイメージを図1に示しておいた。

また，$\lim_{x\to0}\frac{x}{2}=0$，$\lim_{x\to0}\frac{x^2}{3}=0$ となるのも大丈夫だね。（$x\to0$，$x^2\to0$）

一般に，$x \to 0$ とした場合，$x \to +0$ と $x \to -0$ のいずれの場合も含む。初めの $\frac{1}{x}$ の極限の例では，$x \to +0$ か，$x \to -0$ でまったく異なる結果になるけれど，$\frac{x}{2}$ や $\frac{x^2}{3}$ の $x \to 0$ の極限では，特にこの2つを区別する必要はないのが分かると思う。

関数の極限では，数列の極限のところで解説した $\frac{\infty}{\infty}$ の不定形も問題になるけれど，新たに $\frac{0}{0}$ の不定形も頻繁に出てくることになる。まず，この $\frac{0}{0}$ の不定形のイメージを押さえておこう。

(i) $\frac{0.000000004}{0.001} \longrightarrow 0$ (収束) $\left[\frac{\text{強い}0}{\text{弱い}0} \longrightarrow 0\right]$

(ii) $\frac{0.005}{0.000000002} \longrightarrow \infty$ (発散) $\left[\frac{\text{弱い}0}{\text{強い}0} \longrightarrow \infty\right]$

(iii) $\frac{0.00001}{0.00003} \longrightarrow \frac{1}{3}$ (収束) $\left[\frac{\text{同じ強さの}0}{\text{同じ強さの}0} \longrightarrow \text{有限な値}\right]$

$\frac{0}{0}$ の極限なので，分母，分子がともに0に近づいていくのは大丈夫だね。

注意

ここで，“強い0”とは“0に収束する速さが大きい0のこと”で，“弱い0”とは“0に収束する速さが小さい0のこと”だ。これらも，理解を助けるための便宜上の表現なので，答案には“強い0”や“弱い0”を記述してはいけない。

(i)(ii)(iii)はいずれも，0に近づいていく動きのある極限のある瞬間をとらえたスナップ写真と考えてくれたらいい。

(i) $\frac{\text{強い}0}{\text{弱い}0}$ の形では，分子の方が分母より相対的にずっとずっと小さくなるので，0に収束してしまうんだね。

(ii) これは，(i)の逆数のパターンなので，割り算したら∞に発散する。

(iii) これは，分母・分子ともに同じ強さの0なので，割り算をした結果，有限なある値(有限確定値)に近づくパターンだ。

それでは，関数の極限の問題を実際に解いてみることにしよう。

例題 15　極限値 $\lim_{x\to 0}\dfrac{\sqrt{9+x}-\sqrt{9-x}}{x}$ を求めよう。

$$\lim_{x\to 0}\frac{\sqrt{9+x}-\sqrt{9-x}}{x}$$

$\dfrac{\sqrt{9}-\sqrt{9}}{0}=\dfrac{0}{0}$ の不定形だ。

$$=\lim_{x\to 0}\frac{(\sqrt{9+x}-\sqrt{9-x})(\sqrt{9+x}+\sqrt{9-x})}{x(\sqrt{9+x}+\sqrt{9-x})}$$

$\sqrt{\ }-\sqrt{\ }$ が出てきたら，分子・分母に $\sqrt{\ }+\sqrt{\ }$ をかけるといい。

$$=\lim_{x\to 0}\frac{9+x-(9-x)}{x(\sqrt{9+x}+\sqrt{9-x})}$$

$$=\lim_{x\to 0}\frac{2x}{x(\sqrt{9+x}+\sqrt{9-x})}$$

これで，$\dfrac{0}{0}$ の不定形の要素が消えた！

$$=\lim_{x\to 0}\frac{2}{\sqrt{9+x}+\sqrt{9-x}}=\frac{2}{\sqrt{9}+\sqrt{9}}=\frac{2}{6}=\frac{1}{3}$$ となる。

例題 16　$\lim_{x\to 1}\dfrac{ax-b\sqrt{x^2+3}}{x-1}=3$ ……①　となるとき，定数 a と b の値を求めてみよう。

①の左辺の極限について，

- 分母：$\lim_{x\to 1}(x-1)=1-1=0$ より，
- 分子：$\lim_{x\to 1}\left(ax-b\sqrt{x^2+3}\right)=a-2b=0$

$\therefore\ a=2b$ ……②

分母→0 ならば分子→0 となって，$\dfrac{0.0003}{0.0001}$ のイメージで，3 に収束しなければならないからね。

②を①に代入して，

①の左辺 $=\lim_{x\to 1}\dfrac{2bx-b\sqrt{x^2+3}}{x-1}$

$\dfrac{0}{0}$ の不定形だ。

$$=\lim_{x\to 1}\frac{b\left(2x-\sqrt{x^2+3}\right)\left(2x+\sqrt{x^2+3}\right)}{(x-1)\left(2x+\sqrt{x^2+3}\right)}$$

$4x^2-(x^2+3)=3(x+1)(x-1)$

分子・分母に $\left(2x+\sqrt{x^2+3}\right)$ をかけた。

①の左辺 $=\lim_{x\to1}\frac{3b(x+1)\cancel{(x-1)}}{\cancel{(x-1)}\left(2x+\sqrt{x^2+3}\right)}$ ← $\frac{0}{0}$ の不定形の要素が消えた！

$=\lim_{x\to1}\frac{3b(x+1)}{2x+\sqrt{x^2+3}}=\frac{6b}{2+2}=\frac{3}{2}b=3$ （＝①の右辺）

$\frac{3}{2}b=3$ より，$b=2$　これを②に代入して，$a=4$

以上より，$a=4$，$b=2$ と求まるんだね。大丈夫だった？

● 三角関数の 3 つの極限の基本公式を紹介しよう！

それでは次，三角関数 $(\sin x, \cos x, \tan x)$ の極限の 3 つの基本公式を

（もちろん，角 x の単位は“ラジアン”だ！ $(180°=\pi$（ラジアン））)

下に示す。これらは頻出の公式なので，シッカリ頭に入れておこう。

三角関数の極限公式

(1) $\lim_{x\to0}\frac{\sin x}{x}=1$　(2) $\lim_{x\to0}\frac{\tan x}{x}=1$　(3) $\lim_{x\to0}\frac{1-\cos x}{x^2}=\frac{1}{2}$

$x\to0$ のとき，$\frac{\sin x}{x}$，$\frac{\tan x}{x}$，$\frac{1-\cos x}{x^2}$ はすべて $\frac{0}{0}$ の不定形になるんだ

（$\sin0=0$，$\tan0=0$，$1-\cos0=1-1=0$，$x\to0$，$0^2=0$）

けれど，公式で示す通り，これらはすべて有限な値に収束する。

実は，(2)，(3) の公式は，(1) の公式から次のように導ける。

(2) $\lim_{x\to0}\frac{\tan x}{x}=\lim_{x\to0}\frac{\sin x}{x}\cdot\frac{1}{\cos x}=1\cdot\frac{1}{1}=1$　となる。

（$\tan x=\frac{\sin x}{\cos x}$，$\frac{\sin x}{x}\to1$（公式 (1) より），$\cos0=1$）

(3) $\lim_{x\to0}\frac{1-\cos x}{x^2}=\lim_{x\to0}\frac{(1-\cos x)(1+\cos x)}{x^2(1+\cos x)}$ ← 分子・分母に $(1+\cos x)$ をかけた。

（$1-\cos^2x=\sin^2x$）

$=\lim_{x\to0}\left(\frac{\sin x}{x}\right)^2\cdot\frac{1}{1+\cos x}=1^2\cdot\frac{1}{1+1}=\frac{1}{2}$　と，これも導けた！

(1)，(2) はスナップ写真のイメージでは $\frac{0.0001}{0.0001}$ のパターンだから，その逆数の極限も，

$$\lim_{x\to 0}\frac{x}{\sin x}=1,\quad \lim_{x\to 0}\frac{x}{\tan x}=1$$ となる。

(1) $\lim_{x\to 0}\frac{\sin x}{x}=1$
(2) $\lim_{x\to 0}\frac{\tan x}{x}=1$
(3) $\lim_{x\to 0}\frac{1-\cos x}{x^2}=\frac{1}{2}$

これに対して (3) の公式は $\frac{0.0001}{0.0002}$ のパターンだから，この逆数の極限は当然，$\lim_{x\to 0}\frac{x^2}{1-\cos x}=2$ となるんだね。

それでは，三角関数の極限の最重要公式 (1) $\lim_{x\to 0}\frac{\sin x}{x}=1$ の証明をやっておこう。これは図形的に証明するので，まず，扇形の面積の公式から入ろう。

図 2 に示すように，中心角 x (ラジアン) の扇形の面積を S，円弧の長さを l とおくと，これらはそれぞれ，円の面積 πr^2 と円周の長さ $2\pi r$ を $\frac{x}{2\pi}$ 倍したものになるので，

360° のこと

図 2　扇形の面積

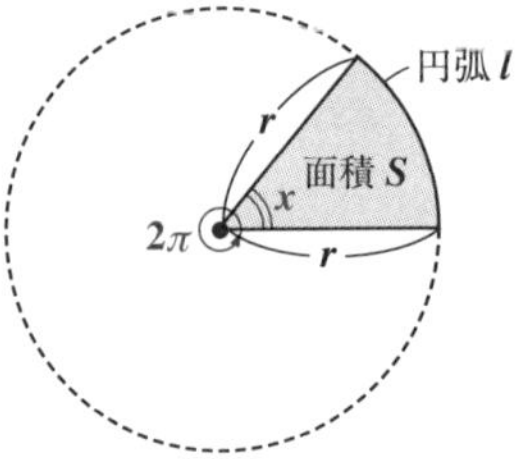

円弧 l
面積 S
r
x
2π

$$\begin{cases}\text{扇形の面積 } S=\frac{1}{2}r^2x\\ \text{円弧の長さ } l=rx\end{cases}$$ となる。

・$S=\pi r^2\times\frac{x}{2\pi}=\frac{1}{2}r^2x$
・$l=2\pi r\times\frac{x}{2\pi}=rx$

では，極限の証明に入ろう。

図 3 に示すように，中心角 x $\left(0<x<\frac{\pi}{2}\right)$，半径 1 の扇形を考える。この面積を S_2 とおくと，公式より，

$S_2=\frac{1}{2}\cdot 1^2\cdot x=\frac{x}{2}$ となる。

図 3　$\lim_{x\to 0}\frac{\sin x}{x}=1$ の証明

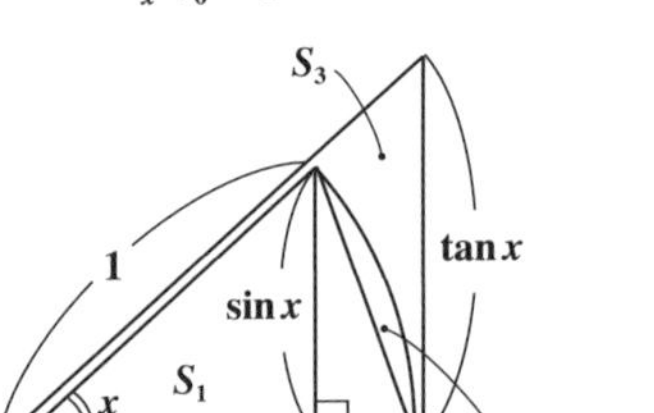

・この扇形に内接する，底辺が $\mathbf{1}$，高さが $\sin x$ の三角形の面積を S_1 とおくと，

$S_1 = \frac{1}{2}\cdot 1\cdot \sin x = \frac{1}{2}\sin x$ となる。

・この扇形に外接する，底辺が $\mathbf{1}$，高さが $\tan x$ の三角形の面積を S_3 とおくと，

$S_3 = \frac{1}{2}\cdot 1\cdot \tan x = \frac{1}{2}\cdot\frac{\sin x}{\cos x}$ となる。

図 **3** より明らかに，$S_1 < S_2 < S_3$

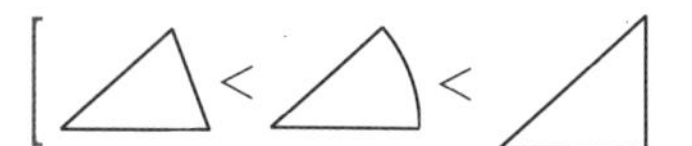

よって，$\frac{1}{2}\sin x < \frac{x}{2} < \frac{1}{2}\cdot\frac{\sin x}{\cos x}$　　各辺を **2** 倍して，

$\underbrace{\sin x < x}_{(ア)}$, $\underbrace{x < \frac{\sin x}{\cos x}}_{(イ)}$　$\left(0 < x < \frac{\pi}{2}\right)$

ここで，$0 < x < \frac{\pi}{2}$ より，$\sin x > 0$，$\cos x > 0$ だね。よって，

(ア) $\sin x \leqq x$ について，両辺を $x\,(>0)$ で割って，

極限をとるため，等号を加えた！ 等号を加えて範囲を広げてもかまわない。

$\frac{\sin x}{x} \leqq 1$　となる。

(イ) $x \leqq \frac{\sin x}{\cos x}$ について，両辺に $\frac{\cos x}{x}\ (>0)$ をかけて，

等号を加えた！

$\cos x \leqq \frac{\sin x}{x}$　となる。

以上 (ア)(イ) より，$x > 0$ のとき，$\cos x \leqq \frac{\sin x}{x} \leqq 1$ ……①

(i) ここで，①の各辺に $x \to +0$ の極限をとると，

$x>0$ より，まず $x \to +0$ の極限を調べる。

$\lim_{x\to+0}\cos x \leqq \lim_{x\to+0}\frac{\sin x}{x} \leqq 1$　となって，

$\cos 0 = 1$

はさみ打ちの原理より，$\lim_{x\to+0}\frac{\sin x}{x} = 1$ ……②　が導かれる。

(ⅱ) 次，$x<0$ のとき，$x\to-0$ の極限がどうなるかも調べてみよう。

$x>0$ のとき，
$\cos x \leqq \dfrac{\sin x}{x} \leqq 1$ ……①

$x<0$ より，$-x>0$　　よって，①の x に $-x\ (>0)$ を代入して，

①: $x>0$ のときの不等式

$$\underbrace{\cos(-x)}_{\cos x} \leqq \frac{\overbrace{\sin(-x)}^{-\sin x}}{-x} \leqq 1$$

$\cos x \leqq \dfrac{\sin x}{x} \leqq 1$ ……①′　となって，①と同じ式が導ける。

（ただし，この x は負）

①′ の各辺に $x\to-0$ の極限をとると，

$\displaystyle\lim_{x\to-0}\cos x \leqq \lim_{x\to-0}\frac{\sin x}{x} \leqq 1$　となって，

（$\cos 0=1$）

はさみ打ちの原理より，$\displaystyle\lim_{x\to-0}\frac{\sin x}{x}=1$ ……③も導かれた。

以上②，③より，(1) の公式 $\displaystyle\lim_{x\to0}\frac{\sin x}{x}=1$ が導けた。

この (1) の公式より，$x\to0$ の極限を少しゆるめて，$x\fallingdotseq0$ とすると，$\dfrac{\sin x}{x}\fallingdotseq1$，すなわち $\sin x\fallingdotseq x$ の近似公式が導ける。$y=\sin x$ と $y=x$ はまったく異なるグラフなんだけれど，右図に示すように，$x\fallingdotseq0$ 付近ではほとんど区別できない。よって，$\sin x\fallingdotseq x$ が成り立つんだね。同様に，(2)，(3) の公式から，$x\fallingdotseq0$ のとき，$\tan x\fallingdotseq x$，$\cos x\fallingdotseq1-\dfrac{1}{2}x^2$ の近似式も成り立つことも分かると思う。

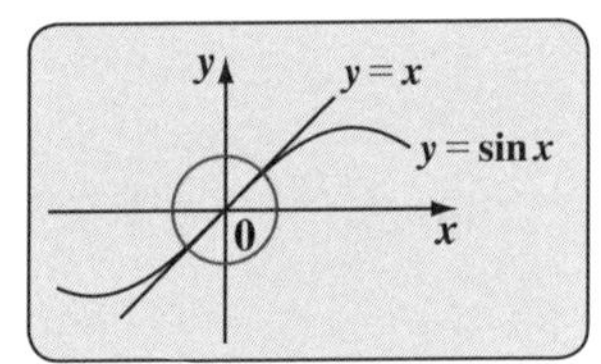

(2) $\displaystyle\lim_{x\to0}\frac{\tan x}{x}=1$ より，
$x\fallingdotseq0$ のとき，
$\dfrac{\tan x}{x}\fallingdotseq1$

(3) $\displaystyle\lim_{x\to0}\frac{1-\cos x}{x^2}=\frac{1}{2}$ より，
$x\fallingdotseq0$ のとき，
$\dfrac{1-\cos x}{x^2}\fallingdotseq\dfrac{1}{2}$

それでは，次の例題で三角関数の極限を求めてみよう。

例題 **17**　次の関数の極限を求めよう。

(1) $\displaystyle\lim_{x\to 0}\frac{\sin 5x}{x}$　(2) $\displaystyle\lim_{x\to 0}\frac{x\tan 2x}{\sin^2 x}$　(3) $\displaystyle\lim_{x\to 0}\frac{1-\cos 2x}{x\tan 3x}$

(1) $\displaystyle\lim_{x\to 0}\frac{\sin 5x}{x}=\lim_{\substack{x\to 0\\(\theta\to 0)}}\frac{\sin 5x}{5x}\cdot 5$

$=1\cdot 5=5$ となる。

$5x=\theta$ とおくと，
$x\to 0$ のとき $\theta\to 0$ より，
公式：$\displaystyle\lim_{\theta\to 0}\frac{\sin\theta}{\theta}=1$
を使った。

(2) $\displaystyle\lim_{x\to 0}\frac{x\tan 2x}{\sin^2 x}$ ← $\dfrac{0}{0}$ の不定形

$\displaystyle=\lim_{x\to 0}\frac{x^2}{\sin^2 x}\cdot\frac{\tan 2x}{x}$

$\displaystyle=\lim_{\substack{x\to 0\\(\theta\to 0)}}\left(\frac{x}{\sin x}\right)^2\cdot\frac{\tan 2x}{2x}\cdot 2$

$=1^2\cdot 1\cdot 2=2$ となる。

$2x=\theta$ とおくと，
$x\to 0$ のとき $\theta\to 0$ より，
公式：$\displaystyle\lim_{\theta\to 0}\frac{\tan\theta}{\theta}=1$
を使った。

公式：$\displaystyle\lim_{x\to 0}\frac{x}{\sin x}=1$

(3) $\displaystyle\lim_{x\to 0}\frac{1-\cos 2x}{x\tan 3x}$ ← $\dfrac{0}{0}$ の不定形

$\displaystyle=\lim_{x\to 0}\frac{1-\cos 2x}{4x^2}\cdot\frac{4x}{\tan 3x}$

$\displaystyle=\lim_{\substack{x\to 0\\(\theta\to 0)\\(\varphi\to 0)}}\frac{1-\cos 2x}{(2x)^2}\cdot\frac{3x}{\tan 3x}\cdot\frac{4}{3}$

$=\dfrac{1}{2}\cdot 1\cdot\dfrac{4}{3}=\dfrac{2}{3}$

となって，答えだ！

φ（ファイ）：ギリシャ文字

$3x=\varphi$ とおくと，
$x\to 0$ のとき $\varphi\to 0$ より，
公式：$\displaystyle\lim_{\varphi\to 0}\frac{\varphi}{\tan\varphi}=1$

$2x=\theta$ とおくと，
$x\to 0$ のとき $\theta\to 0$ より，
公式：$\displaystyle\lim_{x\to 0}\frac{1-\cos\theta}{\theta^2}=\frac{1}{2}$
を使った。

演習問題 16　●分数関数の極限の基本●

分数関数 $y=f(x)=\dfrac{2x+1}{x-1}$ $(x \neq 1,\ y \neq 2)$ について，次の問いに答えよ。

(1) $y=f(x)$ の逆関数 $y=f^{-1}(x)$ $(y \neq 1,\ x \neq 2)$ を求めよ。

(2) 極限 $\displaystyle\lim_{x\to-\infty} f^{-1}(x)$, $\displaystyle\lim_{x\to2-0} f^{-1}(x)$, $\displaystyle\lim_{x\to2+0} f^{-1}(x)$, $\displaystyle\lim_{x\to\infty} f^{-1}(x)$ を求めよ。

ヒント！ (1) $y=f(x)$ は，1対1対応の関数より，x と y を入れ替えて $y=f^{-1}(x)$ の形にもち込めばいい。(2) $y=f^{-1}(x)$ のグラフから，各極限を求めることができる。頑張ろう！

解答＆解説

(1) 分数関数 $y=f(x)=\dfrac{2x+1}{x-1}$ ……① $(x \neq 1,\ y \neq 2)$ は，1対1対応の関数

より，①の x と y を入れ替えて，

$x=\dfrac{2y+1}{y-1}$　　$x(y-1)=2y+1$　　$xy-x=2y+1$

$(x-2)y=x+1$ より，$y=f(x)$ の逆関数 $y=f^{-1}(x)$ は，

$y=f^{-1}(x)=\dfrac{x+1}{x-2}$ ……② $(x \neq 2,\ y \neq 1)$ となる。……………………(答)

(2) ②より，$y=f^{-1}(x)=\dfrac{x-2+3}{x-2}=\dfrac{3}{x-2}+1$

これは，$y=\dfrac{3}{x}$ を $(2,\ 1)$ だけ平行移動したものなので，$y=f^{-1}(x)$ のグラフは右図のようになる。よって，求める極限は，

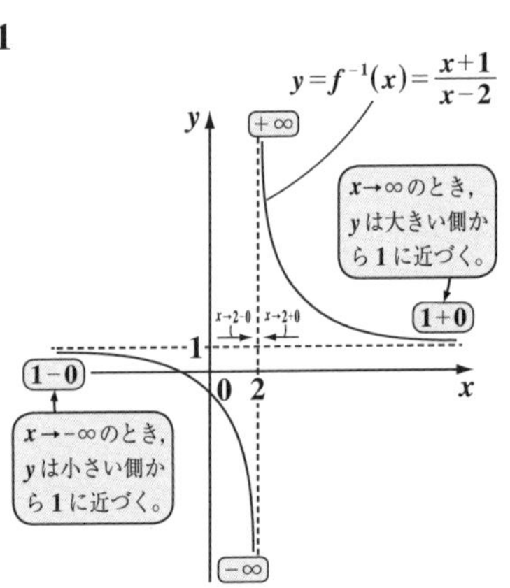

・$\displaystyle\lim_{x\to-\infty} f^{-1}(x)=1-0=1$ ……………(答)

・$\displaystyle\lim_{x\to2-0} f^{-1}(x)=-\infty$ ……………………(答)

xを小さい側から2に近づける。

・$\displaystyle\lim_{x\to2+0} f^{-1}(x)=+\infty$ ……………………(答)

xを大きい側から2に近づける。

・$\displaystyle\lim_{x\to\infty} f^{-1}(x)=1+0=1$ ……………(答)

演習問題 17 ● 関数の極限(I) ●

次の関数の極限を求めよ。

(1) $\displaystyle\lim_{x\to 2}\frac{\sqrt{x+2}-x}{x-2}$　　(2) $\displaystyle\lim_{x\to\infty}\left(\sqrt{x^2+x+1}-x\right)$

ヒント! (1)は $\frac{0}{0}$ の不定形なので，分子・分母に $\sqrt{x+2}+x$ をかけて調べよう。(2)は $\infty-\infty$ の形の不定形なので，これも $\sqrt{x^2+x+1}+x$ を分子・分母にかけて調べるんだね。

解答&解説

(1) $\displaystyle\lim_{x\to 2}\frac{\sqrt{x+2}-x}{x-2}$ について，← $\frac{0}{0}$ の不定形

（分子：$\sqrt{4}-2=0$，分母：$2-2=0$）

$$\lim_{x\to 2}\frac{(\sqrt{x+2}-x)(\sqrt{x+2}+x)}{(x-2)(\sqrt{x+2}+x)}=\lim_{x\to 2}\frac{x+2-x^2}{(x-2)(\sqrt{x+2}+x)}$$

（分子・分母に $\sqrt{\ }+x$ をかけた。）

（$-(x^2-x-2)=-(x-2)(x+1)$）

$$=\lim_{x\to 2}\frac{-(x-2)(x+1)}{(x-2)(\sqrt{x+2}+x)}=\lim_{x\to 2}\left(-\frac{x+1}{\sqrt{x+2}+x}\right)$$

（$\frac{0}{0}$ の要素が消えた!）

$$=-\frac{2+1}{\sqrt{4}+2}=-\frac{3}{4}$$ ……………………………………(答)

(2) $\displaystyle\lim_{x\to\infty}\left(\sqrt{x^2+x+1}-x\right)$ について，

（これは $\infty-\infty$ の不定形だね。2つの ∞ の強・弱によって，$\pm\infty$ に発散したり，ある値に収束したりするからだ。）

$$\lim_{x\to\infty}\frac{(\sqrt{x^2+x+1}-x)(\sqrt{x^2+x+1}+x)}{\sqrt{x^2+x+1}+x}$$

← 分子・分母に $\sqrt{x^2+x+1}+x$ をかけた。

$$=\lim_{x\to\infty}\frac{x^2+x+1-x^2}{\sqrt{x^2+x+1}+x}=\lim_{x\to\infty}\frac{x+1}{\sqrt{x^2+x+1}+x}=\lim_{x\to\infty}\frac{1+\frac{1}{x}}{\sqrt{1+\frac{1}{x}+\frac{1}{x^2}}+1}$$

（実質的に，$\frac{(1\text{次の}\infty)}{(1\text{次の}\infty)}$）

（分子・分母を x で割った。）（$\frac{1}{x}\to 0$，$\frac{1}{x^2}\to 0$）

$$=\frac{1}{\sqrt{1}+1}=\frac{1}{2}$$ ……………………………………(答)

演習問題 18　●関数の極限(Ⅱ)●

$\lim_{x \to 3} \frac{a\sqrt{x-2}-x}{x^2-2x-3} = b$ ……① が成り立つとき，定数 a，b の値を求めよ。

ヒント！ $x \to 3$ のとき，分母 $\to 0$ より，分数式が極限値 b に収束するためには，分子 $\to 0$ とならなければいけない。これから a を求めて，極限値 b の計算に入ればいいんだね。

解答&解説

①の左辺の極限について，

・分母：$\lim_{x \to 3}(x^2-2x-3) = 9-6-3 = 0$ より，

・分子：$\lim_{x \to 3}(a\sqrt{x-2}-x) = \boxed{a-3=0}$ となる。

∴ $a = 3$ ……② となる。

分母 $\to 0$ ならば，分子 $\to 0$ となって，$\frac{0.000b}{0.0001}$ のイメージで極限値 b に収束するんだね。

②を①に代入して，

$$\lim_{x \to 3} \frac{3\sqrt{x-2}-x}{x^2-2x-3} = \lim_{x \to 3} \frac{(3\sqrt{x-2}-x)(3\sqrt{x-2}+x)}{(x-3)(x+1)(3\sqrt{x-2}+x)}$$

$\frac{0}{0}$ の不定形

$9(x-2)-x^2 = -x^2+9x-18$

分子・分母に $3\sqrt{}+x$ をかけた。

$$= \lim_{x \to 3} \frac{-(x^2-9x+18)}{(x-3)(x+1)(3\sqrt{x-2}+x)}$$

$(x-3)(x-6)$

$$= \lim_{x \to 3} \frac{-(x-3)(x-6)}{(x-3)(x+1)(3\sqrt{x-2}+x)}$$

$\frac{0}{0}$ の要素が消えた！

$$= \lim_{x \to 3} \frac{-(x-6)}{(x+1)(3\sqrt{x-2}+x)}$$

$$= \frac{-(3-6)}{(3+1)(3\sqrt{3-2}+3)} = \frac{3}{4(3+3)} = \frac{3}{24} = \frac{1}{8} \ (=b)$$

∴ 求める定数 a，b の値は，$a = 3$，$b = \frac{1}{8}$ である。……………………………(答)

演習問題 19 ● 関数の極限 (Ⅲ) ●

次の関数の極限を求めよ。

(1) $\lim_{x \to 0} \frac{2x}{\sin^{-1}x}$ (2) $\lim_{x \to 0} \frac{\tan^2 x}{x\sin 2x}$ (3) $\lim_{x \to 0} \frac{x \cdot \sin 2x}{1-\cos 3x}$

ヒント！ (1) $\sin^{-1}x=\theta$ とおくと，$x=\sin\theta$ であり，$x \to 0$ のとき $\theta \to 0$ となるんだね。(2), (3) では，三角関数の極限の公式をうまく利用しよう。

解答＆解説

(1) $\sin^{-1}x=\theta$ とおくと，$x=\sin\theta$ であり，$x \to 0$ のとき $\theta \to 0$ となる。よって，

$$\lim_{x \to 0} \frac{2x}{\sin^{-1}x} = \lim_{\theta \to 0} \frac{2\sin\theta}{\theta} = \lim_{\theta \to 0} 2 \cdot \frac{\sin\theta}{\theta}$$

$$= 2 \cdot 1 = 2 \text{ ……………………(答)}$$

(2) $$\lim_{x \to 0} \frac{\tan^2 x}{x\sin 2x} = \lim_{x \to 0} \frac{\tan^2 x}{x^2} \cdot \frac{x}{\sin 2x} = \lim_{\substack{x \to 0 \\ (\theta \to 0)}} \left(\frac{\tan x}{x}\right)^2 \cdot \frac{2x}{\sin 2x} \cdot \frac{1}{2}$$

$$= 1^2 \cdot 1 \cdot \frac{1}{2} = \frac{1}{2} \text{ ……………………(答)}$$

(3) $$\lim_{x \to 0} \frac{x \cdot \sin 2x}{1-\cos 3x} = \lim_{x \to 0} \frac{9x^2}{1-\cos 3x} \cdot \frac{\sin 2x}{9x} = \lim_{\substack{x \to 0 \\ (\theta \to 0) \\ (\varphi \to 0)}} \frac{(3x)^2}{1-\cos 3x} \cdot \frac{\sin 2x}{2x} \cdot \frac{2}{9}$$

$\lim_{\theta \to 0} \frac{1-\cos\theta}{\theta^2} = \frac{1}{2}$ より，$\lim_{\theta \to 0} \frac{\theta^2}{1-\cos\theta} = 2$

$$= 2 \cdot 1 \cdot \frac{2}{9} = \frac{4}{9} \text{ ……………………(答)}$$

講義1 ● 数列と関数の極限　公式エッセンス

1. 無限級数の和の公式

(1) 無限等比級数の和

$$\sum_{k=1}^{\infty} ar^{k-1} = a + ar + ar^2 + \cdots\cdots = \frac{a}{1-r} \quad (\text{収束条件}：\underline{-1 < r < 1})$$

（このとき，$\lim_{n\to\infty} r^n = 0$）

(2) 部分分数分解型：(ex) $\sum_{k=1}^{\infty} \frac{1}{k(k+1)}$ について，

部分和 $S_n = \sum_{k=1}^{n} \frac{1}{k(k+1)} = \sum_{k=1}^{n}\left(\frac{1}{k} - \frac{1}{k+1}\right) = 1 - \frac{1}{n+1}$ より，

（$\frac{1}{k} = I_k$，$\frac{1}{k+1} = I_{k+1}$，$1 = I_1$，$\frac{1}{n+1} = I_{n+1}$）

$$\sum_{k=1}^{\infty} \frac{1}{k(k+1)} = \lim_{n\to\infty} S_n = \lim_{n\to\infty}\left(1 - \frac{1}{n+1}\right) = 1 \quad \text{と求める。}$$

（$\frac{1}{n+1} \to 0$）

2. ダランベールの判定法

正項級数 $\sum_{k=1}^{\infty} a_k$（a_k：⊕）について，$\lim_{n\to\infty} \frac{a_{n+1}}{a_n} = r$ のとき，正項級数は，

（r は∞でもかまわない。）

(i) $0 \leqq r < 1$ ならば，収束し，　(ii) $1 < r$ ならば，発散する。

3. 一般項 a_n が求まらない場合の極限の解法

$|a_{n+1} - \alpha| \leqq r|a_n - \alpha|$　$(0 < r < 1)$ のとき，$0 \leqq |a_n - \alpha| \leqq |a_1 - \alpha| r^{n-1}$

$[F(n+1) \leqq r\ F(n)\ ]$　　　　$[\ F(n)\ \leqq\ F(1)\ r^{n-1}]$

にもち込み，$n \to \infty$ の極限をとって，

$$\underline{0 \leqq \lim_{n\to\infty} |a_n - \alpha| \leqq \lim_{n\to\infty} |a_1 - \alpha| r^{n-1} = 0} \quad \therefore \underline{\lim_{n\to\infty} a_n = \alpha}$$

（$a_n \to \alpha$，$r^{n-1} \to 0$；はさみ打ちの原理より）

4. 逆関数の公式

$y = f(x)$：1 対 1 対応の関数のとき，

$y = f(x) \xleftrightarrow[\text{関して対称}]{\text{直線 } y = x \text{ に}} x = f(y)$

y について解いて，逆関数 $y = f^{-1}(x)$ を求める。

5. 合成関数の公式

$y = g(t)$，$t = f(x)$ のとき，合成関数 $y = g \circ f(x) = g(f(x))$

6. 三角関数の極限公式

(1) $\lim_{x\to 0} \frac{\sin x}{x} = 1$　　(2) $\lim_{x\to 0} \frac{\tan x}{x} = 1$　　(3) $\lim_{x\to 0} \frac{1 - \cos x}{x^2} = \frac{1}{2}$

微分法

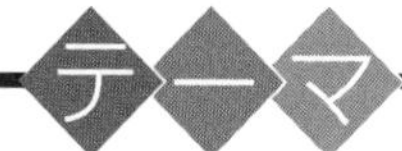

▶ 微分係数と導関数

$$\left(f'(a)=\lim_{h\to 0}\frac{f(a+h)-f(a)}{h}\right)$$

▶ 微分計算

$$\left(\text{合成関数の微分 }\frac{dy}{dx}=\frac{dy}{dt}\cdot\frac{dt}{dx}\right)$$

▶ 微分法と関数のグラフ

$$\left(\text{平均値の定理 }\frac{f(b)-f(a)}{b-a}=f'(c)\right)$$

▶ マクローリン展開

$$\left(f(x)=f(0)+\frac{f^{(1)}(0)}{1!}x+\frac{f^{(2)}(0)}{2!}x^2+\cdots\right)$$

§1. 微分係数と導関数

さァ，これから“**微分法**”の解説に入ろう。“**微分・積分**”は大学数学の中でも最も基本となる分野で，大学数学を攻略していくためには，まずこの“微分・積分”をシッカリマスターしておく必要があるんだね。

ここでは，“微分法”の基礎として，“**微分係数**”と“**導関数**”の定義式について教えよう。さらに，この副産物として，“**ネイピア数**” e についてもここで明らかにするつもりだ。また，“**指数関数**” e^x や“**自然対数関数**”（底 e の対数のこと）$\log x$ に関する極限公式についても解説しよう。

● 微分係数の定義式から始めよう！

まず，“**微分係数**（びぶんけいすう）” $f'(a)$ の定義式を下に示す。

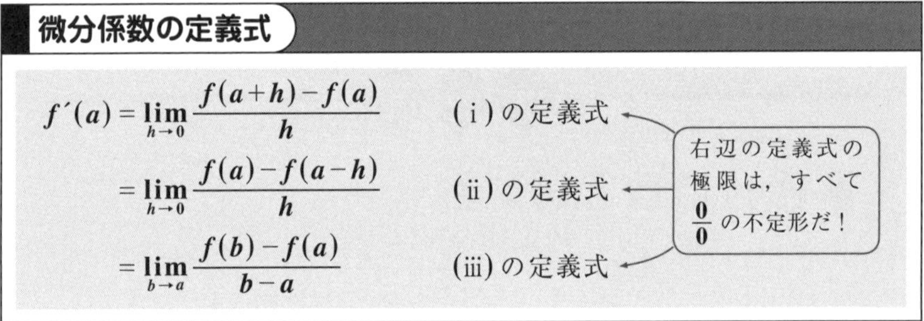

微分係数の定義式

$$f'(a)=\lim_{h\to 0}\frac{f(a+h)-f(a)}{h} \quad \text{(i)の定義式}$$

$$=\lim_{h\to 0}\frac{f(a)-f(a-h)}{h} \quad \text{(ii)の定義式}$$

$$=\lim_{b\to a}\frac{f(b)-f(a)}{b-a} \quad \text{(iii)の定義式}$$

では，(i)の定義式から解説しよう。図1に示すように，曲線 $y=f(x)$ 上に2点 $A(a,\ f(a))$，$B(a+h,\ f(a+h))$ をとり，直線ABの傾きを求めると，$\frac{f(a+h)-f(a)}{h}$ となるね。これを“**平均変化率**（へいきんへんかりつ）”と呼ぶ。

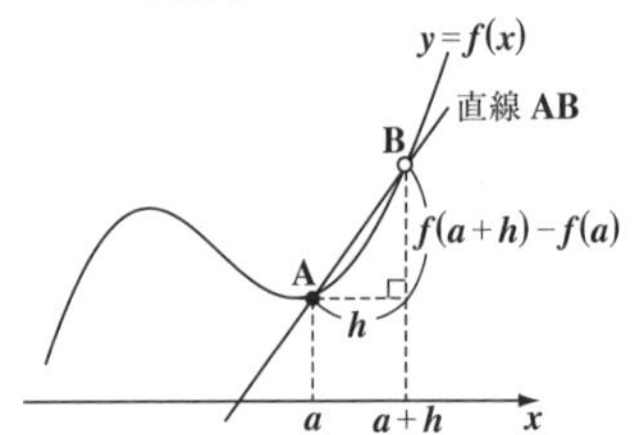

図1 平均変化率は直線ABの傾き

ここで，$h\to 0$ として，極限を求めると，

$$\lim_{h\to 0}\frac{f(a+h)-f(a)}{h}=\frac{0}{0}$$ の不定形になる。（$h\to 0$）

そして，これが極限値をもつときに，これを“**微分係数**”$f'(a)$ と定義する。

つまり，$f'(a)=\lim_{h\to 0}\frac{f(a+h)-f(a)}{h}$ となるんだね。

これが極限値をもつとき，$f'(a)$ は存在する。

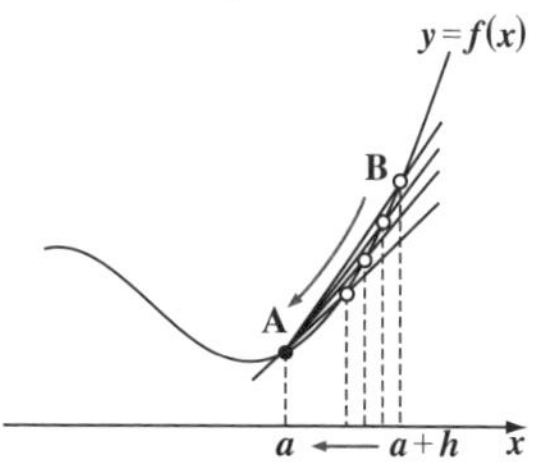

図 2　微分係数 $f'(a)$ は極限から求まる

これをグラフで見ると，図 **2** のように，$h\to 0$ のとき，$a+h\to a$ となるので，点 B は限りなく点 A に近づくだろう。結局，図 **3** のように，直線 AB は，曲線 $y=f(x)$ 上の点 $A(a,\ f(a))$ における接線に限りなく近づくから，$f'(a)$ はこの点 A における接線の傾きを表すことになるんだね。納得いった？

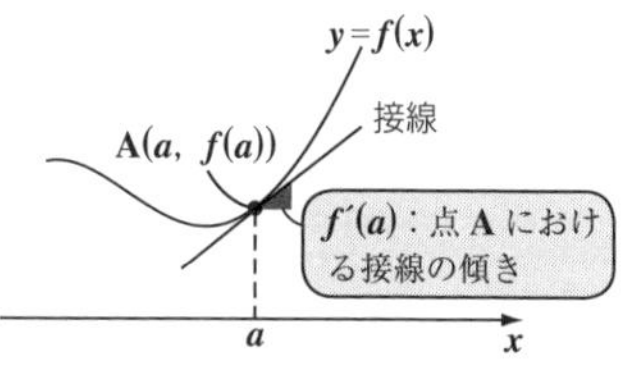

図 3　微分係数 $f'(a)$ は接線の傾き

ここで，図 **1** の $a+h$ を，$a+h=b$ とおくと，平均変化率は図 **4** に示すように，

$\frac{f(b)-f(a)}{b-a}$ となる。ここで，$b\to a$ とすると，同様に $f'(a)$ が得られるのが分かるだろう。これが，(iii) の定義式だ。

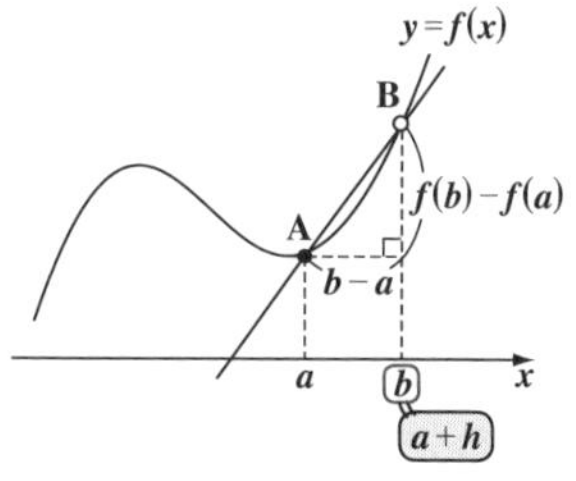

図 4　$a+h=b$ とおいても $f'(a)$ は求まる

では，(ii) の定義式についても解説しよう。

これは，$A(a,\ f(a))$，$B(a-h,\ f(a-h))$ とおいて，平均変化率 $\frac{f(a)-f(a-h)}{h}$ を求め，$h\to 0$ の極限として，$f'(a)$ を求める定義式のことなんだ。

ここで，$h>0$ と考えると，

(i) の定義式では，B は右から A に近づくので，“**右側微分係数**”と呼び，

(ii) の定義式では，B は左から A に近づくので，“**左側微分係数**”と呼ぶこともあるので，覚えておこう。

それでは，微分係数の定義式について，次の例題を解いてみよう。

例題 18　微分係数 $f'(a)$ が存在するとき，次の極限：

$$\lim_{h\to 0}\frac{f(a+2h)-f(a-h)}{h}$$ を，$f'(a)$ で表してみよう。

$$\lim_{h\to 0}\frac{f(a+2h)-f(a-h)}{h}$$

（$f(a)$ を引いた分，たした！）

$$=\lim_{h\to 0}\frac{\{f(a+2h)-f(a)\}+\{f(a)-f(a-h)\}}{h}$$

$$=\lim_{\substack{h\to 0\\(h'\to 0)}}\left\{\frac{f(a+\overset{h'}{2h})-f(a)}{\underset{h'}{2h}}\cdot 2+\frac{f(a)-f(a-h)}{h}\right\}$$

（第1項 → $f'(a)$，第2項 → $f'(a)$）

（$h\to 0$ のとき，$2h=h'\to 0$ となる。）

$=f'(a)\times 2+f'(a)=3f'(a)$　となって，答えだ！

● ネイピア数 e の定義はこれだ！

微分係数 $f'(a)$ の定義式から，指数関数 $y=f(x)=a^x$ $(a>0)$ の $x=0$ における微分係数 $f'(0)$ は，次のようになる。

図 5　指数関数 $y=e^x$

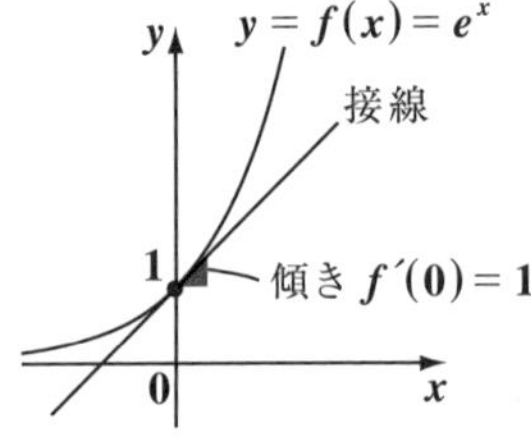

$$f'(0)=\lim_{h\to 0}\frac{\overset{a^{0+h}=a^h}{f(0+h)}-\overset{a^0=1}{f(0)}}{h}$$

$$=\lim_{h\to 0}\frac{a^h-1}{h}$$

ここで，図 5 に示すように，この $f'(0)$ が 1 となるときの底 a の値のことを“**ネイピア数**” e と定義する。すると，

$$f'(0)=\lim_{h\to 0}\frac{e^h-1}{h}=1$$ となる。

（変数 h の代わりに x を用いてもかまわないね。）

∴極限公式：$\displaystyle\lim_{x\to 0}\frac{e^x-1}{x}=1$　…$(*1)$　が導ける。

これが"ネイピア数"eの定義式なんだ。そして，大学の数学で一般に指数関数というと，このeを底にした$y=e^x$を指すことも頭に入れておいてくれ。それではさらに，このeについて深めていこう。

● 自然対数は，底がeの対数のことだ！

$a^b=c$と$b=\log_a c$が同値な式であることは，高校の数学で習っていると思う。ここで，$\log_a c$を「aを底とするcの対数」という。

（a：底，c：真数）

また，底と真数の条件が，

(ⅰ) 底aの条件：$a>0$ かつ $a \neq 1$　と

(ⅱ) 真数条件：$c>0$　であることもいいね。

そして，底aの対数関数は$y=\log_a x$で表され，このグラフは図6に示すように，点$(1,\ 0)$を通り，

(ⅰ) $a>1$のときは，単調に増加し，

(ⅱ) $0<a<1$のときは，単調に減少する関数であることも御存知のはずだ。

図6　対数関数$y=\log_a x$

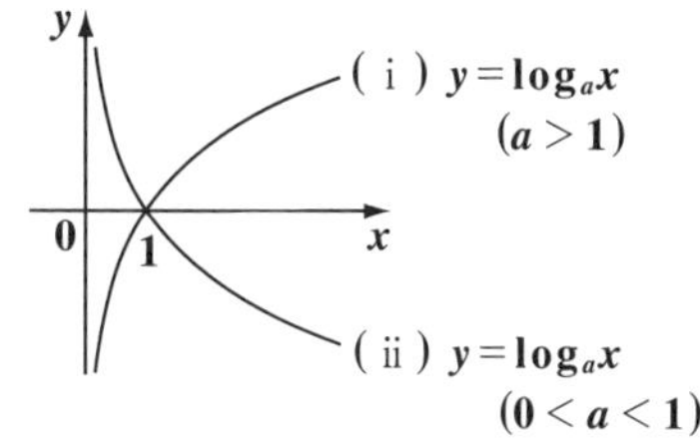

ここで，底が$e(=2.7182\cdots)$の対数関数$y=\log_e x$のことを"**自然対数関数**(しぜんたいすうかんすう)"と呼び，底eを省略して，$\log x$と表す。

さらに，大学で対数関数という場合，この自然対数関数$y=\log x$を指すことも覚えておこう。

対数関数$y=\log x$は，$x=e^y$と同値で，これは指数関数$y=e^x$の逆関数なんだね。よって，指数関数$y=e^x$と対数関数$y=\log x$のグラフは図7に示すように，直線$y=x$に関して対称なグラフになる。

図7　指数関数$y=e^x$と対数関数$y=\log x$

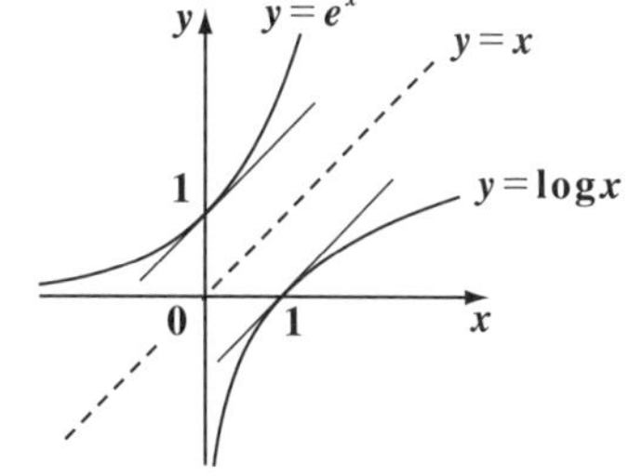

それでは，自然対数の計算公式についても，下に示しておこう。

自然対数の計算公式

(1) $\log 1 = 0$ ← $e^0 = 1$　　(2) $\log e = 1$ ← $e^1 = e$

(3) $\log xy = \log x + \log y$　　(4) $\log \frac{x}{y} = \log x - \log y$

(5) $\log x^p = p\log x$　　(6) $\log_a x = \frac{\log x}{\log a}$

(ただし，e：ネイピア数，$x>0$，$y>0$，$a>0$ かつ $a \neq 1$，p：実数)

これらは，高校で学習した対数の計算公式と本質的には同じものだから，特に問題はないはずだ。ここで，ネイピア数 e は，“**自然対数の底**”と表現することもあるので，覚えておこう。

● e^x と $\log x$ の極限公式も押さえよう！

準備が整ったので，指数関数 e^x と対数関数 $\log x$ の極限の基本公式を導いておこう。まず，P68 で示した e^x の極限公式：

$\lim_{x \to 0} \frac{e^x - 1}{x} = 1$ …(＊1) からスタートしよう。

ここで，$e^x - 1 = u$ とおくと，$e^x = 1 + u$　　$\therefore x = \log(1+u)$ となる。

また，$x \to 0$ のとき，$u \to 0$ となるから，(＊1) は次のようになる。

（$u = e^x - 1$，$0 = e^0 - 1 = 1 - 1$）

$$\lim_{x \to 0} \frac{e^x - 1}{x} = \lim_{u \to 0} \frac{u}{\log(1+u)} = \lim_{u \to 0} \frac{1}{\frac{\log(1+u)}{u}} = 1$$

（$e^x - 1 = u$，$x = \log(1+u)$，$\frac{\log(1+u)}{u} \to 1$）

これから，$\lim_{u \to 0} \frac{\log(1+u)}{u} = 1$　ここで，文字変数 u を x に代えてもいいので，

$\lim_{x \to 0} \frac{\log(1+x)}{x} = 1$ …(＊2)　も導ける。

さらに，(＊2) を変形すると，

$$\lim_{x \to 0} \frac{1}{x} \log(1+x) = \lim_{x \to 0} \log \boxed{(1+x)^{\frac{1}{x}}} = \log \boxed{e}$$ となる。よって，

（e）（1 のこと）

$\lim_{x \to 0}(1+x)^{\frac{1}{x}} = e$ …(＊3)　も導ける。

$(1+x)^{\frac{1}{x}}$ の x に，実際に，$x=0.01$，0.001，0.0001，… と値を代入して，電卓で計算してみると，$e(=2.7182\cdots)$ に近づいていくことが分かる。

(＊3) について，$\frac{1}{x}=t$ $\left(x=\frac{1}{t}\right)$ と置き換えると，

$x \to 0$ のとき，$t \to \pm\infty$ となるので，(＊3) は

（±0 のこと）

$\lim_{t \to \pm\infty}\left(1+\frac{1}{t}\right)^t = e$　と表すこともできる。ここで，変数 t を x に代えると，

$\lim_{x \to \pm\infty}\left(1+\frac{1}{x}\right)^x = e$ …(＊4)　の極限公式も導ける。

以上より，指数関数と対数関数，それに"ネイピア数"e に関連した関数の極限公式がすべて導けたんだね。これらをまとめて下に示そう。これでネイピア数 e の意味もスッキリ分かっただろう？

指数・対数関数の極限公式

(1) $\lim_{x \to 0}\frac{e^x-1}{x} = 1$　　(2) $\lim_{x \to 0}\frac{\log(1+x)}{x} = 1$

(3) $\lim_{x \to 0}(1+x)^{\frac{1}{x}} = e$　　(4) $\lim_{x \to \pm\infty}\left(1+\frac{1}{x}\right)^x = e$

(1), (2) の分数関数の極限は，$\frac{0}{0}$ の不定形が 1 に収束するということだから，イメージとしては $\frac{0.0001}{0.0001}$ ということだね。よって，これらの逆数をとっても共に 1 に収束することになる。つまり，(1) から $\lim_{x \to 0}\frac{x}{e^x-1} = 1$ が，また (2) から $\lim_{x \to 0}\frac{x}{\log(1+x)} = 1$ が言えるんだね。納得いった？

それでは，指数関数と対数関数の極限の問題を次の例題で練習しておこう。

例題 19　次の関数の極限を求めよう。

(1) $\lim_{x \to 0} \frac{e^{-2x}-1}{x}$　(2) $\lim_{x \to 0} \frac{\log(1+4x)}{2x}$　(3) $\lim_{x \to 0} \frac{(e^{2x}-1)\cdot\log(1+3x)}{\sin^2 2x}$

(1) $\lim_{x \to 0} \frac{e^{-2x}-1}{x} = \lim_{\substack{x \to 0 \\ (t \to 0)}} \left(\frac{e^{-2x}-1}{-2x}\right) \cdot (-2)$

$-2x = t$ とおくと，$x \to 0$ のとき $t \to 0$ より，公式：$\lim_{t \to 0} \frac{e^t-1}{t} = 1$ を使った！

$= 1 \times (-2) = -2$　となる。

(2) $\lim_{x \to 0} \frac{\log(1+4x)}{2x} = \lim_{\substack{x \to 0 \\ (t \to 0)}} \left(\frac{\log(1+4x)}{4x}\right) \cdot 2$

$4x = t$ とおくと，$x \to 0$ のとき $t \to 0$ より，公式：$\lim_{t \to 0} \frac{\log(1+t)}{t} = 1$ を使った！

$= 1 \cdot 2 = 2$　となるね。

(3) $\lim_{x \to 0} \frac{(e^{2x}-1)\cdot\log(1+3x)}{\sin^2 2x}$ ← $\frac{0}{0}$ の不定形

$= \lim_{\substack{x \to 0 \\ (t \to 0) \\ (u \to 0)}} \left(\frac{e^{2x}-1}{2x}\right) \cdot \left(\frac{\log(1+3x)}{3x}\right) \cdot \left(\frac{2x}{\sin 2x}\right)^2 \cdot \frac{2 \cdot 3}{2^2}$

$2x = t$ とおくと，$x \to 0$ のとき $t \to 0$ より，公式：$\lim_{t \to 0} \frac{e^t-1}{t} = 1$，$\lim_{t \to 0} \frac{t}{\sin t} = 1$ を使った！

$3x = u$ とおくと，$x \to 0$ のとき $u \to 0$ より，公式：$\lim_{u \to 0} \frac{\log(1+u)}{u} = 1$ を使った！

$= 1 \cdot 1 \cdot 1^2 \cdot \frac{6}{4} = \frac{3}{2}$　となって，答えだ。

$x \to 0$ のとき 1 に近づく三角・指数・対数関数の極限公式として，

$\lim_{x \to 0} \frac{\sin x}{x} = 1$，$\lim_{x \to 0} \frac{e^x-1}{x} = 1$，$\lim_{x \to 0} \frac{\log(1+x)}{x} = 1$　をまとめて覚えておくと，忘れないかも知れないね。

● 導関数 $f'(x)$ も極限で定義される！

それでは次，"**導関数**" $f'(x)$ の定義式を下に示そう。

導関数 $f'(x)$ の定義式

$$f'(x)=\lim_{h\to0}\frac{f(x+h)-f(x)}{h}$$
$$=\lim_{h\to0}\frac{f(x)-f(x-h)}{h}$$

右辺の極限はいずれも $\frac{0}{0}$ の不定形だ。よって，この右辺の極限が存在するとき，これを導関数 $f'(x)$ というんだ。

微分係数 $f'(a)$ の定義式とソックリだね。定数 a の代わりに変数 x を使ったものが，導関数 $f'(x)$ の定義式になっているんだね。ただし，$f'(x)$ は x の関数なのに対して，微分係数 $f'(a)$ は，この変数 x に定数 a を代入して求まるある値（接線の傾き）であることに気を付けよう。

それでは，さまざまな関数の導関数を求めてみよう。

・まず，微分公式：
$(x^\alpha)'=\alpha x^{\alpha-1}$ （α：実数）が成り立つことを，$f(x)=x^{\frac{3}{2}}$ の導関数 $f'(x)$ を求めることで確かめてみよう。公式より，

自然数 n に対して，微分公式：$(x^n)'=nx^{n-1}$ となることは高校数学で既に習っていると思う。でも，実はこの公式は自然数 n だけでなく，一般の実数 α についても成り立つ公式なんだ。

$$f'(x)=\lim_{h\to0}\frac{f(x+h)-f(x)}{h}$$
$$=\lim_{h\to0}\frac{(x+h)^{\frac{3}{2}}-x^{\frac{3}{2}}}{h}$$
$$=\lim_{h\to0}\frac{\left\{(x+h)^{\frac{3}{2}}-x^{\frac{3}{2}}\right\}\left\{(x+h)^{\frac{3}{2}}+x^{\frac{3}{2}}\right\}}{h\left\{(x+h)^{\frac{3}{2}}+x^{\frac{3}{2}}\right\}}$$
$$=\lim_{h\to0}\frac{h(3x^2+3xh+h^2)}{h\left\{(x+h)^{\frac{3}{2}}+x^{\frac{3}{2}}\right\}}$$
$$=\lim_{h\to0}\frac{3x^2+3xh+h^2}{(x+h)^{\frac{3}{2}}+x^{\frac{3}{2}}}=\frac{3x^2}{2x^{\frac{3}{2}}}=\frac{3}{2}x^{\frac{1}{2}}=\frac{3}{2}\sqrt{x}$$ となる。

$(x+h)^3-x^3$
$=x^3+3x^2h+3xh^2+h^3-x^3$
$=h(3x^2+3xh+h^2)$

分母・分子に $(x+h)^{\frac{3}{2}}+x^{\frac{3}{2}}$ をかけた。

$\frac{0}{0}$ の不定形の要素が消えた！

よって，$\left(x^{\frac{3}{2}}\right)'=\frac{3}{2}x^{\frac{1}{2}}$ が成り立つので，これから，実数 α に対しても，微分公式 $(x^\alpha)'=\alpha x^{\alpha-1}$ が成り立っていることが確認できた。

・次，公式：$(\sin x)' = \cos x$ となることも示そう。

$f(x) = \sin x$ とおいて，その導関数 $f'(x)$ を定義より求めると，

$$f'(x) = \lim_{h \to 0} \frac{f(x+h) - f(x)}{h}$$

$$= \lim_{h \to 0} \frac{\sin(x+h) - \sin x}{h}$$

（$\sin(x+h)$ → $\sin x \cdot \cos h + \cos x \cdot \sin h$）

三角関数の加法定理
$\sin(\alpha + \beta)$
$= \sin\alpha \cdot \cos\beta + \cos\alpha \cdot \sin\beta$

$$= \lim_{h \to 0} \frac{\sin x \cdot \cos h + \cos x \cdot \sin h - \sin x}{h}$$

$$= \lim_{h \to 0} \left(\cos x \cdot \frac{\sin h}{h} - \frac{1 - \cos h}{h} \cdot \sin x \right)$$

（$\frac{\sin h}{h}$ → 1，$\frac{1 - \cos h}{h} = \frac{1 - \cos h}{h^2} \cdot h$ → $\frac{1}{2} \cdot 0 = 0$）

公式：
$\lim_{h \to 0} \frac{\sin h}{h} = 1$
$\lim_{h \to 0} \frac{1 - \cos h}{h^2} = \frac{1}{2}$

$= \cos x$ となる。

∴微分公式：$(\sin x)' = \cos x$ が成り立つ。

・では次，公式：$(\cos x)' = -\sin x$ となることも証明してみよう。

$f(x) = \cos x$ とおいて，$f'(x)$ を定義より求めると，

$$f'(x) = \lim_{h \to 0} \frac{f(x+h) - f(x)}{h}$$

$$= \lim_{h \to 0} \frac{\cos(x+h) - \cos x}{h}$$

（$\cos(x+h)$ → $\cos x \cdot \cos h - \sin x \cdot \sin h$）

三角関数の加法定理
$\cos(\alpha + \beta)$
$= \cos\alpha \cdot \cos\beta - \sin\alpha \cdot \sin\beta$

$$= \lim_{h \to 0} \frac{\cos x \cdot \cos h - \sin x \cdot \sin h - \cos x}{h}$$

$$= \lim_{h \to 0} \left(-\sin x \cdot \frac{\sin h}{h} - \frac{1 - \cos h}{h} \cdot \cos x \right)$$

（$\frac{\sin h}{h}$ → 1，$\frac{1 - \cos h}{h} = \frac{1 - \cos h}{h^2} \cdot h$ → $\frac{1}{2} \cdot 0 = 0$）

公式：
$\lim_{h \to 0} \frac{\sin h}{h} = 1$
$\lim_{h \to 0} \frac{1 - \cos h}{h^2} = \frac{1}{2}$

$= -\sin x$ となるんだね。

∴微分公式：$(\cos x)' = -\sin x$ も成り立つ。

・指数関数の微分公式：$(e^x)'=e^x$ も導いてみよう。

$f(x)=e^x$ とおいて，$f'(x)$ を定義より求めると，

$$f'(x)=\lim_{h\to0}\frac{f(x+h)-f(x)}{h}=\lim_{h\to0}\frac{e^{x+h}-e^x}{h}$$

（$e^{x+h}=e^x\cdot e^h$）

$$=\lim_{h\to0}\frac{e^xe^h-e^x}{h}=\lim_{h\to0}e^x\cdot\frac{e^h-1}{h}$$

（$\frac{e^h-1}{h}\to1$）

公式：$\lim_{h\to0}\frac{e^h-1}{h}=1$

これは，$f(x)=e^x$ の点 $(0,1)$ における接線の傾きが 1 であることを示しているんだね。

$=e^x\cdot1=e^x$ となる。

∴微分公式：$(e^x)'=e^x$ が成り立つ。

これから，指数関数 e^x は微分しても変化しない特別な関数であることが分かった。

・それでは次，対数関数の微分公式：$(\log x)'=\frac{1}{x}$　$(x>0)$

も導いてみよう。

$f(x)=\log x$　$(x>0)$ とおいて，定義式から導関数 $f'(x)$ を求めると，

$$f'(x)=\lim_{h\to0}\frac{f(x+h)-f(x)}{h}$$

$$=\lim_{h\to0}\frac{\log(x+h)-\log x}{h}$$

（$\log\frac{x+h}{x}=\log\left(1+\frac{h}{x}\right)$）

公式：$\log x-\log y=\log\frac{x}{y}$

$$=\lim_{h\to0}\frac{1}{h}\log\left(1+\frac{h}{x}\right)$$

$$=\lim_{h\to0}\frac{1}{x}\cdot\frac{x}{h}\log\left(1+\frac{h}{x}\right)$$

公式：$\alpha\log x=\log x^\alpha$

$$=\lim_{\substack{h\to0\\(u\to0)}}\frac{1}{x}\log\left(1+\frac{h}{x}\right)^{\frac{x}{h}}$$

（$\frac{h}{x}=u$，$\frac{x}{h}=\frac{1}{u}$，$\left(1+\frac{h}{x}\right)^{\frac{x}{h}}\to e$）

$\frac{h}{x}=u$ とおくと，
$h\to0$ のとき $u\to0$ より，
$\lim_{u\to0}(1+u)^{\frac{1}{u}}=e$
を使った。

$=\frac{1}{x}\cdot\log e=\frac{1}{x}$ となる。

（$\log e$ は 1 のこと）

∴微分公式：$(\log x)'=\frac{1}{x}$ も導けた。

演習問題 20　●微分係数●

関数 $f(x)$ の $x=a$ における微分係数 $f'(a)=2$ のとき，次の極限を求めよ。

(1) $\displaystyle\lim_{h\to0}\frac{f(a+3h)-f(a)}{2h}$　　(2) $\displaystyle\lim_{h\to0}\frac{f(a+2h)-f(a-4h)}{3h}$

ヒント！ 微分係数 $f'(a)$ の定義式 $f'(a)=\displaystyle\lim_{h\to0}\frac{f(a+h)-f(a)}{h}=\lim_{h\to0}\frac{f(a)-f(a-h)}{h}$ をうまく利用して，解けばいいんだね。

解答＆解説

微分係数 $f'(a)=2$ より，

(1) $\displaystyle\lim_{h\to0}\frac{f(a+3h)-f(a)}{2h}=\lim_{\substack{h\to0\\(k\to0)}}\frac{3}{2}\cdot\boxed{\frac{f(a+\overset{k}{\overset{\shortparallel}{(3h)}})-f(a)}{\underset{\underset{k}{\shortparallel}}{(3h)}}}$ （→ $f'(a)$）

$$=\frac{3}{2}\cdot f'(a)=\frac{3}{2}\times2=3 \quad\cdots\cdots\cdots\cdots\cdots(\text{答})$$

(2) $\displaystyle\lim_{h\to0}\frac{f(a+2h)-f(a-4h)}{3h}$

$$=\lim_{h\to0}\frac{\{f(a+2h)-f(a)\}+\{f(a)-f(a-4h)\}}{3h}$$

$$=\lim_{\substack{h\to0\\(k\to0)\\(l\to0)}}\left\{\frac{2}{3}\cdot\boxed{\frac{f(a+\overset{k}{\overset{\shortparallel}{(2h)}})-f(a)}{\underset{\underset{k}{\shortparallel}}{(2h)}}}+\frac{4}{3}\cdot\boxed{\frac{f(a)-f(a-\overset{l}{\overset{\shortparallel}{(4h)}})}{\underset{\underset{l}{\shortparallel}}{(4h)}}}\right\}$$

（→ $f'(a)$（右側微分））　（→ $f'(a)$（左側微分））

$$=\frac{2}{3}\cdot f'(a)+\frac{4}{3}\cdot f'(a)=2\cdot f'(a)=2\times2=4 \quad\cdots\cdots\cdots\cdots\cdots(\text{答})$$

演習問題 21 ● 関数の極限(Ⅰ)●

次の関数の極限を求めよ。

(1) $\lim_{x \to 0} \frac{e^{2x}-e^{-x}}{x}$　(2) $\lim_{x \to 0} \frac{\log(1+3x)}{e^{2x}-1}$　(3) $\lim_{x \to 0} \frac{(e^{-x}-1)\log(1+2x)}{1-\cos x}$

ヒント！ 関数の極限の公式 $\lim_{x \to 0} \frac{e^x-1}{x}=1$, $\lim_{x \to 0} \frac{\log(1+x)}{x}=1$, $\lim_{x \to 0} \frac{1-\cos x}{x^2}=\frac{1}{2}$ を利用して，解けばいいんだね。

解答＆解説

(1) $\lim_{x \to 0} \frac{e^{2x}-e^{-x}}{x} = \lim_{x \to 0} \frac{e^{2x}-1-(e^{-x}-1)}{x}$

$= \lim_{\substack{x \to 0 \\ (t \to 0) \\ (u \to 0)}} \left(\frac{e^{2x}-1}{2x} \times 2 + \frac{e^{-x}-1}{-x} \right) = 1\times2+1 = 3$ ………(答)

（$2x = t$, $-x = u$ とおくと，$\frac{e^{t}-1}{t} \to 1$, $\frac{e^{u}-1}{u} \to 1$）

(2) $\lim_{x \to 0} \frac{\log(1+3x)}{e^{2x}-1} = \lim_{\substack{x \to 0 \\ (t \to 0) \\ (u \to 0)}} \frac{\log(1+3x)}{3x} \cdot \frac{2x}{e^{2x}-1} \times \frac{3}{2}$

（$3x = t$, $2x = u$ とおくと，$\frac{\log(1+t)}{t} \to 1$, $\frac{u}{e^{u}-1} \to 1$）

$= 1\times1\times\frac{3}{2} = \frac{3}{2}$ ………………………………………(答)

(3) $\lim_{x \to 0} \frac{(e^{-x}-1)\log(1+2x)}{1-\cos x} = \lim_{\substack{x \to 0 \\ (t \to 0) \\ (u \to 0)}} \frac{e^{-x}-1}{-x} \cdot \frac{\log(1+2x)}{2x} \cdot \frac{x^2}{1-\cos x} \times (-2)$

（$-x = t$, $2x = u$ とおくと，$\frac{e^{t}-1}{t} \to 1$, $\frac{\log(1+u)}{u} \to 1$, $\frac{x^2}{1-\cos x} \to 2$）

$= 1\times1\times2\times(-2) = -4$ ………………………(答)

演習問題 22　●関数の極限(Ⅱ)●

次の関数の極限を求めよ。

(1) $\displaystyle\lim_{x\to 0}(1+2x)^{\frac{1}{x}}$　　(2) $\displaystyle\lim_{x\to 0}(1-x)^{\frac{2}{x}}$　　(3) $\displaystyle\lim_{x\to\infty}\left(1-\frac{3}{x}\right)^{2x}$

ヒント！ 関数の極限の公式：$\displaystyle\lim_{x\to 0}(1+x)^{\frac{1}{x}}=e$, $\displaystyle\lim_{x\to\pm\infty}\left(1+\frac{1}{x}\right)^{x}=e$ を利用して解く問題だね。変数をうまく置き換えることがポイントだね。

解答＆解説

(1) $\displaystyle\lim_{x\to 0}(1+2x)^{\frac{1}{x}}=\lim_{\substack{x\to 0\\(t\to 0)}}\left\{(1+2x)^{\frac{1}{2x}}\right\}^2$　（$2x=t$, $\frac{1}{2x}=\frac{1}{t}$, $(1+2x)^{\frac{1}{2x}}\to e$）

$\displaystyle\lim_{t\to 0}(1+t)^{\frac{1}{t}}=e$

$=e^2$ ……………………………………………………(答)

(2) $\displaystyle\lim_{x\to 0}(1-x)^{\frac{2}{x}}=\lim_{\substack{x\to 0\\(t\to 0)}}\left[\{1+(-x)\}^{\frac{1}{-x}}\right]^{-2}$　（$-x=t$, $\frac{1}{-x}=\frac{1}{t}$, $\{1+(-x)\}^{\frac{1}{-x}}\to e$）

$=e^{-2}=\dfrac{1}{e^2}$ ……………………………………………(答)

(3) $\displaystyle\lim_{x\to\infty}\left(1-\frac{3}{x}\right)^{2x}=\lim_{x\to\infty}\left(1+\frac{3}{-x}\right)^{2x}$

$\displaystyle=\lim_{\substack{x\to\infty\\(t\to-\infty)}}\left\{\left(1+\frac{1}{-\frac{x}{3}}\right)^{-\frac{x}{3}}\right\}^{-6}$　（$\frac{1}{-\frac{x}{3}}=\frac{1}{t}$, $-\frac{x}{3}=t$, $\left(1+\frac{1}{-\frac{x}{3}}\right)^{-\frac{x}{3}}\to e$）

$\displaystyle\lim_{t\to-\infty}\left(1+\frac{1}{t}\right)^{t}=e$

$=e^{-6}=\dfrac{1}{e^6}$ ……………………………………………(答)

演習問題 23 ● 導関数の定義式 ●

導関数の定義式を用いて，(i) $(\sin 2x)' = 2\cos 2x$,

(ii) $(\cos 3x)' = -3\sin 3x$ となることを示せ。

ヒント！ 導関数の定義式 $f'(x) = \lim_{h\to 0}\frac{f(x+h)-f(x)}{h}$ を利用して解こう。

解答＆解説

(i) $f(x) = \sin 2x$ とおくと，$f(x+h) = \sin 2(x+h) = \sin(2x+2h)$ より，

$$(\sin 2x)' = f'(x) = \lim_{h\to 0}\frac{f(x+h)-f(x)}{h}$$

$\sin(\alpha+\beta) = \sin\alpha\cos\beta + \cos\alpha\sin\beta$

$\sin(2x+2h) = \sin 2x\cos 2h + \cos 2x\sin 2h$

$$= \lim_{h\to 0}\frac{\sin(2x+2h) - \sin 2x}{h} = \lim_{h\to 0}\frac{\cos 2x\cdot\sin 2h - \sin 2x(1-\cos 2h)}{h}$$

$$= \lim_{\substack{h\to 0\\(2h\to 0)}}\left(\cos 2x\cdot\frac{\sin 2h}{2h}\cdot 2 - \sin 2x\cdot\frac{1-\cos 2h}{(2h)^2}\cdot 4h\right)$$

（$\frac{\sin 2h}{2h}\to 1$，$\frac{1-\cos 2h}{(2h)^2}\to\frac{1}{2}$，$4h\to 0$）

$$= \cos 2x\cdot 1\cdot 2 - \sin 2x\cdot\frac{1}{2}\cdot 0 = 2\cos 2x$$ ……………………………（終）

(ii) $g(x) = \cos 3x$ とおくと，$g(x+h) = \cos 3(x+h) = \cos(3x+3h)$ より，

$$(\cos 3x)' = g'(x) = \lim_{h\to 0}\frac{g(x+h)-g(x)}{h}$$

$\cos(\alpha+\beta) = \cos\alpha\cos\beta - \sin\alpha\sin\beta$

$\cos(3x+3h) = \cos 3x\cos 3h - \sin 3x\sin 3h$

$$= \lim_{h\to 0}\frac{\cos(3x+3h) - \cos 3x}{h} = \lim_{h\to 0}\frac{-\sin 3x\cdot\sin 3h - \cos 3x(1-\cos 3h)}{h}$$

$$= \lim_{\substack{h\to 0\\(3h\to 0)}}\left(-\sin 3x\cdot\frac{\sin 3h}{3h}\cdot 3 - \cos 3x\cdot\frac{1-\cos 3h}{(3h)^2}\cdot 9h\right)$$

（$\frac{\sin 3h}{3h}\to 1$，$\frac{1-\cos 3h}{(3h)^2}\to\frac{1}{2}$，$9h\to 0$）

$$= -\sin 3x\cdot 1\cdot 3 - \cos 3x\cdot\frac{1}{2}\cdot 0 = -3\sin 3x$$ ……………………………（終）

§2. 微分計算

前回の講義では，極限の定義式に従って，導関数 $f'(x)$ を求めた。しかし，高校数学の微分計算でも，たとえば x^3 の微分は，公式 $(x^n)' = nx^{n-1}$ を利用して x^3 の導関数を $(x^3)' = 3x^2$ と，テクニカルに求めただろう。それと同様に，これから微分公式を使って，さまざまな関数の導関数をテクニカルに求める手法について詳しく解説しようと思う。

そのためには，まず公式を正確に覚えて，それを実践的に使いこなしていくことが大切だ。例題を沢山解きながら慣れていくといいよ。

● 微分計算の基本公式を使いこなそう！

大学基礎数学として，是非マスターしてほしい微分計算の **8** つの基本公式を，まず下に示そう。

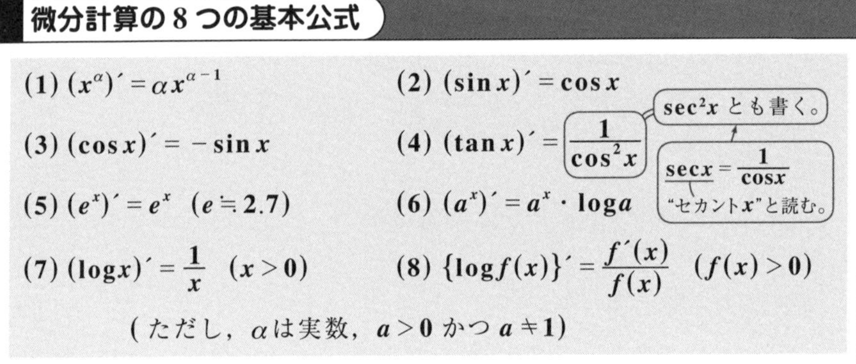

微分計算の 8 つの基本公式

(1) $(x^\alpha)' = \alpha x^{\alpha-1}$　　(2) $(\sin x)' = \cos x$

(3) $(\cos x)' = -\sin x$　　(4) $(\tan x)' = \dfrac{1}{\cos^2 x}$

(5) $(e^x)' = e^x$　$(e \fallingdotseq 2.7)$　　(6) $(a^x)' = a^x \cdot \log a$

(7) $(\log x)' = \dfrac{1}{x}$　$(x > 0)$　　(8) $\{\log f(x)\}' = \dfrac{f'(x)}{f(x)}$　$(f(x) > 0)$

(ただし，α は実数，$a > 0$ かつ $a \neq 1$)

これらの公式には，前回の講義では証明しなかったものも含まれているけれど，これらは微分計算の基礎なので，まず公式としてシッカリ覚えよう。

さらに，導関数の定義式から，次の性質も当然成り立つことが分かるね。

導関数の性質

$f(x)$，$g(x)$ が微分可能なとき，以下の式が成り立つ。

(1) $\{kf(x)\}' = k \cdot f'(x)$　　(k：実数定数)

(2) $\{f(x) \pm g(x)\}' = f'(x) \pm g'(x)$　　(複号同順)

この **2** つの性質を，"**導関数の線形性**" と呼ぶ。

それでは，次の例題で早速練習してみよう。

例題 **20**　次の関数を微分してみよう。

(1) $y=2x^{\frac{5}{2}}+4x^{\frac{3}{2}}$　　(2) $y=2\sin x-3\cos x$

(3) $y=e^x-2^{x+1}$　　(4) $y=\log x+\log(x^2+x)\ \ (x>0)$

(1) $y'=\left(2x^{\frac{5}{2}}+4x^{\frac{3}{2}}\right)'$

$=2\underbrace{\left(x^{\frac{5}{2}}\right)'}_{\frac{5}{2}x^{\frac{3}{2}}}+4\underbrace{\left(x^{\frac{3}{2}}\right)'}_{\frac{3}{2}x^{\frac{1}{2}}}$

導関数の線形性より，微分計算は，(ⅰ) 項別に，そして，(ⅱ) 係数を別にして，計算できる。

公式：$(x^\alpha)'=\alpha x^{\alpha-1}$

$=2\cdot\frac{5}{2}\underbrace{x^{\frac{3}{2}}}_{x\sqrt{x}}+4\cdot\frac{3}{2}\underbrace{x^{\frac{1}{2}}}_{\sqrt{x}}=5x\sqrt{x}+6\sqrt{x}=\sqrt{x}(5x+6)$　となる。

(2) $y'=(2\sin x-3\cos x)'$

$=2\underbrace{(\sin x)'}_{\cos x}-3\underbrace{(\cos x)'}_{-\sin x}$

導関数の線形性

公式：$(\sin x)'=\cos x$，$(\cos x)'=-\sin x$

$=2\cos x+3\sin x$　となって，答えだ。

(3) $y'=(e^x-\underbrace{2^{x+1}}_{2\cdot 2^x})'=\underbrace{(e^x)'}_{e^x}-2\underbrace{(2^x)'}_{2^x\cdot\log 2}$

線形性

公式：$(e^x)'=e^x$，$(a^x)'=a^x\log a$

$=e^x-(2\cdot\log 2)\cdot 2^x$　となる。

(4) $y'=\{\log x+\log(x^2+x)\}'$

$=\underbrace{(\log x)'}_{\frac{1}{x}}+\underbrace{\{\log(x^2+x)\}'}_{\frac{(x^2+x)'}{x^2+x}=\frac{2x+1}{x^2+x}}$

線形性

公式：$(\log x)'=\frac{1}{x}$，$(\log f)'=\frac{f'}{f}$

$=\frac{1}{x}+\frac{2x+1}{x(x+1)}=\frac{x+1+2x+1}{x(x+1)}$

$=\frac{3x+2}{x(x+1)}$　となって，答えだ。大丈夫だった？

これで，基本公式の使い方にも慣れたはずだ。

● 3つの重要公式で，微分計算の幅が広がる！

それでは次，微分計算の **3** つの重要公式を下に示そう。これらを使いこなすことによって，さまざまな複雑な関数の微分も簡単にできるようになるんだよ。

微分計算の 3 つの重要公式

$f(x)=f$，$g(x)=g$ と略記して表すと，次の公式が成り立つ。

(1) $(f\cdot g)'=f'\cdot g+f\cdot g'$

(2) $\left(\dfrac{f}{g}\right)'=\dfrac{f'\cdot g-f\cdot g'}{g^2}$ ← $\left(\dfrac{分子}{分母}\right)'=\dfrac{(分子)'\cdot 分母-分子\cdot(分母)'}{(分母)^2}$ と口ずさみながら覚えるといいよ！

(3) 合成関数の微分

$$y'=\frac{dy}{dx}=\frac{dy}{dt}\cdot\frac{dt}{dx}$$ ← 複雑な関数の微分で威力を発揮する公式だ。

これらの公式も，導関数の定義式からすべて導ける。ここでは，**(1)** の公式のみを導いてみせよう。

(1) $(f\cdot g)'=f'\cdot g+f\cdot g'$ の証明

$$\{f(x)\cdot g(x)\}'=\lim_{h\to 0}\frac{f(x+h)\cdot g(x+h)-f(x)\cdot g(x)}{h}$$

（同じものを引いて，たした！）

$$=\lim_{h\to 0}\frac{\{f(x+h)\cdot g(x+h)-f(x)\cdot g(x+h)\}+\{f(x)\cdot g(x+h)-f(x)\cdot g(x)\}}{h}$$

$$=\lim_{h\to 0}\left\{\underbrace{\frac{f(x+h)-f(x)}{h}}_{f'(x)}\cdot g(x+\underbrace{h}_{0})+f(x)\cdot\underbrace{\frac{g(x+h)-g(x)}{h}}_{g'(x)}\right\}$$

$=f'(x)\cdot g(x)+f(x)\cdot g'(x)$　となって証明できた！

それでは，これらの公式も絡めた次の微分計算の練習問題を解いてみよう。

例題 **21**　次の関数を微分してみよう。

(1) $y = x \cdot \cos x$　(2) $y = x^2 \cdot \log x$　(3) $y = \dfrac{x}{x^2+1}$

(4) $y = \dfrac{\sin x}{\cos x}$　(5) $y = (1-x^2)^3$　(6) $y = \sin^4 x$

(1), (2) は，積の微分公式：$(f \cdot g)' = f' \cdot g + f \cdot g'$ を使う問題だ。

(1) $y' = (x \cdot \cos x)' = \underbrace{x'}_{1} \cdot \cos x + x \cdot \underbrace{(\cos x)'}_{-\sin x}$　← 公式：$(f \cdot g)' = f' \cdot g + f \cdot g'$

$= \cos x - x\sin x$　となる。

(2) $y' = (x^2 \cdot \log x)' = \underbrace{(x^2)'}_{2x} \cdot \log x + x^2 \cdot \underbrace{(\log x)'}_{\frac{1}{x}}$　← 公式：$(f \cdot g)' = f' \cdot g + f \cdot g'$　← 公式：$(\log x)' = \dfrac{1}{x}$

$= 2x \cdot \log x + x^2 \cdot \dfrac{1}{x} = x(2\log x + 1)$　となる。

(3), (4) は，商の微分公式：$\left(\dfrac{f}{g}\right)' = \dfrac{f' \cdot g - f \cdot g'}{g^2}$ を使う問題だ。

(3) $y' = \left(\dfrac{x}{x^2+1}\right)'$

$= \dfrac{x' \cdot (x^2+1) - x \cdot (x^2+1)'}{(x^2+1)^2}$

← $\left(\dfrac{\text{分子}}{\text{分母}}\right)' = \dfrac{(\text{分子})' \cdot \text{分母} - \text{分子} \cdot (\text{分母})'}{(\text{分母})^2}$
と口ずさんで覚えよう！

$= \dfrac{x^2 + 1 - x \cdot 2x}{(x^2+1)^2} = \dfrac{-x^2+1}{(x^2+1)^2}$　となる。

(4) $y' = \left(\dfrac{\sin x}{\cos x}\right)'$

$= \dfrac{\overbrace{(\sin x)'}^{\cos x}\cos x - \sin x \cdot \overbrace{(\cos x)'}^{(-\sin x)}}{\cos^2 x}$

← $\left(\dfrac{f}{g}\right)' = \dfrac{f' \cdot g - f \cdot g'}{g^2}$
を使った！

$= \dfrac{\overbrace{\cos^2 x + \sin^2 x}^{1}}{\cos^2 x} = \dfrac{1}{\cos^2 x}$

← 実は，これは，公式：$(\tan x)' = \dfrac{1}{\cos^2 x}$
の証明になっていたんだね。

(5)，**(6)** の問題は，合成関数の微分の問題だ。

(5) $y=(1-x^2)^3$
(6) $y=\sin^4 x$

導関数 y' は，$y'=\dfrac{dy}{dx}$ と表すんだけれど，この

“y を x で微分する” という意味。“ディー y・ディー x” と読む。

x の関数 y の中の（x の 1 かたまりの関数）を t とおくと，これは次のように表すことができる。

$$y'=\frac{dy}{dx}=\frac{dy}{dt}\cdot\frac{dt}{dx}$$

y を t で微分　t を x で微分

見かけ上は，dt で割った分 dt をかけている。

これが合成関数の微分の要領だ。

(5) $y=((1-x^2))^3$ について，$1-x^2=t$ とおくと，$y=t^3$ となる。

この（1 かたまり）を t とおく。

よって，合成関数の微分公式を使うと，

$$y'=\frac{dy}{dx}=\frac{d(y)}{dt}\cdot\frac{d(t)}{dx}=3(t^2)\cdot(-2x)$$

t^3　$1-x^2$　$(1-x^2)^2$ に戻す。

t^3 を t で微分　$1-x^2$ を x で微分

$=-6x(1-x^2)^2$　となって，答えだ。

(6) $y=\sin^4 x=((\sin x))^4$

この（1 かたまり）を u とおく。

文字は，t でも u でも何でもかまわない。

ここで，$\sin x=u$ とおくと，$y=u^4$ となる。

よって，この微分は，

$$y'=\frac{dy}{dx}=\frac{d(y)}{du}\cdot\frac{d(u)}{dx}=4(u^3)\cdot\cos x$$

u^4　$\sin x$　$\sin^3 x$ に戻す。

u^4 を u で微分　$\sin x$ を x で微分

$=4\sin^3 x\cdot\cos x$　となって，答えだね。納得いった？

エッ，もっと練習したいって!?　いいよ。次の例題で練習しよう。

例題 22　次の関数を微分してみよう。

(1) $y=\log(x+\sqrt{x^2+1})$　(2) $y=\cos 3x$　(3) $y=e^{-x}\sin 2x$

(4) $y=x^2e^{2x}$　(5) $y=\dfrac{\log x}{x}$　(6) $y=\dfrac{e^{-2x}}{x}$

(1) $y'=\{\log(x+\sqrt{x^2+1})\}'=\dfrac{(x+\sqrt{x^2+1})'}{x+\sqrt{x^2+1}}$ ← 公式：$(\log f)'=\dfrac{f'}{f}$

$=\dfrac{\overset{1}{x'}+\left\{(x^2+1)^{\frac{1}{2}}\right\}'}{x+\sqrt{x^2+1}}$ ← $x^2+1=t$ とおいて，合成関数の微分 $\dfrac{d(t^{\frac{1}{2}})}{dt}\cdot\dfrac{dt}{dx}=\dfrac{d(t^{\frac{1}{2}})}{dt}\cdot\dfrac{d(x^2+1)}{dx}=\dfrac{1}{2}t^{-\frac{1}{2}}\cdot 2x$

$=\dfrac{1+\dfrac{1}{2}\cdot\dfrac{2x}{\sqrt{x^2+1}}}{x+\sqrt{x^2+1}}=\dfrac{\sqrt{x^2+1}+x}{(x+\sqrt{x^2+1})\sqrt{x^2+1}}$ ← 分子・分母に $\sqrt{x^2+1}$ をかけた。

$=\dfrac{1}{\sqrt{x^2+1}}$　となる。

(2) $y=\cos\overset{t}{(3x)}$ について，$3x=t$ とおくと，$y=\cos t$ より，

合成関数の微分を行って，

$y'=\dfrac{dy}{dx}=\dfrac{dy}{dt}\cdot\dfrac{dt}{dx}=\dfrac{d(\cos t)}{dt}\cdot\dfrac{d(3x)}{dx}=-\sin t\cdot 3$　（t → 3x に戻す。）

$=-3\sin 3x$　になる。

(3) $y'=(e^{-x}\cdot\sin 2x)'$ 　← 公式：$(f\cdot g)'=f'\cdot g+f\cdot g'$

$=(e^{\overset{t}{-x}})'\cdot\sin 2x+e^{-x}\cdot(\sin\overset{u}{2x})'$

$\dfrac{d(e^t)}{dt}\cdot\dfrac{d(-x)}{dx}=e^t\cdot(-1)=-e^{-x}$　　$\dfrac{d(\sin u)}{du}\cdot\dfrac{d(2x)}{dx}=\cos u\cdot 2=2\cos 2x$

共に合成関数の微分になるけれど，このような操作を頭の中で自然にできるようになると，スバラシイ！ 頑張って，練習しよう！

$=-e^{-x}\sin 2x+e^{-x}\cdot 2\cos 2x$

$=e^{-x}(2\cos 2x-\sin 2x)$　となって，答えだ。

(4) $y' = (x^2 \cdot e^{2x})'$

$= \underbrace{(x^2)'}_{2x} \cdot e^{2x} + x^2 \cdot \underbrace{(e^{\overset{t}{2x}})'}_{\frac{d(e^t)}{dt} \cdot \frac{d(2x)}{dx} = e^t \cdot 2 = 2e^{2x}}$

公式：
$(f \cdot g)' = f' \cdot g + f \cdot g'$

合成関数の微分

$= 2xe^{2x} + x^2 \cdot 2e^{2x}$

$= 2x(x+1)e^{2x}$　となる。

(4) $y = x^2 e^{2x}$

(5) $y = \dfrac{\log x}{x}$

(6) $y = \dfrac{e^{-2x}}{x}$

(5) $y' = \left(\dfrac{\log x}{x}\right)'$

$= \dfrac{\overset{\frac{1}{x}}{(\log x)'} \cdot x - \log x \cdot \overset{1}{(x)'}}{x^2}$

$= \dfrac{1 - \log x}{x^2}$　となるね。

合成関数の微分

(6) $y' = \left(\dfrac{e^{-2x}}{x}\right)'$

$\dfrac{d(e^t)}{dt} \cdot \dfrac{d(-2x)}{dx} = e^t \cdot (-2) = -2e^{-2x}$

$= \dfrac{(e^{\overset{t}{-2x}})' \cdot x - e^{-2x} \cdot \overset{1}{(x)'}}{x^2}$

公式：
$\left(\dfrac{f}{g}\right)' = \dfrac{f' \cdot g - f \cdot g'}{g^2}$

$= \dfrac{-2e^{-2x} \cdot x - e^{-2x}}{x^2}$

$= -\dfrac{(2x+1)e^{-2x}}{x^2}$　となって，答えだね。大丈夫だった？

もし，結果を正確に出せない問題があったら，迅速に正確に答えが出せるようになるまで何度でも反復練習しよう。この微分計算がスラスラ出来るようになれば，この後の積分計算が出来るようになる基礎が固まったと言えるんだ。何故なら，微分と積分は逆の操作だからなんだね。

● 対数微分法の練習もしておこう！

$y=(x\text{の式})^{(x\text{の式})}$ の形の関数，たとえば関数 $y=x^{2x}$ $(x>0)$ の導関数を求めようとしても，これまでの知識だけでは手が出ないはずだ。このような関数を微分するには，まず両辺が正であることを確認して，両辺の自然対数をとるとウマクいくんだよ。

次の例題で，実際にこの導関数を求めてみよう。

例題 23　関数 $y=x^{2x}$ $(x>0)$ の導関数を求めてみよう。

関数 $y=x^{2x}$ $(x>0)$ の両辺は正より，この両辺の自然対数をとると，

（真数条件）

$\log y=\log x^{2x}$，$\log y=2x\cdot\log x$ …① となる。

①の両辺を x で微分して，

$$(\log y)'=(2x\cdot\log x)'=2\underbrace{x'}_{1}\cdot\log x+2x\cdot\underbrace{(\log x)'}_{\frac{1}{x}}$$

$$\frac{d(\log y)}{dx}=\frac{d(\log y)}{dy}\cdot\frac{dy}{dx}=\frac{1}{y}\cdot y'$$ ← 合成関数の微分と同様だね。

$$\frac{1}{y}\cdot y'=2\log x+2$$

この両辺に $y(=x^{2x})$ をかけると，導関数 y' が求まって，

$$y'=y(2\log x+2)=2x^{2x}(\log x+1)$$ となる。

● 陰関数と媒介変数表示の関数の微分もやってみよう！

一般に，$y=f(x)$ の形で表される関数を**陽関数**（ようかんすう）といい，これまでの解説はすべて，この陽関数の微分についてのものだった。これに対して，

$x^2+y^2=4$（円）や，$\dfrac{x^2}{4}+\dfrac{y^2}{2}=1$（だ円）や，$3x^2+2xy+5y^2=8$（ある曲線），…など，$x$ と y とが入り組んだ形の式で表される関数を**陰関数**（いんかんすう）という。このような陰関数が与えられたとき，その導関数 $y'\left(=\dfrac{dy}{dx}\right)$ は，陰関数の両辺を直接 x で微分することにより，求めることができる。たとえば，

円：$x^2+y^2=4$ ……① の場合，①の両辺を x で微分して，

$\underbrace{(x^2)'}_{2x}+\underbrace{(y^2)'}+\underbrace{4'}_{0}=$ より，

$$\frac{d(y^2)}{dx}=\frac{d(y^2)}{dy}\cdot\frac{dy}{dx}=2y\cdot\frac{dy}{dx}=2y\cdot y'$$ ←合成関数の微分

$2x+2y\cdot y'=0 \qquad y\cdot y'=-x$

よって，導関数 $y'=\frac{dy}{dx}=-\frac{x}{y}$ と求まるんだね。大丈夫？ ←この場合，y' は x と y の式で表される。

では次，x と y が媒介変数（ばいかいへんすう） t で

$\begin{cases} x=f(t) \\ y=g(t) \end{cases}$ の形で表される関数（曲線）の導関数の求め方についても解説しよう。この場合，導関数 $y'=\frac{dy}{dx}$ は，$\frac{dy}{dt}$，$\frac{dx}{dt}$ を用いて，

$y'=\dfrac{\frac{dy}{dt}}{\frac{dx}{dt}}$ ←見かけ上分子・分母を dt で割った形だ。 で表される。これも，例題を解いてみよう。

$\frac{dy}{dt}=g'(t)$，$\frac{dx}{dt}=f'(t)$ を個別に求めて，$y'=\frac{g'(t)}{f'(t)}$ （t の式）で求める。

例題 **24** 媒介変数表示された関数

$\begin{cases} x=t^2+1 \\ y=2t^3+2t \end{cases}$ の導関数 $y'=\frac{dy}{dx}$ を求めよう。

・$\frac{dx}{dt}=(t^2+1)'=2t$ 　　・$\frac{dy}{dt}=(2t^3+2t)'=6t^2+2$

∴求める導関数 $y'=\frac{dy}{dx}=\dfrac{\frac{dy}{dt}}{\frac{dx}{dt}}=\frac{6t^2+2}{2t}=\frac{3t^2+1}{t}$ となる。 ←y' は t の式で表される。

これも大丈夫だった？

● 逆関数の微分法にも慣れよう！

1対1対応の関数 $y=f(x)$ の逆関数 $y=f^{-1}(x)$ の導関数 y' の求め方も教えよう。まず，

$y=f^{-1}(x)$ より，$x=f(y)$ として，x を y の関数の形にする。

この場合，x は y で微分できるので，$\dfrac{dx}{dy}$ を求める。これは，(y の式)で求まるが，これを x の式に書き換える。つまり，$\dfrac{dx}{dy}=(y\text{の式})=(x\text{の式})$ とする。

後は，この逆数をとれば，$y=f^{-1}(x)$ の導関数 $\dfrac{dy}{dx}$ が次のように求まるんだね。

$$\frac{dy}{dx}=\frac{1}{\frac{dx}{dy}}=\frac{1}{(x\text{の式})}$$

(分子・分母を dy で割った形だ。)

では，この例題もやっておこう。

> 例題25　$y=f(x)=e^x$ $(y>0)$ の逆関数は $y=f^{-1}(x)=\log x$ $(x>0)$ である。$(e^x)'=e^x$ であることを利用して，$(\log x)'=\dfrac{1}{x}$ となることを示そう。

$y=f^{-1}(x)=\log x$ より，$x=f(y)=e^y$ である。 ← ($x=f(y)$ を作る。)

よって，x を y で微分して，$\dfrac{dx}{dy}=(e^y)'=e^y$

ここで，$x=e^y$ より，$\dfrac{dx}{dy}=x$ ……① となる。

($\dfrac{dx}{dy}=(y\text{の式})$ を $\dfrac{dx}{dy}=(x\text{の式})$ にする。)

よって，$y=f^{-1}(x)=\log x$ の導関数 $\dfrac{dy}{dx}$ は，

$\dfrac{dy}{dx}=\dfrac{1}{\frac{dx}{dy}}=\dfrac{1}{x}$，すなわち，$(\log x)'=\dfrac{1}{x}$ が求められたんだね。

($\dfrac{dx}{dy}=x$ (①より))

納得いった？ン？まだ，少し混乱してるって？いいよ。この後の演習問題29(P95)で，$\tan^{-1}x$ の導関数を求める問題もあるから，これで慣れることだね。

演習問題 24　●微分計算(I)●

次の関数を微分せよ。

(1) $y = 2x\sqrt{x} - \dfrac{1}{\sqrt{x}}$　　(2) $y = 2\tan x - 4\sin x$

(3) $y = 3^{x+1} - 2e^{x}$　　(4) $y = \log(x^2+1) - \log x \quad (x > 0)$

ヒント！ $(x^{\alpha})' = \alpha x^{\alpha-1}$, $(\sin x)' = \cos x$, $(e^x)' = e^x$, …など，微分の基本公式を使って，各導関数を求めよう。

解答&解説

(1) $y' = \left(2x \cdot x^{\frac{1}{2}} - x^{-\frac{1}{2}}\right)' = \left(2x^{\frac{3}{2}} - x^{-\frac{1}{2}}\right)' = 2\underbrace{\left(x^{\frac{3}{2}}\right)'}_{\frac{3}{2}x^{\frac{1}{2}}} - \underbrace{\left(x^{-\frac{1}{2}}\right)'}_{-\frac{1}{2}\cdot x^{-\frac{3}{2}}}$

公式：$(x^{\alpha})' = \alpha x^{\alpha-1}$

$= 2 \cdot \dfrac{3}{2}x^{\frac{1}{2}} + \dfrac{1}{2}x^{-\frac{3}{2}} = 3\sqrt{x} + \dfrac{1}{2x\sqrt{x}} = \dfrac{6x^2+1}{2x\sqrt{x}}$ ……………………(答)

(2) $y' = (2\tan x - 4\sin x)' = 2\underbrace{(\tan x)'}_{\frac{1}{\cos^2 x}} - 4\underbrace{(\sin x)'}_{\cos x}$

公式：$(\tan x)' = \dfrac{1}{\cos^2 x}$
$(\sin x)' = \cos x$

$= \dfrac{2}{\cos^2 x} - 4\cos x = \dfrac{2(1-2\cos^3 x)}{\cos^2 x}$ ……………………(答)

(3) $y' = (3 \cdot 3^x - 2e^x)' = 3\underbrace{(3^x)'}_{3^x\log 3} - 2\underbrace{(e^x)'}_{e^x}$

公式：$(a^x)' = a^x\log a$
$(e^x)' = e^x$

$= 3 \cdot 3^x \log 3 - 2e^x = 3^{x+1}\log 3 - 2e^x$ ……………………(答)

(4) $y' = \{\log(x^2+1) - \log x\}' = \underbrace{\{\log(x^2+1)\}'}_{\frac{(x^2+1)'}{x^2+1} = \frac{2x}{x^2+1}} - \underbrace{(\log x)'}_{\frac{1}{x}}$

公式：$(\log x)' = \dfrac{1}{x}$
$(\log f)' = \dfrac{f'}{f}$

$= \dfrac{2x}{x^2+1} - \dfrac{1}{x} = \dfrac{2x^2 - (x^2+1)}{x(x^2+1)} = \dfrac{x^2-1}{x(x^2+1)}$ ……………………(答)

演習問題 25　● 微分計算 (Ⅱ) ●

次の関数を微分せよ。

(1) $y=(x^2+x+1)^3$　　(2) $y=\cos^2 3x$

(3) $y=x^2e^{2x}$　　(4) $y=e^{-x}\cos x$

ヒント！ 合成関数の微分公式：$\frac{dy}{dx}=\frac{dy}{dt}\cdot\frac{dt}{dx}$ をうまく利用して，解いていこう。

解答＆解説

(1) $y=(x^2+x+1)^3$ について，$x^2+x+1=t$ とおくと，$y=t^3$ より，

$$y'=\frac{dy}{dx}=\frac{dy}{dt}\cdot\frac{dt}{dx}=\frac{d(t^3)}{dt}\cdot\frac{d(x^2+x+1)}{dx}=3t^2(2x+1)$$

← t を x^2+x+1 に戻す。

$$=3(2x+1)(x^2+x+1)^2$$ ……（答）

(2) $y'=((\cos^2 3x))'=\frac{d(t^2)}{dt}\cdot\frac{d(\cos(3x))}{dx}=2\cos 3x\cdot(-3\sin 3x)$

（$\cos 3x$ を t とおく，$3x$ を u とおく）

$\frac{d(t^2)}{dt}=2t=2\cos 3x$

$\frac{d(\cos(3x))}{dx}=\frac{d(\cos u)}{du}\cdot\frac{d(3x)}{dx}=-\sin u\cdot 3=-3\sin 3x$

$$=-6\sin 3x\cdot\cos 3x=-3\sin 6x$$ ……（答）

$\sin 3x\cdot\cos 3x=\frac{1}{2}\sin(2\cdot 3x)=\frac{1}{2}\sin 6x$ ← 2 倍角の公式：$2\sin\theta\cos\theta=\sin 2\theta$ より

(3) $y'=(x^2e^{2x})'=(x^2)'\cdot e^{2x}+x^2\cdot(e^{2x})'$ ← $(f\cdot g)'=f'\cdot g+f\cdot g'$

（$2x$ を t とおく）

$(x^2)'=2x$

$(e^{2x})'=\frac{d(e^t)}{dt}\cdot\frac{d(2x)}{dx}=e^t\cdot 2=2e^{2x}$

$$=2xe^{2x}+x^2\cdot 2e^{2x}=2x(x+1)e^{2x}$$ ……（答）

(4) $y'=(e^{-x}\cos x)'=(e^{-x})'\cos x+e^{-x}(\cos x)'$

（$-x$ を t とおく）

$(e^{-x})'=\frac{d(e^t)}{dt}\cdot\frac{d(-x)}{dx}=e^t\cdot(-1)=-e^{-x}$

$(\cos x)'=-\sin x$

$$=-e^{-x}\cos x-e^{-x}\sin x=-(\sin x+\cos x)e^{-x}$$ ……（答）

演習問題 26　● 微分計算(Ⅲ) ●

次の関数を微分せよ。

(1) $y = \dfrac{\sin 2x}{x-1}$　　　(2) $y = \sqrt{\dfrac{1-x^2}{x}}$

ヒント！ 分数関数の微分公式：$\left(\dfrac{f}{g}\right)' = \dfrac{f'\cdot g - f\cdot g'}{g^2}$ と合成関数の微分公式を利用して解いていこう。少し計算は大変になるけれど，頑張ろう！

解答＆解説

$\dfrac{d(\sin t)}{dt}\cdot\dfrac{d(2x)}{dx} = \cos t\cdot 2 = 2\cos 2x$

$\left(\dfrac{f}{g}\right)' = \dfrac{f'g - fg'}{g^2}$

(1) $y' = \left(\dfrac{\sin 2x}{x-1}\right)' = \dfrac{(\sin \underset{t}{2x})'(x-1) - \sin 2x\cdot\underset{1}{(x-1)'}}{(x-1)^2}$

$= \dfrac{2(x-1)\cos 2x - \sin 2x}{(x-1)^2}$ ……………………………………………(答)

$\dfrac{d\left(t^{\frac{1}{2}}\right)}{dt}\cdot\dfrac{d(1-x^2)}{dx} = \dfrac{1}{2}t^{-\frac{1}{2}}(-2x) = -x(1-x^2)^{-\frac{1}{2}}$

$\left(x^{\frac{1}{2}}\right)' = \dfrac{1}{2}x^{-\frac{1}{2}}$

(2) $y' = \left(\dfrac{\sqrt{1-x^2}}{\sqrt{x}}\right)' = \dfrac{\left(\sqrt{\underset{t}{1-x^2}}\right)'\sqrt{x} - \sqrt{1-x^2}\cdot(\sqrt{x})'}{x}$

$= \dfrac{-\dfrac{x\sqrt{x}}{\sqrt{1-x^2}} - \dfrac{\sqrt{1-x^2}}{2\sqrt{x}}}{x} = -\left(\dfrac{\dfrac{x\sqrt{x}}{\sqrt{1-x^2}}}{x} + \dfrac{\dfrac{\sqrt{1-x^2}}{2\sqrt{x}}}{x}\right)$

$= -\left(\dfrac{\sqrt{x}}{\sqrt{1-x^2}} + \dfrac{\sqrt{1-x^2}}{2x\sqrt{x}}\right) = -\dfrac{2x^2+1-x^2}{2x\sqrt{x}\sqrt{1-x^2}} = -\dfrac{x^2+1}{2x\sqrt{x}\sqrt{1-x^2}}$ ………(答)

演習問題 27 ● 対数微分法 ●

対数微分法を用いて，次の関数の導関数を求めよ。

(1) $y=(x^2+1)^x$　　(2) $y=x^{\sin x}$　$(x>0)$

ヒント！ 関数 $y=(x\text{の式})^{(x\text{の式})}$ (>0) の導関数 y' は，まずこの両辺の自然対数をとって微分することにより，求めることができるんだね。これも頑張ろう！

解答＆解説

(1) $y=(x^2+1)^x$ の両辺は正より，この両辺の自然対数をとると，
（x^2+1：⊕）（真数条件）

$\log y=\log(x^2+1)^x=x\cdot\log(x^2+1)$ ……① となる。

①の両辺を x で微分して，

$(\log y)'=\{x\cdot\log(x^2+1)\}'=x'\log(x^2+1)+x\cdot\{\log(x^2+1)\}'$

$\left(\frac{d(\log y)}{dx}=\frac{d(\log y)}{dy}\cdot\frac{dy}{dx}=\frac{1}{y}\cdot y'\right)$ ← 合成関数の微分　　$x'=1$

$(\log f)'=\frac{f'}{f}$ → $\frac{(x^2+1)'}{x^2+1}=\frac{2x}{x^2+1}$

$\frac{1}{y}\cdot y'=\log(x^2+1)+\frac{2x^2}{x^2+1}$ より，

$y'=(x^2+1)^x\cdot\left\{\log(x^2+1)+\frac{2x^2}{x^2+1}\right\}$ ……………………………………………(答)
（$(x^2+1)^x=y$）

(2) $y=x^{\sin x}$ $(x>0)$ の両辺は正より，この両辺の自然対数をとると，

$\log y=\log x^{\sin x}=\sin x\cdot\log x$ ……② となる。

②の両辺を x で微分して，

$\frac{1}{y}\cdot y'=(\sin x\cdot\log x)'=(\sin x)'\cdot\log x+\sin x\cdot(\log x)'=\cos x\cdot\log x+\sin x\cdot\frac{1}{x}$

$\therefore\ y'=y\left(\cos x\cdot\log x+\frac{\sin x}{x}\right)=x^{\sin x}\left(\cos x\cdot\log x+\frac{\sin x}{x}\right)$ ……………(答)

演習問題 28　● 陰関数・媒介変数表示関数の微分 ●

(1) 陰関数 $3x^2+2xy+3y^2=8$ の導関数 y' を x と y で表せ。

(2) 媒介変数 θ で表された関数 $x=\cos 2\theta$，$y=\sin 3\theta$ の導関数 y' を θ で表せ。

ヒント！ (1) 陰関数は，そのまま両辺を x で微分しよう。(2) の媒介変数表示された関数の導関数 y' は，$\frac{dy}{d\theta}$ を $\frac{dx}{d\theta}$ で割って求めればいいんだね。

解答＆解説

(1) $3x^2+2xy+3y^2=8$ の両辺を x で微分すると，

$$3(x^2)'+2(xy)'+3(y^2)'=0$$

$(x^2)'=2x$，$(xy)'=1\cdot y+x\cdot y'$，$\frac{d(y^2)}{dx}=\frac{d(y^2)}{dy}\cdot\frac{dy}{dx}=2y\cdot y'$ ←合成関数の微分

$$6x+2(y+xy')+6y\cdot y'=0 \qquad 3x+y+(x+3y)\cdot y'=0$$ ←両辺を 2 で割った。

よって，求める導関数は，$y'=-\frac{3x+y}{x+3y}$ である。……………………(答)

(2) $\begin{cases} x=\cos 2\theta \\ y=\sin 3\theta \end{cases}$ （θ：媒介変数）について，

$$\frac{dx}{d\theta}=(\cos 2\theta)'=-2\sin 2\theta, \quad \frac{dy}{d\theta}=(\sin 3\theta)'=3\cos 3\theta$$

（2θ を t とおく）$\frac{d(\cos t)}{d\theta}=\frac{d(\cos t)}{dt}\cdot\frac{d(2\theta)}{d\theta}=-\sin t\cdot 2=-2\sin 2\theta$

（$3\theta=u$）$\frac{d(\sin u)}{d\theta}=\frac{d(\sin u)}{du}\cdot\frac{d(3\theta)}{d\theta}=\cos u\cdot 3=3\cos 3\theta$

$$\therefore\ y'=\frac{dy}{dx}=\frac{\frac{dy}{d\theta}}{\frac{dx}{d\theta}}=\frac{3\cos 3\theta}{-2\sin 2\theta}=-\frac{3}{2}\cdot\frac{\cos 3\theta}{\sin 2\theta}$$ ……………………………(答)

演習問題 29　● 逆関数の微分 ●

$y = f(x) = \tan x$ の逆関数は，$y = f^{-1}(x) = \tan^{-1}x$ である。

$(\tan x)' = \dfrac{1}{\cos^2 x}$ であることを利用して，$(\tan^{-1}x)' = \dfrac{1}{1+x^2}$ となることを示せ。

ヒント！ $y = \tan^{-1}x$ より，$x = \tan y$ となる。これから，$\dfrac{dx}{dy}$ を(x の式)の形で求めて，逆数をとれば，逆関数 $y = \tan^{-1}x$ の導関数 $y' = \dfrac{dy}{dx}$ が求まるんだね。

解答＆解説

$y = f^{-1}(x) = \tan^{-1}x$ より，$x = f(y) = \tan y$ となる。 ← まず $x = f(y)$ を作る。

よって，x は y の関数なので，x を y で微分した $\dfrac{dx}{dy}$ を求めると，

$$\frac{dx}{dy} = (\tan y)' = \frac{1}{\cos^2 y} \quad \cdots\cdots ①$$

← 公式：$(\tan x)' = \dfrac{1}{\cos^2 x}$

$\dfrac{dx}{dy} = (y$ の式$)$ を $\dfrac{dx}{dy} = (x$ の式$)$ に書き変える。

ここで，$x = \tan y$ より，（公式：$1 + \tan^2\theta = \dfrac{1}{\cos^2\theta}$）

$$1 + \underbrace{\tan^2 y}_{x^2} = \frac{1}{\cos^2 y} \qquad \therefore \frac{1}{\cos^2 y} = 1 + x^2 \quad \cdots\cdots ②$$ となる。

②を①に代入して，$\dfrac{dx}{dy} = 1 + x^2 \quad \cdots\cdots ③$

③の逆数をとれば，$y = f^{-1}(x) = \tan^{-1}x$ の導関数が次のように求まる。

$$y' = \frac{dy}{dx} = \frac{1}{\dfrac{dx}{dy}}$$

← 見かけ上，分子・分母を dy で割った。

$\dfrac{dx}{dy} = 1 + x^2$ （③より）

$\therefore (\tan^{-1}x)' = \dfrac{1}{1+x^2}$ である。 ……………………………………（終）

§3. 微分法と関数のグラフ

微分計算の練習も十分にやったので，いよいよ“**微分法の応用**”について解説しよう。具体的には，“**平均値の定理**”，“**曲線の接線と法線**”，そして“**関数のグラフの概形**”に微分法を利用する。

特に，関数のグラフの概形については，微分をしなくても，極限の知識を用いて直感的にイメージを描く手法についても教えるつもりだ。

今回も盛り沢山の内容だけど，頑張ろう！

● 導関数の符号により，関数の増減が決まる！

関数 $y = f(x)$ の導関数 $f'(x)$ は，曲線 $y = f(x)$ 上の点における接線の傾きを表す関数なので，図1にそのイメージを示すように，

(i) $f'(x) > 0$ のとき，
　$y = f(x)$ は増加し，

(ii) $f'(x) < 0$ のとき，
　$y = f(x)$ は減少する。

そして，$f'(x) = 0$ のとき，$y = f(x)$ は，極大(山)や極小(谷)をとる可能性が出てくるんだね。

図1　$f'(x)$ の符号と $f(x)$ の増減

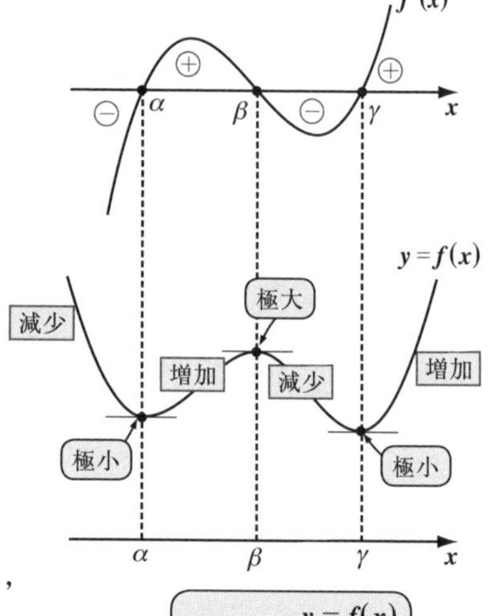

右図に示すように，$f'(x) = 0$，すなわち，接線の傾きが0となる点でも，極大や極小とならない点もあるので気を付けよう。

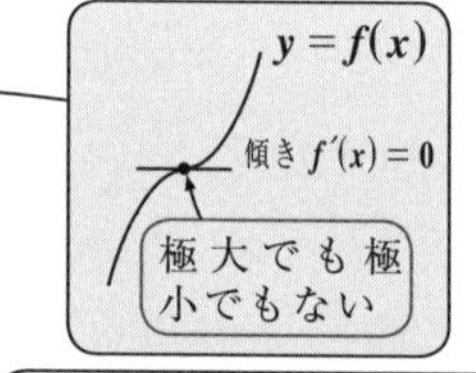

さらに，$f(x)$ が2階の導関数 $f''(x)$ をもつとき，

(i) $f''(x) > 0$ のとき，
　$f'(x)$ は増加するので，右図のように $y = f(x)$ は下に凸なグラフになり，

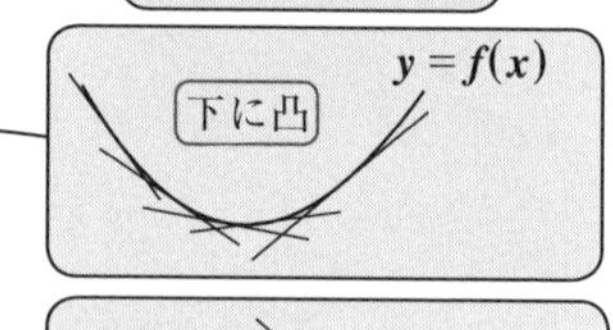

(ii) $f''(x) < 0$ のとき，
　$f'(x)$ は減少するので，右図のように $y = f(x)$ は上に凸なグラフになる。

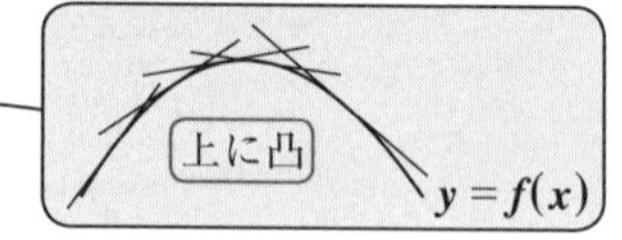

● 平均値の定理をマスターしよう！

“**平均値の定理**”の解説に入る前に，(ⅰ)**不連続**，(ⅱ)**連続**，(ⅲ)連続かつ**微分可能**なグラフのイメージを下に示そう。

図 2　不連続，連続，微分可能な関数のイメージ

(ⅰ)不連続　　(ⅱ)連続　　(ⅲ)連続かつ微分可能

(プツン，プツンちぎれている所が不連続点だ。)　(尖点(とがっている点)では微分不能だ。)　(連続でかつ滑らかな曲線になる。)

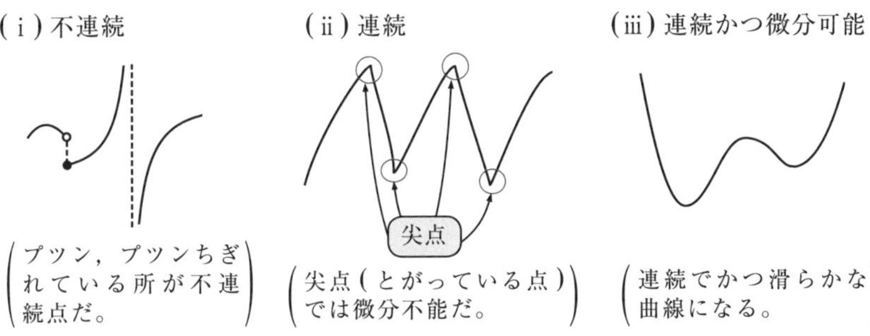

> 注意　“**微分可能**”と言った場合，当然その中に“連続”の条件は含まれているので，“連続かつ微分可能”の代わりに，ただ“微分可能”といっても同じことだ。

それでは，“**平均値の定理**”について，その基本事項を下に示そう。

平均値の定理

関数 $f(x)$ が，連続かつ微分可能な関数のとき，（ただ“微分可能”といってもいい。）

$$\frac{f(b)-f(a)}{b-a}=f'(c)$$

をみたす c が，$a<x<b$ の範囲に少なくとも 1 つ存在する。

図 3 に示すように，微分可能な曲線 $y=f(x)$ 上に 2 点 $A(a,\ f(a))$，$B(b,\ f(b))$ $(a<b)$ をとると，直線 AB の傾きは，

（これは平均変化率だ。）

$\dfrac{f(b)-f(a)}{b-a}$ となる。すると，$y=f(x)$ は連続でなめらかな曲線だから，直線 AB と平行な，つまり傾きの等しい接線の接点で，

図 3　平均値の定理

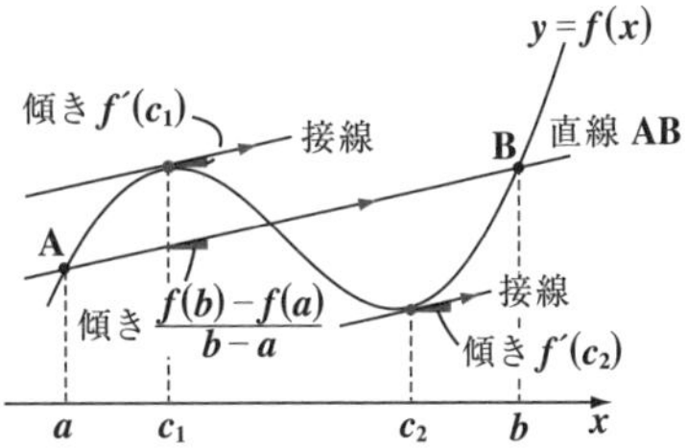

その x 座標が $a<x<b$ の範囲にあるようなものが，少なくとも 1 つは存在することが分かるだろう。図 3 では，$x=c_1,\ c_2$ と 2 つ存在する例を示した。これで，平均値の定理の意味もよく分かったと思う。

ここで，平均値の定理は，微分係数の(iii)の定義式(P66)とよく似ているので，対比して覚えておくといいよ。

・**微分係数**：$\lim_{b \to a} \frac{f(b)-f(a)}{b-a} = f'(a)$

・**平均値の定理**：$\frac{f(b)-f(a)}{b-a} = f'(c) \quad (a < c < b)$

lim がなければ“平均値の定理”，と覚えておこう！

それでは，“平均値の定理”の問題を，次の例題で練習しておこう。

> 例題 26　$0 < a < b$ のとき，次の不等式が成り立つことを示そう。
>
> $$\log b - \log a < \frac{b-a}{a} \quad \cdots\cdots(*)$$

$(*)$の両辺を $b-a\ (>0)$ で割ってみると，

$\frac{\log b - \log a}{b-a} < \frac{1}{a}$ となって，左辺に平均変化率 $\frac{f(b)-f(a)}{b-a}$ の式が現れるので，平均値の定理の問題であることが分かる。では，証明を始めよう！

lim がない！

「$\frac{f(b)-f(a)}{b-a} = f'(c)$ をみたす $c\ (a < c < b)$ が必ず存在する。」

ここで，$f(x) = \log x\ (>0)$ とおくと，$x > 0$ で $f(x)$ は微分可能な関数で，

$f'(x) = (\log x)' = \frac{1}{x}$ となる。よって，平均値の定理より，

$\frac{f(b)-f(a)}{b-a} = f'(c)$，すなわち，

$\frac{\log b - \log a}{b-a} = \frac{1}{c}$ ……① をみたす

c が，$a < x < b$ の範囲に存在する。

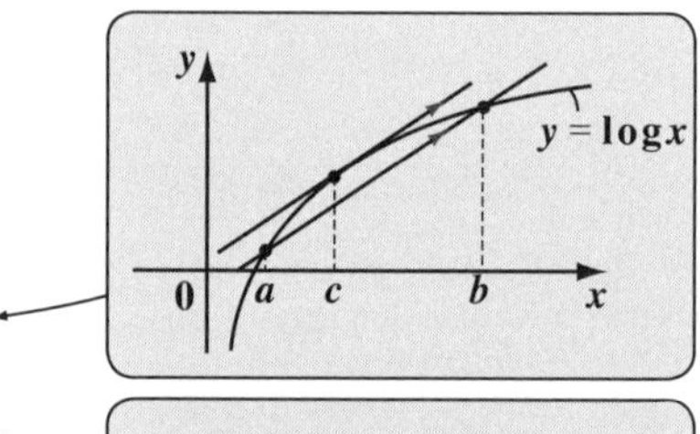

ここで，$y = \frac{1}{x}\ (>0)$ は単調減少関数なので，

$0 < a < c$ より，$\frac{1}{c} < \frac{1}{a}$ ……②

となる。

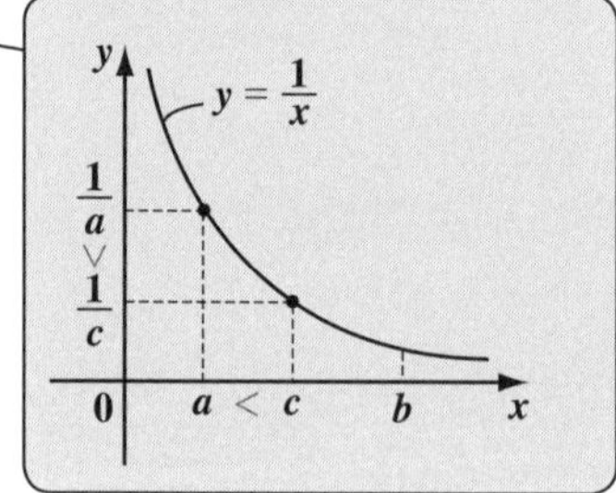

以上①，②より，$\dfrac{\log b-\log a}{b-a}=\dfrac{1}{c}<\dfrac{1}{a}$ となり，両辺に $b-a\ (>0)$ をかけて，

$\log b-\log a<\dfrac{b-a}{a}$ ……(＊) が成り立つことが分かる。納得いった？

● 接線と法線の方程式も押さえよう！

曲線 $y=f(x)$ 上の点 $(t,\ f(t))$ における接線の傾きは $f'(t)$ だ。また，この点において，接線と直交する直線のことを“**法線**”といい，この法線の傾きが $-\dfrac{1}{f'(t)}$（ただし，$f'(t)\neq 0$）となるのもいいね。よって，次のような接線と法線の公式が導かれる。これも頭に入れておこう。

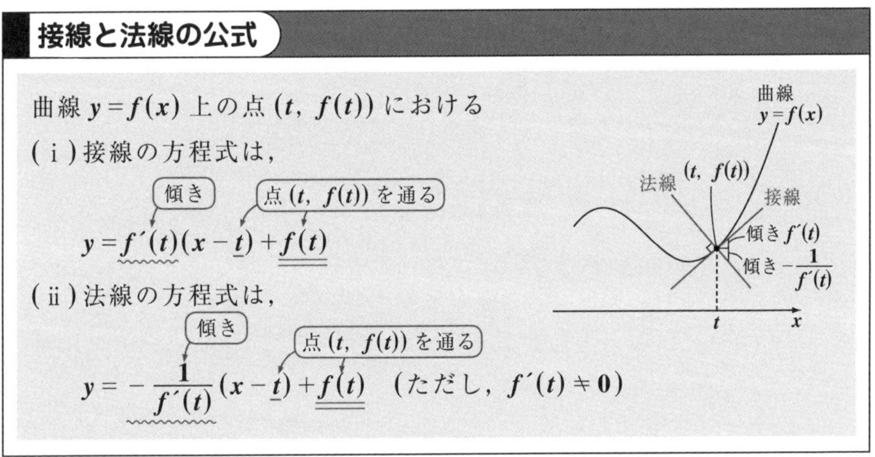

接線と法線の公式

曲線 $y=f(x)$ 上の点 $(t,\ f(t))$ における

(i) 接線の方程式は，

$$y=f'(t)(x-t)+f(t)$$

（$f'(t)$：傾き，$(t,\ f(t))$：点 $(t,\ f(t))$ を通る）

(ii) 法線の方程式は，

$$y=-\frac{1}{f'(t)}(x-t)+f(t)\quad (\text{ただし，}f'(t)\neq 0)$$

（$-\dfrac{1}{f'(t)}$：傾き，$(t,\ f(t))$：点 $(t,\ f(t))$ を通る）

では，次の例題で，接線と法線の方程式を求めてみよう。

例題 27　曲線 $y=f(x)=\dfrac{\log x}{x}$ 上の点 $(\sqrt{e},\ f(\sqrt{e}))$ における接線と法線の方程式を求めてみよう。

$$f(\sqrt{e})=\frac{\log e^{\frac{1}{2}}}{\sqrt{e}}=\frac{\log e}{2\sqrt{e}}=\frac{1}{2\sqrt{e}}$$ となるので，

（$\log e=1$）

曲線 $y=f(x)$ 上の点 $\left(\sqrt{e},\ \dfrac{1}{2\sqrt{e}}\right)$ における接線の傾きと法線の傾きを求めればいいんだね。

$y = f(x) = \dfrac{\log x}{x}$ を x で微分して，

$$f'(x) = \frac{\frac{1}{x}\cdot x - \log x \cdot 1}{x^2} = \frac{1-\log x}{x^2}$$

公式：$\left(\dfrac{f}{g}\right)' = \dfrac{f'\cdot g - f\cdot g'}{g^2}$

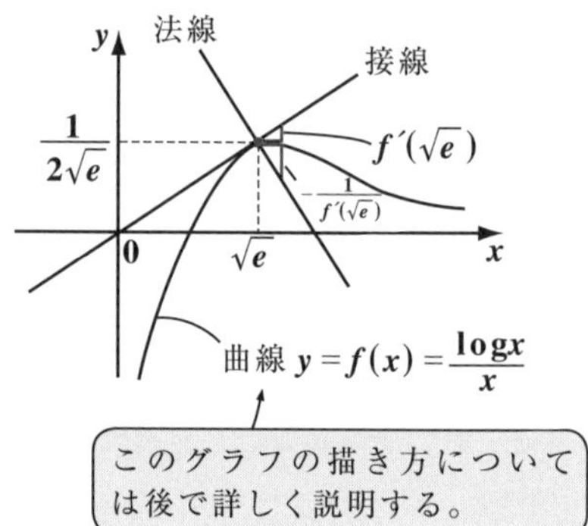

このグラフの描き方については後で詳しく説明する。

となる。よって，

$$f'(\sqrt{e}) = \frac{1-\log e^{\frac{1}{2}}}{e} = \frac{1}{2e} \quad \text{より，}$$

$\log e = 1$

(ⅰ) $y = f(x)$ 上の点 $(\sqrt{e},\ f(\sqrt{e}))$ における接線の方程式は，

$$y = \frac{1}{2e}(x - \sqrt{e}) + \frac{1}{2\sqrt{e}}$$ ← $y = f'(\sqrt{e})(x-\sqrt{e}) + f(\sqrt{e})$

$$y = \frac{1}{2e}x$$ となる。← 原点を通る直線だね。

(ⅱ) $y = f(x)$ 上の点 $(\sqrt{e},\ f(\sqrt{e}))$ における法線の方程式は，その傾きが

$-\dfrac{1}{f'(\sqrt{e})} = -2e$ より，

$y = -\dfrac{1}{f'(\sqrt{e})}(x-\sqrt{e}) + f(\sqrt{e})$

$$y = -2e(x - \sqrt{e}) + \frac{1}{2\sqrt{e}} = -2ex + 2e\sqrt{e} + \frac{1}{2\sqrt{e}}$$

$$y = -2ex + \frac{4e^2+1}{2\sqrt{e}}$$ となる。大丈夫だった？

● ロピタルの定理を紹介しよう！

証明はかなり大変なんだけれど，$\dfrac{0}{0}$ や $\dfrac{\infty}{\infty}$ の不定形の関数の極限を求めるのに非常に役に立つ“**ロピタルの定理**”を紹介しよう。利用する分には便利で簡単な定理だから，是非マスターしよう。

ロピタルの定理

(Ⅰ) $\frac{0}{0}$ の不定形について，

$f(x)$，$g(x)$ が $x=a$ 付近で微分可能で，かつ $f(a)=g(a)=0$ のとき，

$$\lim_{x\to a}\frac{f(x)}{g(x)}=\lim_{x\to a}\frac{f'(x)}{g'(x)} \quad \cdots(*1)$$ が成り立つ。

（$\frac{0}{0}$ の不定形）

(Ⅱ) $\frac{\infty}{\infty}$ の不定形について，

$f(x)$，$g(x)$ が $x=a$ を除く $x=a$ 付近で微分可能で，かつ

$\lim_{x\to a} f(x)=\pm\infty$，$\lim_{x\to a} g(x)=\pm\infty$ のとき，

$$\lim_{x\to a}\frac{f(x)}{g(x)}=\lim_{x\to a}\frac{f'(x)}{g'(x)} \quad \cdots(*2)$$ が成り立つ。

（$\frac{\infty}{\infty}$ の不定形）

（a は，$\pm\infty$ でもかまわない。）

これから，$\frac{0}{0}$ や $\frac{\infty}{\infty}$ の不定形の関数の極限は，分子・分母を微分したものの極限として求めることができるんだね。早速，これまでにやった典型的な $\frac{0}{0}$ の不定形の極限を，このロピタルの定理を使って求めてみよう。

(ex1) $\lim_{x\to 0}\frac{\sin x}{x}=\lim_{x\to 0}\frac{(\sin x)'}{x'}=\lim_{x\to 0}\frac{\cos x}{1}=1$ （$\frac{0}{0}$，$\cos 0=1$）

(ex2) $\lim_{x\to 0}\frac{1-\cos x}{x^2}=\lim_{x\to 0}\frac{(1-\cos x)'}{(x^2)'}=\lim_{x\to 0}\frac{\sin x}{2x}=\lim_{x\to 0}\frac{1}{2}\cdot\frac{\sin x}{x}=\frac{1}{2}$ （$\frac{0}{0}$，$\frac{\sin x}{x}\to 1$）

(ex3) $\lim_{x\to 0}\frac{\tan x}{x}=\lim_{x\to 0}\frac{(\tan x)'}{x'}=\lim_{x\to 0}\frac{\frac{1}{\cos^2 x}}{1}=\lim_{x\to 0}\frac{1}{\cos^2 x}=1$ （$\frac{0}{0}$，$\cos^2 0=1$）

$$(ex4)\ \lim_{x \to 0} \frac{e^x - 1}{x} = \lim_{x \to 0} \frac{(e^x - 1)'}{x'} = \lim_{x \to 0} \frac{e^x}{1} = 1$$

$$(ex5)\ \lim_{x \to 0} \frac{\log(1+x)}{x} = \lim_{x \to 0} \frac{\{\log(1+x)\}'}{x'} = \lim_{x \to 0} \frac{\frac{1}{1+x}}{1} = \lim_{x \to 0} \frac{1}{1+x} = 1$$

どう？ あっけない程簡単に関数の極限が求まるから，面白いだろう。では次，$\frac{\infty}{\infty}$の極限もロピタルの定理を使って，実際に求めてみよう。

$$(ex6)\ \lim_{x \to \infty} \frac{x}{e^x} - \lim_{x \to \infty} \frac{x'}{(e^x)'} = \lim_{x \to \infty} \frac{1}{e^x} = 0$$

$$(ex7)\ \lim_{x \to \infty} \frac{e^x}{x} = \lim_{x \to \infty} \frac{(e^x)'}{x'} = \lim_{x \to \infty} \frac{e^x}{1} = \infty$$

$$(ex8)\ \lim_{x \to \infty} \frac{\log x}{x} = \lim_{x \to \infty} \frac{(\log x)'}{x'} = \lim_{x \to \infty} \frac{\frac{1}{x}}{1} = \lim_{x \to \infty} \frac{1}{x} = 0$$

$$(ex9)\ \lim_{x \to \infty} \frac{x}{\log x} = \lim_{x \to \infty} \frac{x'}{(\log x)'} = \lim_{x \to \infty} \frac{1}{\frac{1}{x}} = \lim_{x \to \infty} x = \infty$$

図4 $\frac{\infty}{\infty}$の不定形の極限

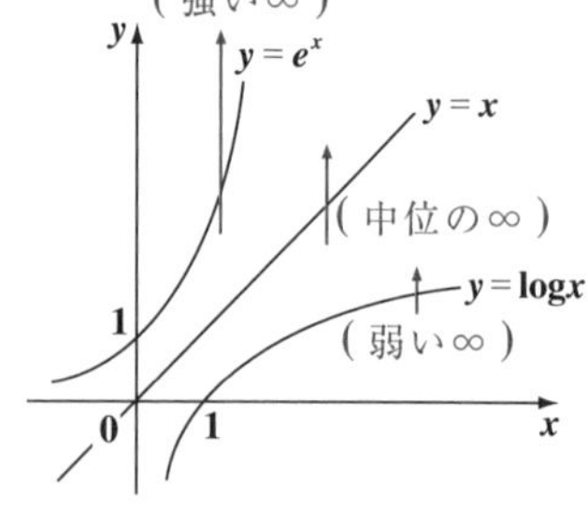

実は，$(ex6) \sim (ex9)$の極限は，図4に示すようにグラフから確認することもできる。$x \to \infty$のとき，e^xもxも$\log x$もすべて，∞に発散するけれど，∞に大きくなるパワーがまったく異なることが分かるだろう。すなわち，

$$\lim_{x \to \infty} \frac{x}{e^x} = \frac{(\text{中位の}\infty)}{(\text{強い}\infty)} = 0, \qquad \lim_{x \to \infty} \frac{e^x}{x} = \frac{(\text{強い}\infty)}{(\text{中位の}\infty)} = \infty$$

$\lim_{x\to\infty}\frac{\log x}{x}=\frac{(弱い\infty)}{(中位の\infty)}=0$，　$\lim_{x\to\infty}\frac{x}{\log x}=\frac{(中位の\infty)}{(弱い\infty)}=\infty$　となる。

もちろん，この(強い∞)，(中位の∞)，(弱い∞)というのは，あくまでもイメージで，数学的に正式な呼び方ではないので，答案には書いてはいけない。

ここで，x^α (α：正の実数)とおくと，…，$x^{\frac{1}{2}}$，x^1，x^2，…と，αの値によって，$x\to\infty$のときのx^αの∞に大きくなる速さ(強さ)は異なるんだけれど，これらを一まとめにして，$\log x$よりは強く，e^xよりは弱い，つまり(中位の∞)と言えるんだ。これを，$\frac{\infty}{\infty}$の知識として，まとめて下に示す。

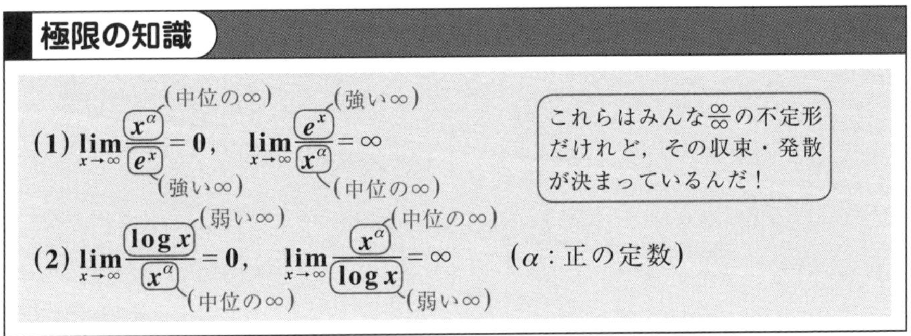

これらの関数の極限の知識があると，さまざまな関数のグラフの概形も直感的にアッという間につかむことができるんだ。そのやり方をこれから解説しよう。

● 関数のグラフを描こう！

関数 $y=f(x)$ のグラフを描く場合，まず実数 x のとり得る値の範囲(定義域)を押さえ，$f'(x)$ や $f''(x)$ を求めて，増減，凹凸表を作り，さらに極限も調べて，xy 座標平面上に描くことが一般的なやり方だ。

でも，ここでは，極限の知識も利用して，与えられた関数の形から直感的にグラフの概形を把握する方法についても教えよう。典型的なパターンとして，(Ⅰ) 2つの関数の積と，(Ⅱ) 2つの関数の和の形のものについて教えよう。

(Ⅰ) **2つの関数の積の形の関数の例**

例として，$y=f(x)=\dfrac{\log x}{x}$ （$x>0$）のグラフにチャレンジしよう。（定義域）

これは，$y=\log x$ と $y=\dfrac{1}{x}$ の2つの関数の y 座標同士をかけたものと考えると，分かりやすい。

図5　$y=f(x)$ のグラフ

(ⅰ) $y=f(x)$ の存在領域

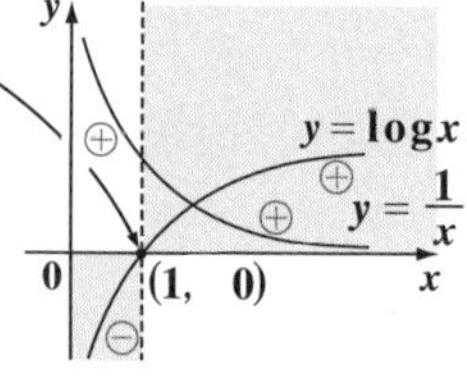

(ⅰ) $x=1$ のとき，$y=\log x=0$，$y=\dfrac{1}{x}=1$

より，$f(1)=0\times 1=0$ → 点(1, 0)を通る

・$0<x<1$ のとき，$\log x<0$，$\dfrac{1}{x}>0$ より，

$f(x)<0$

・$1<x$ のとき，$\log x>0$，$\dfrac{1}{x}>0$ より，

$f(x)>0$

(ⅱ)(ⅲ) 極限のチェック

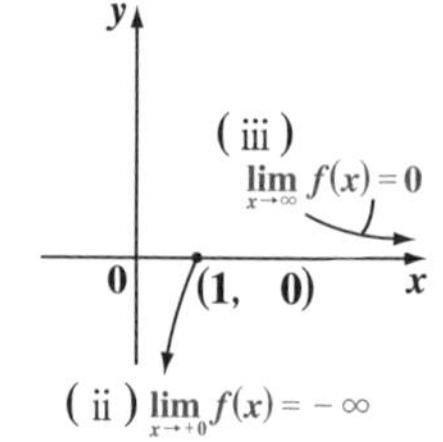

(ⅱ) $x\to+0$ のとき，$\log x\to-\infty$，$\dfrac{1}{x}\to+\infty$

$\therefore f(x)\to(-\infty)\times(+\infty)=-\infty$

(ⅲ) $x\to+\infty$ のとき，

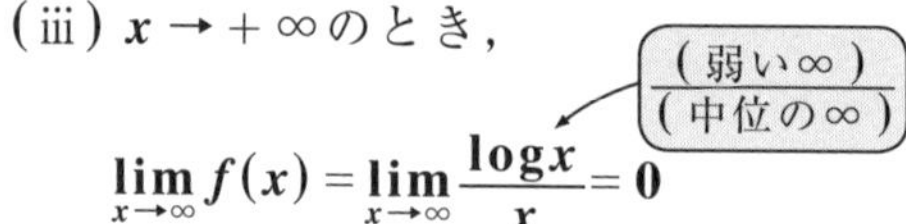

$$\lim_{x\to\infty}f(x)=\lim_{x\to\infty}\frac{\log x}{x}=0$$

(ⅳ) 一山作る！

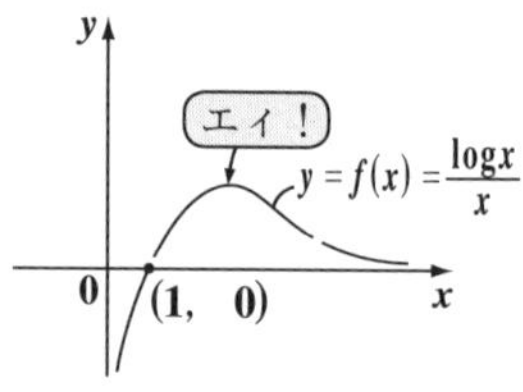

(ⅳ) 最後に，あいてる部分をどう埋めるかだ。これは，ニョロニョロするような複雑な関数ではないので，エイッ！と一山作ってやればオシマイだ。

どう？ $f'(x)$ や $f''(x)$ を一切使わなくても，$y=f(x)$ のグラフが描けて面白かっただろう。

それでは，今度はキチンと微分計算もして，グラフを求めてみよう。

まず，$y=f(x)=\dfrac{\log x}{x}$ を x で順に2回微分して，

・$f'(x)=\dfrac{(\log x)'\cdot x-\log x\cdot x'}{x^2}=\dfrac{1-\log x}{x^2}$

$f'(x)$ の符号に関する本質的な部分を $\widetilde{f'(x)}$ とおくと，

$\widetilde{f'(x)}=1-\log x$

$f'(x)=0$ のとき，$1-\log x=0$　$\therefore\ x=e$

・$f''(x)=\dfrac{(1-\log x)'\cdot x^2-(1-\log x)\cdot(x^2)'}{x^4}$

$=\dfrac{-\dfrac{1}{x}\cdot x^2-2x(1-\log x)}{x^4}=\dfrac{-1-2(1-\log x)}{x^3}$

$=\dfrac{2\log x-3}{x^3}$

$f''(x)$ の符号に関する本質的な部分を $\widetilde{f''(x)}$ とおくと，

$\widetilde{f''(x)}=2\log x-3$

$f''(x)=0$ のとき，$2\log x-3=0$

$\log x=\dfrac{3}{2}$　$\therefore\ x=e^{\frac{3}{2}}$

ここで，$f(e)=\dfrac{\log e}{e}=\dfrac{1}{e}$ ← 極大値

$f(e^{\frac{3}{2}})=\dfrac{\log e^{\frac{3}{2}}}{e^{\frac{3}{2}}}=\dfrac{3}{2e^{\frac{3}{2}}}$

右に，増減・凹凸表を示す。

増減・凹凸表 $(x>0)$

x	0		e		$e^{\frac{3}{2}}$	
$f'(x)$	/	+	0	−	−	−
$f''(x)$	/	−	−	−	0	+
$f(x)$	/	↗（増加 上に凸）	$\dfrac{1}{e}$（極大値）	↘（減少 上に凸）	$\dfrac{3}{2e^{\frac{3}{2}}}$	↘（減少 下に凸）

次に，極限も調べよう。

$\lim_{x\to+0}f(x)=\lim_{x\to+0}\dfrac{\log x}{x}=-\infty$

$\lim_{x\to\infty}f(x)=\lim_{x\to\infty}\dfrac{\log x}{x}=\lim_{x\to\infty}\dfrac{(\log x)'}{x'}=\lim_{x\to\infty}\dfrac{1}{x}=0$（ロピタルの定理より）

以上より，求める関数 $y=f(x)=\dfrac{\log x}{x}$ のグラフの概形は右図のようになる。

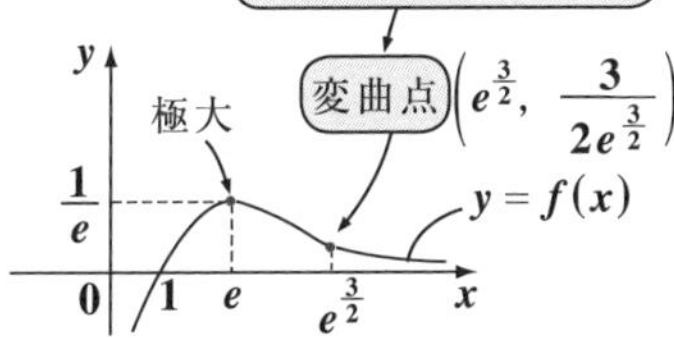

(Ⅱ) 2つの関数の和の形の関数の例

例として，$y = g(x) = 2x + \frac{1}{x^2}$ $(x \neq 0)$ のグラフの概形を描いてみよう。これは，$y = 2x$ と $y = \frac{1}{x^2}$ の2つの関数の y 座標同士をたしたものが，

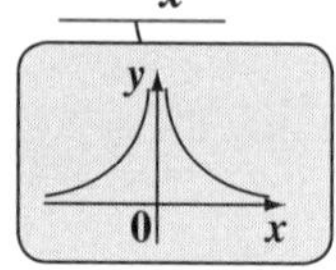

新たな $y = g(x)$ の y 座標になる。よって，図6に示すように，$y = 2x$ と $y = \frac{1}{x^2}$ のグラフから簡単に $y = g(x) = 2x + \frac{1}{x^2}$ のグラフの概形がつかめるんだね。納得いった？

図6　$y = g(x)$ のグラフ

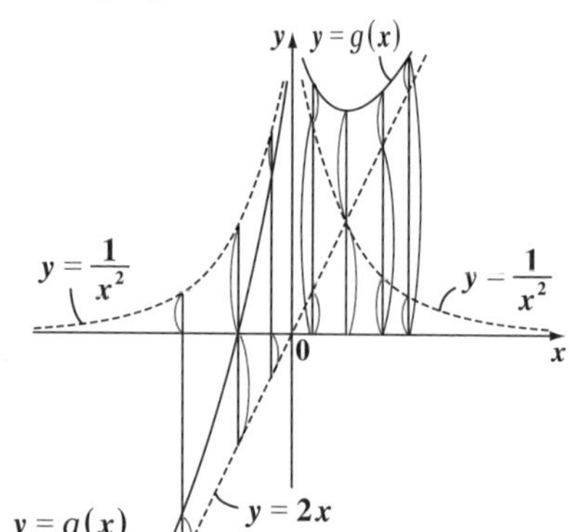

(ⅰ) $x > 0$ のとき，2つの関数の y 座標は共に正なので，文字通りその和を求めればいいけれど，

(ⅱ) $x < 0$ のとき，$y = 2x < 0$ だから，実質的には y 座標同士の引き算になっていることにも，気を付けよう。

それでは今度はキチンと微分計算も行って，グラフを求めてみよう。まず，$y = g(x) = 2x + x^{-2}$ $(x \neq 0)$ を x で順に2回微分して，

・$g'(x) = 2 - 2x^{-3} = 2\left(1 - \frac{1}{x^3}\right)$

$g'(x) = 0$ のとき，$2\left(1 - \frac{1}{x^3}\right) = 0$　　$x^3 = 1$　　$\therefore x = 1$

よって，(ⅰ) $x < 0$ のとき，$g'(x) > 0$

(ⅱ) $0 < x < 1$ のとき，$g'(x) < 0$ ← $\because 2\left(1 - \frac{1}{x^3}\right) < 0$（$\frac{1}{x^3}$ は1より大）

(ⅲ) $1 < x$ のとき，$g'(x) > 0$　となる。

・$g''(x) = (2 - 2x^{-3})' = 6x^{-4} = \dfrac{6}{x^4} > 0$

よって，$y = g(x)$ は，$x = 0$ を除くすべての定義域において下に凸の関数であることが分かった。

ここで，$g(1) = 2 \cdot 1 + \dfrac{1}{1^2} = 3$ ←極小値

よって，右に増減・凹凸表を示す。

次に，極限も求めておこう。

増減・凹凸表 ($x \neq 0$)

x		0		1	
$g'(x)$	+	／	−	0	+
$g''(x)$	+	／	+	+	+
$g(x)$	↗	／	↘	3	↗

増加 下に凸　減少 下に凸　極小値　増加 下に凸

$$\lim_{x \to -\infty} g(x) = \lim_{x \to -\infty} \Big(\underbrace{2x}_{-\infty} + \underbrace{\frac{1}{x^2}}_{0} \Big) = -\infty$$

$$\lim_{x \to -0} g(x) = \lim_{x \to -0} \Big(\underbrace{2x}_{-0} + \underbrace{\frac{1}{x^2}}_{+\infty} \Big) = +\infty$$

$$\lim_{x \to +0} g(x) = \lim_{x \to +0} \Big(\underbrace{2x}_{+0} + \underbrace{\frac{1}{x^2}}_{+\infty} \Big) = +\infty$$

$$\lim_{x \to +\infty} g(x) = \lim_{x \to +\infty} \Big(\underbrace{2x}_{+\infty} + \underbrace{\frac{1}{x^2}}_{0} \Big) = +\infty$$

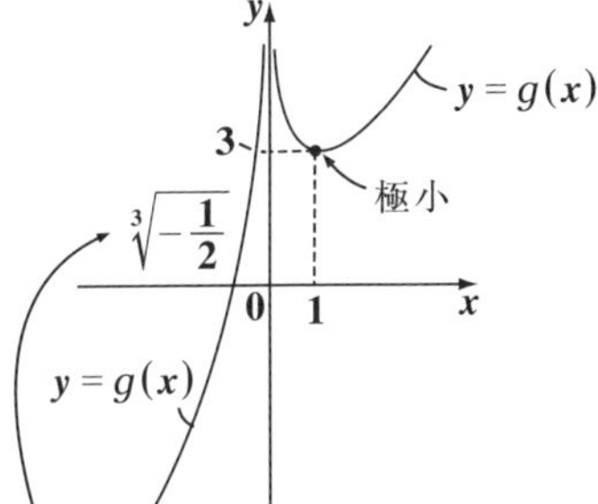

$g(x) = 0$ とき，$2x + \dfrac{1}{x^2} = 0$，

$2x^3 + 1 = 0$ より，$x = \sqrt[3]{-\dfrac{1}{2}}$

以上より，求める関数 $y = g(x) = 2x + \dfrac{1}{x^2}$ のグラフの概形は右図のようになる。

以上で，グラフの直感的なつかみ方と，正式な答案の書き方の両方が理解できたと思う。面白かった？

それでは，これから演習問題で，さらに実力に磨きをかけよう。様々な関数のグラフが描けるようになると，ますます数学が面白くなっていくと思うよ。

演習問題 30 ●平均値の定理●

$0 < a < b < \dfrac{\pi}{2}$ のとき，次の不等式が成り立つことを示せ。

$\sin b - \sin a < (b-a)\cos a$ ……$(*)$

ヒント！ $(*)$ の両辺を $b-a$ (>0) で割ると，左辺に $f(x)=\sin x$ の平均変化率の式 $\dfrac{\sin b - \sin a}{b-a}$ が現われるので，平均値の定理を利用すればいいことが分かる。

解答＆解説

$(*)$ の両辺を $b-a$ (>0) で割ると，

$\dfrac{\sin b - \sin a}{b-a} < \cos a$ ……$(*)'$ となる。

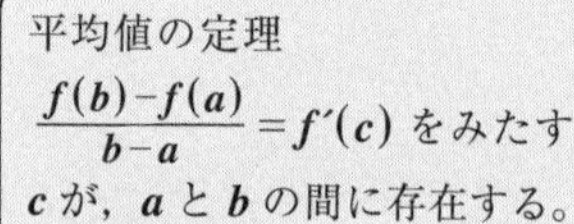

ここで，$f(x)=\sin x$ $\left(0 < x < \dfrac{\pi}{2}\right)$

とおくと，$f(x)$ は微分可能な関数で，

$f'(x)=(\sin x)'=\cos x$ となる。

よって，平均値の定理より，

$\dfrac{f(b)-f(a)}{b-a} = f'(c)$，すなわち，

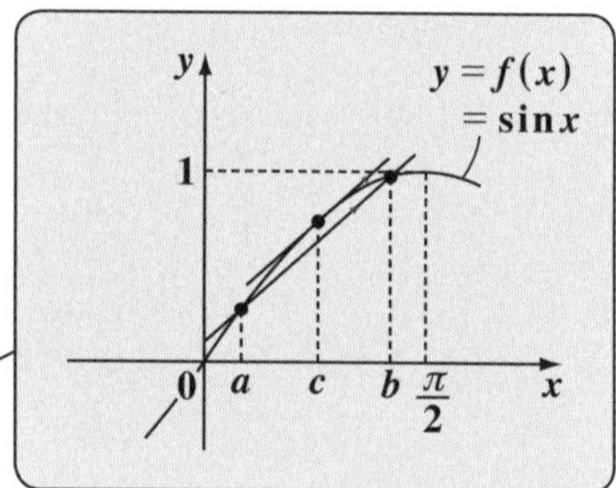

$\dfrac{\sin b - \sin a}{b-a} = \cos c$ ……① をみたす

c が，$a < x < b$ の範囲に存在する。

ここで，$0 < x < \dfrac{\pi}{2}$ の範囲で，

$y=\cos x$ は単調に減少するので，

$a < c$ より，$\cos c < \cos a$ ……②

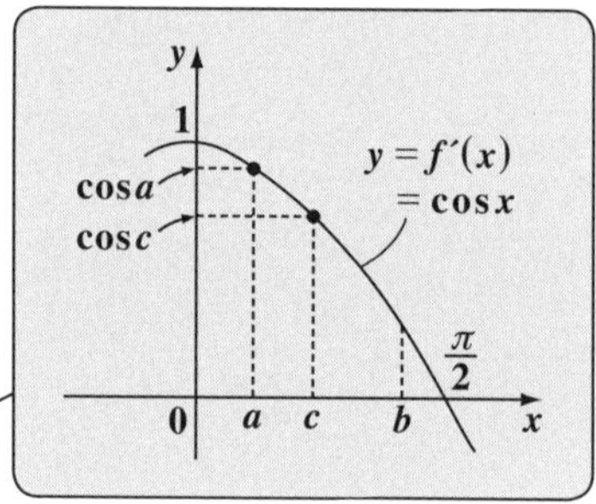

以上①，②より，$\dfrac{\sin b - \sin a}{b-a} = \cos c < \cos a$ となり，$(*)'$，すなわち，

$b-a$ を両辺にかけて，$\sin b - \sin a < (b-a)\cos a$ ……$(*)$ が成り立つ。

………(終)

演習問題 31　● 接線 ●

曲線 $y=f(x)=\sin^{-1}x$　$(-1<x<1)$ について，次の問いに答えよ。

(1) $f(x)$ の導関数 $f'(x)$ を x で表せ。

(2) 曲線 $y=f(x)$ 上の点 $\left(\frac{1}{2},\ f\left(\frac{1}{2}\right)\right)$ における接線 l の方程式を求めよ。

ヒント！ (1) $y=\sin^{-1}x$ は，$x=\sin y$ として，$\frac{dx}{dy}$ を (x の式) で表して，逆数をとればいい。(2) は接線の方程式の公式 $y=f'(t)(x-t)+f(t)$ を使って解こう。

解答＆解説

(1) $y=\sin^{-1}x$ の導関数を求める。

$x=\sin y$ $\left(-\frac{\pi}{2}<y<\frac{\pi}{2}\right)$ より，

$$\frac{dx}{dy}=(\sin y)'=\cos y=\sqrt{1-\sin^2 y}=\sqrt{1-x^2}$$

$\frac{dx}{dy}$ を (x の式) で表したので，後は，この逆数をとればいい。

$-\frac{\pi}{2}<y<\frac{\pi}{2}$ より，$\cos y>0$　よって，$\cos^2 y+\sin^2 y=1$ から，
$\cos^2 y=1-\sin^2 y$　　$\cos y=\sqrt{1-\sin^2 y}$　(>0)

$$\therefore\ \frac{dy}{dx}=(\sin^{-1}x)'=\frac{1}{\sqrt{1-x^2}}\quad(-1<x<1)\ \cdots\cdots(\text{答})$$

$(\sin^{-1}x)'=\frac{1}{\sqrt{1-x^2}}$ は公式として，覚えよう！

(2) $y=f(x)=\sin^{-1}x$ 上の点 $\mathrm{P}\left(\frac{1}{2},\ \frac{\pi}{6}\right)$ における

$f\left(\frac{1}{2}\right)=\sin^{-1}\frac{1}{2}=\frac{\pi}{6}$　$\left(\because\ \sin\frac{\pi}{6}=\frac{1}{2}\right)$

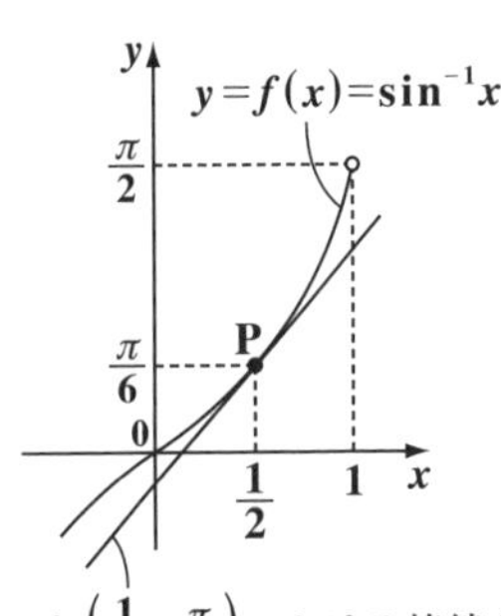

接線 l の傾きは，$f'(x)=\frac{1}{\sqrt{1-x^2}}$ より，

$$f'\left(\frac{1}{2}\right)=\frac{1}{\sqrt{1-\left(\frac{1}{2}\right)^2}}=\frac{1}{\sqrt{\frac{3}{4}}}=\frac{2}{\sqrt{3}}=\frac{2\sqrt{3}}{3}$$

$\therefore\ y=f(x)$ 上の点 P における接線 l の方程式は，

$$y=\frac{2\sqrt{3}}{3}\left(x-\frac{1}{2}\right)+\frac{\pi}{6}\qquad\left[y=f'\left(\frac{1}{2}\right)\left(x-\frac{1}{2}\right)+f\left(\frac{1}{2}\right)\right]$$

より，$y=\frac{2\sqrt{3}}{3}x+\frac{\pi-2\sqrt{3}}{6}$ である。 ……………………………(答)

演習問題 32 ● ロピタルの定理(I)●

次の関数の極限をロピタルの定理を用いて求めよ。

(1) $\lim_{x\to 0}\frac{e^{2x}-\cos x}{x}$　　(2) $\lim_{x\to 0}\frac{3x-\log(3x+1)}{x^2}$

ヒント！ (1), (2)共に，$\frac{0}{0}$の不定形の極限の問題なので，ロピタルの定理を使って，分子・分母をそれぞれ微分したものの極限を求めればいいんだね。

解答＆解説

$\frac{e^0-\cos 0}{0}=\frac{1-1}{0}=\frac{0}{0}$ の不定形

ロピタルの定理
$f(a)=g(a)=0$ のとき，
$\lim_{x\to a}\frac{f(x)}{g(x)}=\lim_{x\to a}\frac{f'(x)}{g'(x)}$

(1) $\lim_{x\to 0}\frac{e^{2x}-\cos x}{x}$ は $\frac{0}{0}$ の不定形より，ロピタルの定理を用いて，

$(e^{ax})'=ae^{ax}$ （a：定数）は公式として覚えよう。

$$与式=\lim_{x\to 0}\frac{(e^{2x}-\cos x)'}{x'}=\lim_{x\to 0}\frac{\overset{2e^{2x}}{(e^{2x})'}-\overset{-\sin x}{(\cos x)'}}{1}$$

$$=\lim_{x\to 0}\frac{2e^{2x}+\sin x}{1}=\frac{2\cdot \overset{1}{e^0}+\overset{0}{\sin 0}}{1}=2 \quad \cdots\cdots(答)$$

$\frac{3\cdot 0-\log 1}{0^2}=\frac{0}{0}$ の不定形

(2) $\lim_{x\to 0}\frac{3x-\log(3x+1)}{x^2}$ は $\frac{0}{0}$ の不定形より，ロピタルの定理を用いて，

$$与式=\lim_{x\to 0}\frac{\{3x-\log(3x+1)\}'}{(x^2)'}=\lim_{x\to 0}\frac{\overset{3}{(3x)'}-\overset{\frac{3}{3x+1}}{\{\log(3x+1)\}'}}{2x}$$

$$=\lim_{x\to 0}\frac{3-\frac{3}{3x+1}}{2x}=\lim_{x\to 0}\frac{\frac{9x+3-3}{3x+1}}{2x}$$

$$=\lim_{x\to 0}\frac{9x}{2x(3x+1)}=\lim_{x\to 0}\frac{9}{2\cdot(3\underset{0}{x}+1)}=\frac{9}{2} \quad \cdots\cdots(答)$$

演習問題 33 ● ロピタルの定理 (Ⅱ) ●

次の関数の極限をロピタルの定理を用いて求めよ。

(1) $\lim_{x\to1+0}(x-1)\cdot\log(x^2-1)$　　(2) $\lim_{x\to+0}x^{2x}$　$(x>0)$

ヒント！ (1) は，$0\times(-\infty)$ の不定形を，$\frac{-\infty}{\infty}$ の形にして，ロピタルの定理を使う。(2) は，0^0 の形の不定形なので，自然対数をとって，これも $\frac{-\infty}{\infty}$ の形にもち込もう。応用問題だね。

解答＆解説

(1) $\lim_{x\to1+0}\underbrace{(x-1)}_{0}\cdot\underbrace{\log(x^2-1)}_{-\infty}=\lim_{x\to1+0}\dfrac{\log(x^2-1)}{\dfrac{1}{x-1}}$ は，

$\frac{-\infty}{\infty}$ の不定形なので，ロピタルの定理を用いると，

ロピタルの定理
$\lim_{x\to a}f(x)=\pm\infty$，
$\lim_{x\to a}g(x)=\pm\infty$ のとき，
$\lim_{x\to a}\dfrac{f(x)}{g(x)}=\lim_{x\to a}\dfrac{f'(x)}{g'(x)}$

$$与式=\lim_{x\to1+0}\frac{\{\log(x^2-1)\}'}{\{(x-1)^{-1}\}'}=\lim_{x\to1+0}\frac{\dfrac{2x}{x^2-1}}{-(x-1)^{-2}}$$

$$=\lim_{x\to1+0}-\frac{2\overbrace{x(x-1)}^{1\times0}}{\underbrace{x+1}_{2}}=-\frac{2\cdot0}{2}=0\ \cdots(答)$$

$$\frac{\dfrac{2x}{x^2-1}}{-\dfrac{1}{(x-1)^2}}=-\frac{2x(x-1)^2}{x^2-1}=-\frac{2x(x-1)^{\cancel{2}}}{(x+1)\cancel{(x-1)}}$$

(2) $x^{2x}>0$ $(\because x>0)$ より，x^{2x} の自然対数をとって極限を調べると，

$$\lim_{x\to+0}\log x^{2x}=\lim_{x\to+0}\underbrace{2x}_{0}\underbrace{\log x}_{-\infty}=\lim_{x\to+0}\frac{2\log x}{\dfrac{1}{x}}$$

$\frac{-\infty}{\infty}$ の不定形なので，ロピタルの定理を使う！

$$=\lim_{x\to+0}\frac{(2\log x)'}{(x^{-1})'}=\lim_{x\to+0}\frac{2\cdot\dfrac{1}{x}}{-x^{-2}}=\lim_{x\to+0}(-2\underbrace{x}_{0})=0\ (=\log1)$$

$$\frac{2\cdot\dfrac{1}{x}}{-\dfrac{1}{x^2}}=-\frac{2x^2}{x}=-2x$$

$\therefore\ \lim_{x\to+0}\log\underline{\underline{x^{2x}}}=\log\underline{\underline{1}}$ より，$\lim_{x\to+0}x^{2x}=1$ である。……………………(答)

演習問題 34　●関数のグラフ●

関数 $y=f(x)=(x+2)e^{-x}$ の増減・凹凸を調べて，グラフの概形を描け。

ヒント！ $y=f(x)=(x+2)e^{-x}$ は，まず $y=x+2$ と $y=e^{-x}$ の積と考える。

(i) $f(-2)=0\cdot e^2=0$ より，点 $(-2,\ 0)$ を通る。

(ii) $x<-2$ のとき，$f(x)=\underbrace{(x+2)}_{\ominus}\underbrace{e^{-x}}_{\oplus}<0$

(iii) $-2<x$ のとき，$f(x)=\underbrace{(x+2)}_{\oplus}\underbrace{e^{-x}}_{\oplus}>0$

(iv) $\displaystyle\lim_{x\to-\infty}f(x)=\lim_{x\to-\infty}\underbrace{(x+2)}_{-\infty}\underbrace{e^{-x}}_{\infty}=-\infty$

(v) $\displaystyle\lim_{x\to\infty}f(x)=\lim_{x\to\infty}\frac{x+2}{e^x}=0$　（$x+2$：中位の∞，e^x：強い∞）

(vi) $y=f(x)$ は，ニョロニョロする程複雑ではないので，点 $(-2,\ 0)$ から，$x>0$ にかけて一山できる。

以上で，$y=f(x)$ のグラフの大体の概形はつかめるんだね。

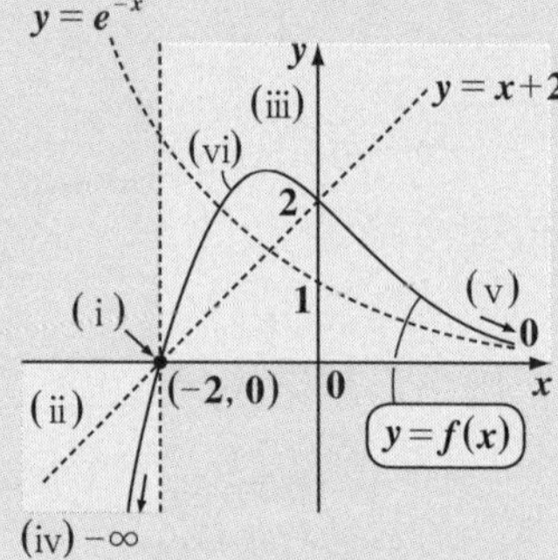

解答＆解説

$y=f(x)=(x+2)e^{-x}$ ……① のグラフについて，

$f(-2)=0\cdot e^2=0$ より，点 $(-2,\ 0)$ を通る。

①を x で微分して，

$$f'(x)=\underbrace{(x+2)'}_{1}\cdot e^{-x}+(x+2)\cdot\underbrace{(e^{-x})'}_{-e^{-x}}$$

$$=\underbrace{-(x+1)}_{}\underbrace{e^{-x}}_{\oplus}$$

$\widetilde{f'(x)}=\begin{cases}\oplus\\ 0\\ \ominus\end{cases}$ ← $f'(x)$ の符号に関する本質的な部分。

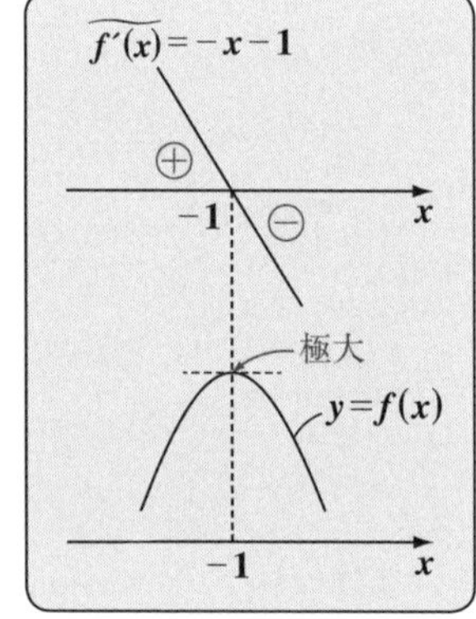

$f'(x)=0$ のとき，$-(x+1)=0$ より，$x=-1$

よって，$y=f(x)$ は，$x=-1$ のとき，極大値 $f(-1)=1\cdot e^1=e$ をとる。

さらに，$f'(x)$ を x で微分して，

$$f''(x) = -\underbrace{(x+1)'}_{1}e^{-x} - (x+1)\underbrace{(e^{-x})'}_{-e^{-x}}$$

$$= \cancel{-e^{-x}} + (x \cancel{+1})e^{-x} = \underbrace{x}\,\underbrace{e^{-x}}_{\oplus}$$

$\widetilde{f''(x)} = \begin{cases} \oplus \\ 0 \\ \ominus \end{cases}$ ← $f''(x)$ の符号に関する本質的な部分。

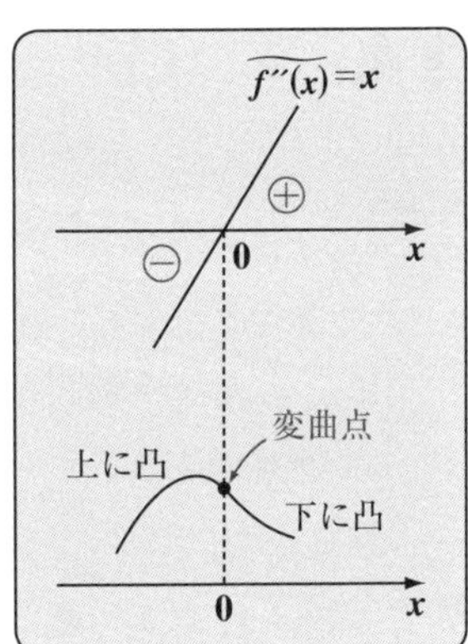

$f''(x) = 0$ のとき，$x = 0$

$f(0) = 2 \cdot e^0 = 2$ より，

$y = f(x)$ は変曲点 $(0,\ 2)$ をもつ。

次に，$x \to -\infty$ と $x \to +\infty$ の極限を調べると，

・$\displaystyle\lim_{x\to-\infty} f(x) = \lim_{x\to-\infty} \underbrace{(x+2)}_{-\infty}\underbrace{e^{-x}}_{+\infty} = -\infty$

・$\displaystyle\lim_{x\to\infty} f(x) = \lim_{x\to\infty} \frac{x+2}{e^x}$ ← $\frac{\infty}{\infty}$ の不定形

$$= \lim_{x\to\infty} \frac{(x+2)'}{(e^x)'} = \lim_{x\to\infty} \frac{1}{\underbrace{e^x}_{\infty}} = 0$$ ← ロピタルの定理より

$f(x)$ の増減・凹凸表

x		-1		0	
$f'(x)$	$+$	0	$-$	$-$	$-$
$f''(x)$	$-$	$-$	$-$	0	$+$
$f(x)$	↗	e	↘	2	↘

極大値

以上より，関数 $y = f(x) = (x+2)e^{-x}$ のグラフの概形は，右図のようになる。

………(答)

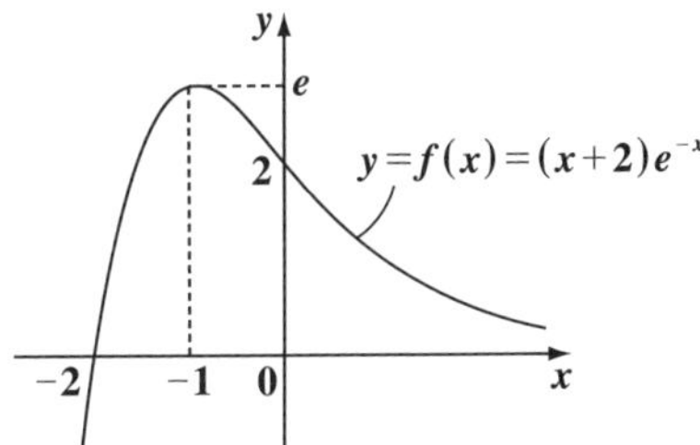

§4. マクローリン展開

さァ，これから，関数$f(x)$の“**マクローリン展開**”について解説しよう。一般に，関数$f(x)$をxのベキ級数で表すことができれば，積分など$f(x)$に対するその後の処理を簡単に行えるようになるので便利なんだね。

実際に，大学受験問題でもときどき出題される$e^x = 1 + \frac{x}{1!} + \frac{x^2}{2!} + \frac{x^3}{3!} + \cdots$は，指数関数$e^x$のマクローリン展開の一例なんだ。

今回の講義では，このマクローリン展開の式がどのようにして導けるのか？詳しく解説しよう。そして，指数関数e^xと三角関数$\sin x$，$\cos x$のマクローリン展開を基に，形式的ではあるけれど，オイラーの公式：$e^{i\theta} = \cos\theta + i\sin\theta$（$i$：虚数単位）を導いてみよう。

● マクローリン展開は，曲線の近似から導ける！

何回でも微分可能な関数$y = f(x)$が与えられたとき，この曲線上の点$(0,\ f(0))$における接線の方程式が，

$$y = f'(0)x + f(0)$$

（公式：$y = f'(0)(x - 0) + f(0)$）

と表されることは，大丈夫だね。

図1　曲線$y = f(x)$の第1次近似

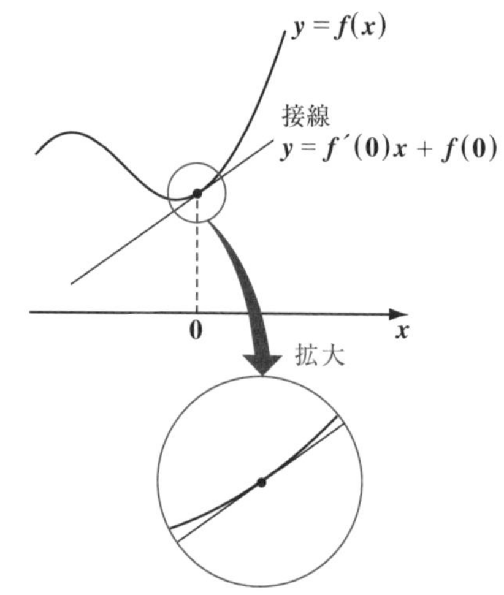

(Ⅰ) 実は，この接線の公式が$x = 0$付近での，曲線$y = f(x)$の“第1次近似”になっているんだね。図1に示すように，$x = 0$の付近では，曲線$y = f(x)$と接線$y = f'(0)x + f(0)$がほとんど一致していることが分かるはずだ。

$\therefore\ x \fallingdotseq 0$のとき，$f(x) \fallingdotseq f(0) + f'(0)x$ …① と，$f(x)$を第1次近似できる。この“第1次”の意味は，“1次式による近似”という意味だ。

(Ⅱ) それでは，この近似精度を上げて，$f(x)$ を **2** 次式で近似することにすると，

これからは，
1 階微分 $f'(x)$，**2** 階微分 $f''(x)$，**3** 階微分 $f'''(x)$，… をそれぞれ $f^{(1)}(x)$，$f^{(2)}(x)$，$f^{(3)}(x)$，… と表すことにする。

$$f(x) \fallingdotseq \underline{f(0)} + \underline{f^{(1)}(0)}x + \underline{p}x^2 \quad \cdots ② \quad (x \fallingdotseq 0 \text{ のとき})$$

定数　$f'(0)$（定数）　定数　これはまだ未定

とおける。ここで，この定数 p の値を決定してみよう。

(ⅰ) ②の両辺を x で微分すると，

左辺 $= f^{(1)}(x)$，右辺 $= f^{(1)}(0) + 2px$ となる。

この両辺に $x = 0$ を代入すると，

左辺 $= f^{(1)}(0)$，右辺 $= f^{(1)}(0)$ となって，一致する。

(ⅱ) ②の両辺を x で **2** 回微分すると，

左辺 $= f^{(2)}(x)$，右辺 $= 2p$ となる。

ここで，この両辺に $x = 0$ を代入すると，

左辺 $= f^{(2)}(0)$，右辺 $= \underline{2p}$ より，これらを一致させるためには，

元々定数

$$f^{(2)}(0) = 2p, \quad \text{すなわち } p = \frac{f^{(2)}(0)}{2} \quad \text{となる。}$$

p が決定できた！

$2! = 2 \cdot 1$ とおく。

これを②に代入すると，$f(x)$ の第 **2** 次近似が次のように求まる。

$$f(x) \fallingdotseq f(0) + \frac{f^{(1)}(0)}{1!}x + \frac{f^{(2)}(0)}{2!}x^2 \quad \cdots ②' \quad (x \fallingdotseq 0 \text{ のとき})$$

後の形式のため，$f^{(1)}(0)$ をこのようにおいた。

(Ⅲ) さらに，精度を上げて，$f(x)$ を **3** 次式で近似すると，

$$f(x) \fallingdotseq \underbrace{f(0) + \frac{f^{(1)}(0)}{1!}x + \frac{f^{(2)}(0)}{2!}x^2} + \underline{\underline{q}}x^3 \quad \cdots ③ \quad (x \fallingdotseq 0 \text{ のとき})$$

未定

これは，x の **2** 次式なので，x で **3** 回微分すると，当然 **0** になる。

$(qx^3)''' = (3qx^2)'' = (6qx)' = 6q$

となる。同様に，この両辺を x で **3** 回微分すると，

左辺 $= f^{(3)}(x)$，右辺 $= \underline{\underline{6q}}$ となる。

ここで，この両辺に $x = 0$ を代入したものを一致させるためには，

$$f^{(3)}(0) = 6q, \quad \text{すなわち } q = \frac{f^{(3)}(0)}{3!} \quad \text{となる。}$$

q が決定できた！

$6 = 3!$

$q = \dfrac{f^{(3)}(0)}{3!}$ を，$f(x) \fallingdotseq f(0) + \dfrac{f^{(1)}(0)}{1!}x + \dfrac{f^{(2)}(0)}{2!}x^2 + qx^3$ …③ に代入すると，$f(x)$ の第 **3** 次近似が次のように求まる。

$$f(x) \fallingdotseq f(0) + \frac{f^{(1)}(0)}{1!}x + \frac{f^{(2)}(0)}{2!}x^2 + \frac{f^{(3)}(0)}{3!}x^3$$

ここで，この右辺の次数を次々に大きくしていくと，$x \fallingdotseq 0$ の付近で，

$$f(x) \fallingdotseq f(0) + \frac{f^{(1)}(0)}{1!}x + \frac{f^{(2)}(0)}{2!}x^2 + \frac{f^{(3)}(0)}{3!}x^3 + \frac{f^{(4)}(0)}{4!}x^4 + \cdots + \frac{f^{(n)}(0)}{n!}x^n$$

と，近似精度が上がっていくことが分かると思う。

そして，右辺の次数を無限に上げて，x の無限ベキ級数で表すことにすると，$x \fallingdotseq 0$ 付近だけでなくある x の値の範囲で，関数 $f(x)$ を正確に表すことができるようになる。つまり，

（これを“**ダランベールの収束半径**”という。）

x のある値の範囲で，

$$f(x) = f(0) + \frac{f^{(1)}(0)}{1!}x + \frac{f^{(2)}(0)}{2!}x^2 + \frac{f^{(3)}(0)}{3!}x^3 + \frac{f^{(4)}(0)}{4!}x^4 + \cdots + \frac{f^{(n)}(0)}{n!}x^n + \cdots$$

と表せるようになる。これを，関数 $f(x)$ の“**マクローリン展開**”と呼ぶ。

参考

“マクローリン展開”をより一般化したものが“**テイラー展開**”と呼ばれるものだ。マクローリン展開が $x = 0$ のまわりの展開と呼ばれるのに対して，テイラー展開は $x = a$ のまわりの展開と呼ばれ，次のように表される。

x のある値の範囲で，

$$f(x) = f(a) + \frac{f^{(1)}(a)}{1!}(x-a) + \frac{f^{(2)}(a)}{2!}(x-a)^2 + \cdots + \frac{f^{(n)}(a)}{n!}(x-a)^n + \cdots$$

ここで，指数関数 e^x と三角関数 $\sin x$，$\cos x$ については，$-\infty < x < \infty$ の範囲で，マクローリン展開できることが分かっている。

よって，まず，指数関数 e^x のマクローリン展開を求めてみることにしよう。

$f(x) = e^x$ とおくと，$f(0) = e^0 = 1$

$f^{(1)}(x) = (e^x)' = e^x$ より，$f^{(1)}(0) = e^0 = 1$

$f^{(2)}(x) = (e^x)'' = e^x$ より，$f^{(2)}(0) = e^0 = 1$

$f^{(3)}(x) = (e^x)''' = e^x$ より，$f^{(3)}(0) = e^0 = 1$

………………………………………………

$f^{(n)}(x) = (e^x)^{(n)} = e^x$ より，$f^{(n)}(0) = e^0 = 1$　だね。

以上の結果を，マクローリン展開の公式：

$$\overset{e^x}{\overset{\shortparallel}{f(x)}} = \overset{1}{\overset{\shortparallel}{f(0)}} + \frac{\overset{1}{\overset{\shortparallel}{f^{(1)}(0)}}}{1!}x + \frac{\overset{1}{\overset{\shortparallel}{f^{(2)}(0)}}}{2!}x^2 + \frac{\overset{1}{\overset{\shortparallel}{f^{(3)}(0)}}}{3!}x^3 + \cdots + \frac{\overset{1}{\overset{\shortparallel}{f^{(n)}(0)}}}{n!}x^n + \cdots$$

に代入すると，e^x のマクローリン展開が，次のようにできる。

$$e^x = 1 + \frac{x}{1!} + \frac{x^2}{2!} + \frac{x^3}{3!} + \cdots + \frac{x^n}{n!} + \cdots \qquad (-\infty < x < \infty)$$

大丈夫だった？ では，$\sin x$ と $\cos x$ も次の例題でマクローリン展開してみよう。

例題 28　$\sin x$ をマクローリン展開してみよう。

$f(x) = \sin x$ とおくと，$f(0) = \sin 0 = 0$

$f^{(1)}(x) = (\sin x)' = \cos x$ より，$f^{(1)}(0) = \cos 0 = 1$

$f^{(2)}(x) = (\cos x)' = -\sin x$ より，$f^{(2)}(0) = -\sin 0 = 0$

$f^{(3)}(x) = (-\sin x)' = -\cos x$ より，$f^{(3)}(0) = -\cos 0 = -1$

$f^{(4)}(x) = (-\cos x)' = \sin x$ より，$f^{(4)}(0) = \sin 0 = 0$

$f^{(5)}(x) = (\sin x)' = \cos x$ より，$f^{(5)}(0) = \cos 0 = 1$

…………………………………………………………………

これで 1 サイクルの終了

以下，同様の繰り返し

以上の結果を，マクローリン展開の公式：

$$\overset{\sin x}{\overset{\shortparallel}{f(x)}} = \overset{0}{\overset{\shortparallel}{f(0)}} + \frac{\overset{1}{\overset{\shortparallel}{f^{(1)}(0)}}}{1!}x + \frac{\overset{0}{\overset{\shortparallel}{f^{(2)}(0)}}}{2!}x^2 + \frac{\overset{-1}{\overset{\shortparallel}{f^{(3)}(0)}}}{3!}x^3 + \frac{\overset{0}{\overset{\shortparallel}{f^{(4)}(0)}}}{4!}x^4 + \frac{\overset{1}{\overset{\shortparallel}{f^{(5)}(0)}}}{5!}x^5 + \cdots$$

に代入すると，$\sin x$ のマクローリン展開が次のようにできる。

$$\sin x = \frac{x}{1!} - \frac{x^3}{3!} + \frac{x^5}{5!} - \frac{x^7}{7!} + \cdots \qquad (-\infty < x < \infty)$$

例題 29　$\cos x$ をマクローリン展開してみよう。

$f(x)=\cos x$ とおくと，$f(0)=\cos 0=1$

$f^{(1)}(x)=(\cos x)'=-\sin x$ より，$f^{(1)}(0)=-\sin 0=0$

$f^{(2)}(x)=(-\sin x)'=-\cos x$ より，$f^{(2)}(0)=-\cos 0=-1$

$f^{(3)}(x)=(-\cos x)'=\sin x$ より，$f^{(3)}(0)=\sin 0=0$

$f^{(4)}(x)=(\sin x)'=\cos x$ より，$f^{(4)}(0)=\cos 0=1$

$f^{(5)}(x)=(\cos x)'=-\sin x$ より，$f^{(5)}(0)=-\sin 0=0$

…………………………………………………………

これで 1 サイクルの終了

以下，同様の繰り返し

以上の結果を，マクローリン展開の公式：

$$\underset{\cos x}{f(x)}=\underset{1}{f(0)}+\frac{\overset{0}{f^{(1)}(0)}}{1!}x+\frac{\overset{-1}{f^{(2)}(0)}}{2!}x^2+\frac{\overset{0}{f^{(3)}(0)}}{3!}x^3+\frac{\overset{1}{f^{(4)}(0)}}{4!}x^4+\frac{\overset{0}{f^{(5)}(0)}}{5!}x^5+\cdots$$

に代入すると，$\cos x$ のマクローリン展開が次のようにできる。

$$\cos x=1-\frac{x^2}{2!}+\frac{x^4}{4!}-\frac{x^6}{6!}+\cdots \qquad (-\infty<x<\infty)$$

どう？　マクローリン展開にもずい分慣れてきただろう。

● オイラーの公式を導いてみよう！

以上の結果をまとめると，次の通りだね。

$$e^x=1+\frac{x}{1!}+\frac{x^2}{2!}+\frac{x^3}{3!}+\frac{x^4}{4!}+\frac{x^5}{5!}+\frac{x^6}{6!}+\frac{x^7}{7!}+\cdots \quad \cdots① \quad (-\infty<x<\infty)$$

$$\sin x=\frac{x}{1!}-\frac{x^3}{3!}+\frac{x^5}{5!}-\frac{x^7}{7!}+\cdots \quad \cdots② \quad (-\infty<x<\infty)$$

$$\cos x=1-\frac{x^2}{2!}+\frac{x^4}{4!}-\frac{x^6}{6!}+\cdots \quad \cdots③ \quad (-\infty<x<\infty)$$

これから，数学史上最も美しいと言われるオイラーの公式：

$e^{i\theta}=\cos\theta+i\sin\theta$ ……(*)　を導いてみよう。

まず，①の両辺の x に $i\theta$ を代入すると，

$$e^{i\theta} = 1 + \frac{i\theta}{1!} + \frac{\overset{-\theta^2}{(i\theta)^2}}{2!} + \frac{\overset{-i\theta^3}{(i\theta)^3}}{3!} + \frac{\overset{\theta^4}{(i\theta)^4}}{4!} + \frac{\overset{i\theta^5}{(i\theta)^5}}{5!} + \frac{\overset{-\theta^6}{(i\theta)^6}}{6!} + \frac{\overset{-i\theta^7}{(i\theta)^7}}{7!} + \cdots$$

$$= 1 + i\frac{\theta}{1!} - \frac{\theta^2}{2!} - i\frac{\theta^3}{3!} + \frac{\theta^4}{4!} + i\frac{\theta^5}{5!} - \frac{\theta^6}{6!} - i\frac{\theta^7}{7!} + \cdots$$

$$= \underbrace{\left(1 - \frac{\theta^2}{2!} + \frac{\theta^4}{4!} - \frac{\theta^6}{6!} + \cdots\right)}_{\cos\theta\ (③より)} + i\underbrace{\left(\frac{\theta}{1!} - \frac{\theta^3}{3!} + \frac{\theta^5}{5!} - \frac{\theta^7}{7!} + \cdots\right)}_{\sin\theta\ (②より)}$$

実部と虚部に分けた。

$= \cos\theta + i\sin\theta$　　（②，③より）

よって，オイラーの公式：$e^{i\theta} = \cos\theta + i\sin\theta$ ……(＊) が導けた！

でも，ここで，疑問をもつ方もいらっしゃると思う。e^x のマクローリン展開の式の実数 x に，純虚数 $i\theta$ を代入することが果たして許されるのか？ってことだと思う。確かに，この正当性を保証するものは何もない。本来，オイラーの公式は，複素指数関数の定義から導かれるものなんだ。しかし，形式的にではあるけれど，このようにマクローリン展開の式からも導かれるということは，オイラーの公式の汎用性を示していると考えていいんだね。

さらに，

オイラーの公式：$e^{i\theta} = \cos\theta + i\sin\theta$ ……㋐ から，

$e^{-i\theta} = \cos\theta - i\sin\theta$ ……㋑ が導ける。

$\underbrace{e^{i(-\theta)}}_{e^{-i\theta}} = \underbrace{\cos(-\theta)}_{\cos\theta} + i\underbrace{\sin(-\theta)}_{-\sin\theta}$

$e^{i\theta}$ の θ に $-\theta$ を代入したもの。

よって，$\dfrac{㋐+㋑}{2}$ から，$\cos\theta = \dfrac{e^{i\theta} + e^{-i\theta}}{2}$ が導かれ，さらに，

$\dfrac{㋐-㋑}{2i}$ から，$\sin\theta = \dfrac{e^{i\theta} - e^{-i\theta}}{2i}$ も導かれるんだね。これも覚えておこう。

そして，これらの三角関数の式と関連して，次に示すような双曲線関数（そうきょくせんかんすう）$\cosh x$ と $\sinh x$ も定義される。これも覚えておくといいよ。

$\cosh x = \dfrac{e^x + e^{-x}}{2}$，　$\sinh x = \dfrac{e^x - e^{-x}}{2}$

“ハイパボリック・コサイン・x”と読む。

“ハイパボリック・サイン・x”と読む。

これらは，すべて実指数関数で表されている。

演習問題 35　●マクローリン展開(Ⅰ)●

$e^x = 1 + \frac{x}{1!} + \frac{x^2}{2!} + \frac{x^3}{3!} + \frac{x^4}{4!} + \cdots$ ……① を利用して，次の双曲線関数

(ⅰ) $\cosh x = \frac{e^x + e^{-x}}{2}$ と (ⅱ) $\sinh x = \frac{e^x - e^{-x}}{2}$ のマクローリン展開を求めよ。

ヒント！ まず，①の x に $-x$ を代入して，e^{-x} のマクローリン展開を求めてから，2つの双曲線関数 $\cosh x$ と $\sinh x$ のマクローリン展開を導いてみよう。

解答＆解説

e^x のマクローリン展開の式①の x に $-x$ を代入して，e^{-x} のマクローリン展開も求めて，これらを列記すると，

$$\begin{cases} e^x = 1 + \frac{x}{1!} + \frac{x^2}{2!} + \frac{x^3}{3!} + \frac{x^4}{4!} + \frac{x^5}{5!} + \frac{x^6}{6!} + \cdots & \cdots\cdots① \\ e^{-x} = 1 - \frac{x}{1!} + \frac{x^2}{2!} - \frac{x^3}{3!} + \frac{x^4}{4!} - \frac{x^5}{5!} + \frac{x^6}{6!} - \cdots & \cdots\cdots② \end{cases}$$

①から，$e^{-x} = 1 + \frac{-x}{1!} + \frac{(-x)^2}{2!} + \frac{(-x)^3}{3!} + \frac{(-x)^4}{4!} + \frac{(-x)^5}{5!} + \frac{(-x)^6}{6!} + \cdots$ より

(ⅰ) ①＋②より，

$$e^x + e^{-x} = 2\left(1 + \frac{x^2}{2!} + \frac{x^4}{4!} + \frac{x^6}{6!} + \frac{x^8}{8!} + \cdots\right)$$

よって，この両辺を2で割って，双曲線関数 $\cosh x$ のマクローリン展開を求めると，

$$\cosh x = \frac{e^x + e^{-x}}{2} = 1 + \frac{x^2}{2!} + \frac{x^4}{4!} + \frac{x^6}{6!} + \frac{x^8}{8!} + \cdots$$ である。……………(答)

(ⅱ) ①－②より，

$$e^x - e^{-x} = 2\left(\frac{x}{1!} + \frac{x^3}{3!} + \frac{x^5}{5!} + \frac{x^7}{7!} + \cdots\right)$$

よって，この両辺を2で割って，双曲線関数 $\sinh x$ のマクローリン展開を求めると，

$$\sinh x = \frac{e^x - e^{-x}}{2} = \frac{x}{1!} + \frac{x^3}{3!} + \frac{x^5}{5!} + \frac{x^7}{7!} + \cdots$$ である。……………(答)

演習問題 36 ● マクローリン展開 (Ⅱ) ●

$\cos x = 1 - \frac{x^2}{2!} + \frac{x^4}{4!} - \frac{x^6}{6!} + \frac{x^8}{8!} - \cdots$ ……① を利用して，

(i) $\frac{1}{2}x\cos x$ と (ii) $\cos^2 x$ のマクローリン展開を求めよ。

ヒント！ (i) $\frac{1}{2}x\cdot\cos x$ は，$\cos x$ のマクローリン展開①に $\frac{1}{2}x$ をかければいいんだね。(ii) では，半角の公式 $\cos^2 x = \frac{1+\cos 2x}{2}$ を利用するといい。頑張ろう！

解答＆解説

$\cos x = 1 - \frac{x^2}{2!} + \frac{x^4}{4!} - \frac{x^6}{6!} + \frac{x^8}{8!} - \cdots$ ……………………① について，

①の両辺の x に $2x$ を代入すると，

$$\cos 2x = 1 - \frac{(2x)^2}{2!} + \frac{(2x)^4}{4!} - \frac{(2x)^6}{6!} + \frac{(2x)^8}{8!} - \cdots$$

$$= 1 - \frac{2^2}{2!}x^2 + \frac{2^4}{4!}x^4 - \frac{2^6}{6!}x^6 + \frac{2^8}{8!}x^8 - \cdots \quad \cdots\cdots②$$ となる。

(i) ①を用いて，$\frac{1}{2}x\cdot\cos x$ のマクローリン展開を求めると，

$$\frac{1}{2}x\cdot\cos x = \frac{1}{2}x\left(1 - \frac{x^2}{2!} + \frac{x^4}{4!} - \frac{x^6}{6!} + \frac{x^8}{8!} - \cdots\right)$$

$$= \frac{1}{2}x - \frac{1}{2\cdot 2!}x^3 + \frac{1}{2\cdot 4!}x^5 - \frac{1}{2\cdot 6!}x^7 + \frac{1}{2\cdot 8!}x^9 - \cdots$$ となる。

…………………(答)

(ii) ②を用いて，$\cos^2 x$ のマクローリン展開を求めると，

$$\cos^2 x = \frac{1}{2}(1+\cos 2x) = \frac{1}{2} + \frac{1}{2}\cos 2x$$

$$= \frac{1}{2} + \frac{1}{2}\left(1 - \frac{2^2}{2!}x^2 + \frac{2^4}{4!}x^4 - \frac{2^6}{6!}x^6 + \frac{2^8}{8!}x^8 - \cdots\right)$$

$$= 1 - \frac{2}{2!}x^2 + \frac{2^3}{4!}x^4 - \frac{2^5}{6!}x^6 + \frac{2^7}{8!}x^8 - \cdots$$ となる。…………………(答)

講義2 ● 微分法　公式エッセンス

1. 指数・対数関数の極限公式

(1) $\lim_{x \to 0} \frac{e^x - 1}{x} = 1$　　(2) $\lim_{x \to 0} \frac{\log(1+x)}{x} = 1$

(3) $\lim_{x \to 0} (1+x)^{\frac{1}{x}} = e$　　(4) $\lim_{x \to \pm\infty} \left(1 + \frac{1}{x}\right)^x = e$

2. 微分計算の8つの基本公式

(1) $(x^{\alpha})' = \alpha x^{\alpha - 1}$　(α：実数)　(2) $(\sin x)' = \cos x$

(3) $(\cos x)' = -\sin x$　　(4) $(\tan x)' = \sec^2 x\ \left[= \frac{1}{\cos^2 x}\right]$

(5) $(e^x)' = e^x$　　(6) $(a^x)' = a^x \cdot \log a$

(7) $(\log x)' = \frac{1}{x}$　$(x > 0)$　　(8) $\{\log f(x)\}' = \frac{f'(x)}{f(x)}$　$(f(x) > 0)$

3. 微分計算の3つの重要公式

(1) $(f \cdot g)' = f' \cdot g + f \cdot g'$　　(2) $\left(\frac{f}{g}\right)' = \frac{f' \cdot g - f \cdot g'}{g^2}$

(3) 合成関数の微分：$y' = \frac{dy}{dx} = \frac{dy}{dt} \cdot \frac{dt}{dx}$　(ただし，$f(x) = f$，$g(x) = g$ とする。)

4. 平均値の定理

微分可能な関数 $f(x)$ について，$\frac{f(b) - f(a)}{b - a} = f'(c)$　$(a < c < b)$

開区間 $a < x < b$ のこと

をみたす c が，区間 $(a,\ b)$ に少なくとも1つ存在する。

5. ロピタルの定理

(i) $\frac{0}{0}$ の不定形について，$\lim_{x \to a} \frac{f(x)}{g(x)} = \lim_{x \to a} \frac{f'(x)}{g'(x)}$

(ii) $\frac{\infty}{\infty}$ の不定形について，$\lim_{x \to a} \frac{f(x)}{g(x)} = \lim_{x \to a} \frac{f'(x)}{g'(x)}$　(a は $\pm\infty$ でもよい。)

6. マクローリン展開

$|x| < r$ (r：ダランベールの収束半径) をみたす x に対して，

$$f(x) = f(0) + \frac{f^{(1)}(0)}{1!}x + \frac{f^{(2)}(0)}{2!}x^2 + \frac{f^{(3)}(0)}{3!}x^3 + \frac{f^{(4)}(0)}{4!}x^4 + \cdots + \frac{f^{(n)}(0)}{n!}x^n + \cdots$$

積分法

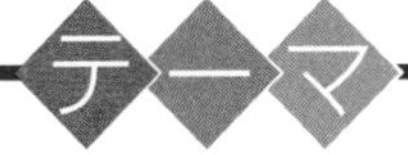

▶ 不定積分と定積分（部分積分，置換積分）

▶ 定積分で表された関数，区分求積法
$\left(\lim_{n\to\infty}\frac{1}{n}\sum_{k=1}^{n}f\left(\frac{k}{n}\right)=\int_0^1 f(x)dx\right)$

▶ 面積計算，体積計算
（バウムクーヘン型積分：$V=2\pi\int_a^b xf(x)dx$）

▶ 媒介変数表示された曲線と面積計算
$\left(\int_a^b y\,dx=\int_\alpha^\beta y\frac{dx}{d\theta}d\theta\right)$

▶ 極方程式と面積計算
$\left(S=\frac{1}{2}\int_\alpha^\beta r^2 d\theta\right)$

§1. 不定積分と定積分

さァ，これから"**積分**"の講義に入ろう。積分とは，本質的には微分の逆の操作のことなんだけれど，後で解説するように，この積分により面積や体積の計算も出来るようになるので，さらに応用範囲が広がるんだ。

実は，この積分は，"**不定積分**（ふていせきぶん）"と"**定積分**（ていせきぶん）"の2種類がある。今回は，この2通りの積分について，"**部分積分**"や"**置換積分**"など有効なテクニックも含めて，詳しく解説するつもりだ。

それでは，早速講義を始めよう。

● 不定積分から始めよう！

$F(x)$ の導関数が $f(x)$ のとき，すなわち，

$F'(x)=f(x)$ のとき，$F(x)$ を $f(x)$ の"**原始関数**（げんしかんすう）"という。例として，$f(x)=\cos x$ とすると，$F(x)$ はどうなる？ …エッ，$(\sin x)'=\cos x$ だから，$F(x)=\sin x$ になるって？ ウ～ン，惜しいけど，正確じゃないね。$F(x)$ は，$\sin x+2$ でも，$\sin x-1$ でも，$\sin x+2\sqrt{5}$ でも……，かまわないね。みんな，$(\sin x+2)'=(\sin x-1)'=(\sin x+2\sqrt{5})'=\cos x$ をみたすからね。だから，$f(x)$ の原始関数 $F(x)$ は無数に存在することになる。でも，無数にあると言っても，定数値が異なるだけだから，原始関数の1つを $F(x)$ とおき，これに"**積分定数**（せきぶんていすう）"C を加えたものを，$f(x)$ の"**不定積分**（ふていせきぶん）"$F(x)+C$ と定める。また，$f(x)$ のことを"**被積分関数**（ひせきぶんかんすう）"と呼ぶことも覚えておこう。

それでは，不定積分の定義を，記号法と共に下に示そう。

不定積分の定義

$f(x)$ の原始関数の1つが $F(x)$ のとき，$f(x)$ の不定積分を $\int f(x)dx$ で表し，これを次のように定義する。

"インテグラル・$f(x)$・dx"と読む。

$$\int f(x)dx=F(x)+C$$

（$f(x)$：被積分関数，$F(x)$：原始関数の1つ，C：積分定数）

つまり，$F'(x)=f(x) \Longleftrightarrow \int f(x)dx=F(x)+C$ の関係なんだね。さらに，

$F(x)+C \underset{積分}{\overset{微分}{\rightleftarrows}} f(x)$ から，不定積分が微分の逆の操作であることも分かるね。

よって，微分のときと同様に，不定積分にも次の **8** つの基本公式がある。

不定積分の 8 つの基本公式

(1) $\int x^{\alpha}dx=\frac{1}{\alpha+1}x^{\alpha+1}+C$　　(2) $\int \cos x\,dx=\sin x+C$

(3) $\int \sin x\,dx=-\cos x+C$　　(4) $\int \frac{1}{\cos^2 x}dx=\tan x+C$

(5) $\int e^x dx=e^x+C$　　(6) $\int a^x dx=\frac{a^x}{\log a}+C$

(7) $\int \frac{1}{x}dx=\log|x|+C$　　(8) $\int \frac{f'(x)}{f(x)}dx=\log|f(x)|+C$

（ただし，$\alpha \neq -1$，$a>0$ かつ $a \neq 1$，対数は自然対数，C：積分定数）

当然，各公式の右辺を微分したら，左辺の被積分関数になる。確かめてみてくれ。エッ，**(7)** と **(8)** で不定積分の対数関数の真数に絶対値がついているのが解せないって？　当然の疑問だね。**(7)** について，ていねいに解説しよう。

(7) の被積分関数 $\frac{1}{x}$ の x は正・負いずれの値も取りうる。

（これは対数の真数ではないからね。）

（ i ）$x>0$ のとき，$(\log x)'=\frac{1}{x}$　より，$\int \frac{1}{x}dx=\log x+C$　となる。（x は $\oplus$，$x=|x|$ ($\because x>0$)）

（ii）$x<0$ のとき，$\{\log(-x)\}'=\frac{-1}{-x}=\frac{1}{x}$ より，$\int \frac{1}{x}dx=\log(-x)+C$ となる。（$-x$ は $\oplus$，$-1=(-x)'$，$-x=|x|$ ($\because x<0$)）

ここで，　・$x>0$ のとき，$|x|=x$，　・$x<0$ のとき，$|x|=-x$　なので，

（ i ）（ii）より，x の正・負に関わらず，$\int \frac{1}{x}dx=\log|x|+C$ が成り立つんだね。**(8)** についても同様だ。

さらに，$(\sin^{-1}x)'=\frac{1}{\sqrt{1-x^2}}$ $(-1<x<1)$ や，$(\tan^{-1}x)'=\frac{1}{1+x^2}$ も導いたので，これから，

積分公式として，$\int \frac{1}{\sqrt{1-x^2}}dx = \sin^{-1}x + C$，$\int \frac{1}{1+x^2}dx = \tan^{-1}x + C$ も頭に入れておこう。

また，微分のときと同様に，不定積分には次の **2** つの性質がある。

不定積分の 2 つの性質

(1) $\int kf(x)dx = k\int f(x)dx$ （k：定数）

(2) $\int \{f(x) \pm g(x)\}dx = \int f(x)dx \pm \int g(x)dx$ （複号同順）

（この **2** つの性質を"**不定積分の線形性**"と呼ぶ。）

それでは，次の例題で不定積分を実際に求めてみよう。

例題 **30** 次の不定積分を求めよう。

(1) $\int \left(2\cos x + \frac{3}{x}\right)dx$ (2) $\int e^{x+2}dx$ (3) $\int \tan x dx$

(1) $\int \left(2\cos x + \frac{3}{x}\right)dx$

（不定積分の線形性により，不定積分は，(i) 項別に，そして (ii) 係数を別にして計算できる。）

$= 2\underbrace{\int \cos x dx}_{\sin x + C_1} + 3\underbrace{\int \frac{1}{x}dx}_{\log|x| + C_2}$

（公式：$\int \cos x dx = \sin x$，$\int \frac{1}{x}dx = \log|x|$）（以降，積分定数は省略することにする。）

$= 2\sin x + 3\log|x| + \underbrace{C}_{2C_1 + 3C_2}$ （積分定数 C は最後にまとめてつける。）

(2) $\int \underbrace{e^{x+2}}_{e^2 \cdot e^x}dx = \underbrace{e^2}_{定数}\underbrace{\int e^x dx}_{e^x + C_1} = e^2 e^x + \underbrace{C}_{e^2 C_1} = e^{x+2} + C$ となる。

（公式：$\int e^x dx = e^x$）

(3) $\int \tan x dx = \int \frac{\sin x}{\cos x}dx = -\int \frac{\overbrace{-\sin x}^{f'}}{\underbrace{\cos x}_{f}}dx$

$= -\log|\cos x| + C$ となる。

（公式：$\int \frac{f'}{f}dx = \log|f|$）

"**不定積分**"の計算にも慣れてきた？ では次，"**定積分**"の解説に入ろう。

● 定積分の計算もマスターしよう！

それではまず，積分区間 $[a,\ b]$ における定積分の定義を下に示そう。

（閉区間 $a \leqq x \leqq b$ のことだ。）

定積分の定義

閉区間 $a \leqq x \leqq b$ で，$f(x)$ の原始関数 $F(x)$ が存在するとき，定積分を次のように定義する。

$$\int_a^b f(x)dx = [F(x)]_a^b = F(b) - F(a)$$

（定積分の結果は数値になる。）

（定積分の計算では，原始関数に積分定数 C がたされていても，$[F(x)+C]_a^b = F(b) + \cancel{C} - \{F(a) + \cancel{C}\} = F(b) - F(a)$　となって，どうせ引き算で打ち消し合う。よって，定積分の計算で C は不要だ。）

それでは，次の例題で定積分の計算練習をしよう。

例題 **31**　次の定積分を求めよう。

(1) $\displaystyle\int_0^{\frac{\pi}{2}} 2\cos x dx$　　(2) $\displaystyle\int_0^1 e^{x+2}dx$　　(3) $\displaystyle\int_0^{\frac{\pi}{4}} \tan x dx$

(1) $\displaystyle\int_0^{\frac{\pi}{2}} 2\cos x dx = 2\int_0^{\frac{\pi}{2}} \cos x dx$ ←（定積分においても，線形性の性質はそのまま成り立つ。）

$\displaystyle = 2[\sin x]_0^{\frac{\pi}{2}} = 2\Big(\underbrace{\sin\frac{\pi}{2}}_{1} - \underbrace{\cancel{\sin 0}}_{0}\Big) = 2$　となる。←（結果は数値だ。）

(2) $\displaystyle\int_0^1 e^{x+2}dx = e^2\int_0^1 e^x dx = e^2[e^x]_0^1 = e^2(e^1 - \underbrace{e^0}_{1})$

$= e^2(e-1)$　となって，答えだ。

(3) $\displaystyle\int_0^{\frac{\pi}{4}} \tan x dx = -\int_0^{\frac{\pi}{4}} \frac{-\sin x}{\cos x}dx = -[\log|\cos x|]_0^{\frac{\pi}{4}}$

$\displaystyle = -\Big\{\underbrace{\log\left|\cos\frac{\pi}{4}\right|}_{\log\frac{1}{\sqrt{2}} = \log 2^{-\frac{1}{2}} = -\frac{1}{2}\log 2} - \underbrace{\cancel{\log|\cos 0|}}_{\log 1 = 0}\Big\} = \frac{1}{2}\log 2$　となる。

大丈夫だった？

● 合成関数の微分を逆に利用して積分しよう！

合成関数の微分を使えば，$\sin 2x$ の微分は，

$(\sin\underset{t}{\underline{2x}})' = (\cos\underset{t}{\underline{2x}})\cdot\underset{(2x)'}{\underline{2}} = 2\cos 2x$ となるね。よって，この両辺を 2 で割って，積分の形で書きかえると，$\int \cos 2x dx = \frac{1}{2}\sin 2x + C$ となる。

このように，合成関数の微分を逆に考えると，次の公式が出てくる。

以後，不定積分の公式では
積分定数 C は略して書くことにする。

$\cos mx$, $\sin mx$ の積分公式

(1) $\int \cos mx dx = \frac{1}{m}\sin mx$　　(2) $\int \sin mx dx = -\frac{1}{m}\cos mx$

（ただし，m は 0 以外の実数）

これらは，右辺を微分したら，なるほど左辺の被積分関数になるからね。

さらに，$f(x)^{\alpha+1}$（ただし，$\alpha \neq -1$）を x で微分すると，これも合成関数の微分公式から，

$\{\underset{t}{\underline{f(x)}}^{\alpha+1}\}' = (\alpha+1)\underset{t^{\alpha}}{\underline{f(x)^{\alpha}}}\cdot f'(x)$　となるので，これを逆に利用すると，

次の積分公式も導けるんだね。

$f^{\alpha}f'$ の積分

$f(x) = f$，$f'(x) = f'$ と略記すると，次の公式が成り立つ。

$$\int f^{\alpha}\cdot f' dx = \frac{1}{\alpha+1}f^{\alpha+1}\quad（ただし，\alpha \neq -1）$$

このように，合成関数の微分を逆手にとって，積分がうまくいく場合もあるんだね。それでは，この手の問題も次の例題でシッカリ練習しておこう。

例題 32　次の定積分を求めよう。

(1) $\int_0^{\frac{\pi}{2}} \sin 3x\,dx$　(2) $\int_0^{\frac{\pi}{4}} \cos^2 2x\,dx$　(3) $\int_0^1 x(x^2+1)^4 dx$

(4) $\int_0^{\frac{\pi}{4}} \sin^3 x \cos x\,dx$　(5) $\int_1^e \frac{(\log x)^2}{x} dx$

(1) $\int_0^{\frac{\pi}{2}} \sin 3x\,dx = \left[-\frac{1}{3}\cos 3x\right]_0^{\frac{\pi}{2}}$ ← 公式: $\int \sin mx\,dx = -\frac{1}{m}\cos mx$

$= -\frac{1}{3}\left(\underbrace{\cos\frac{3}{2}\pi}_{0} - \underbrace{\cos 0}_{1}\right) = \frac{1}{3}$　となる。

公式: $\int \cos mx\,dx = \frac{1}{m}\sin mx$

(2) $\int_0^{\frac{\pi}{4}} \underbrace{\cos^2 2x}_{\frac{1+\cos 4x}{2}}\,dx = \frac{1}{2}\int_0^{\frac{\pi}{4}} (1+\cos 4x)\,dx = \frac{1}{2}\left[x + \underbrace{\frac{1}{4}\sin 4x}_{\frac{1}{4}(\sin\pi - \sin 0) = 0}\right]_0^{\frac{\pi}{4}}$

← 半角の公式: $\cos^2\theta = \frac{1+\cos 2\theta}{2}$

$\frac{1}{4}(\underbrace{\sin\pi}_{0} - \underbrace{\sin 0}_{0})$

$= \frac{1}{2}\cdot\left(\frac{\pi}{4} - 0\right) = \frac{\pi}{8}$　となる。

(3) $\int_0^1 x(x^2+1)^4 dx = \frac{1}{2}\int_0^1 \underbrace{(x^2+1)^4}_{f^4}\cdot\underbrace{2x}_{f'}\,dx = \frac{1}{2}\left[\frac{1}{5}(x^2+1)^5\right]_0^1$

$\int f^4 \cdot f'\,dx = \frac{1}{5}f^5$

$= \frac{1}{10}\{(1^2+1)^5 - (0^2+1)^5\} = \frac{1}{10}(32-1) = \frac{31}{10}$　となる。

(4) $\int_0^{\frac{\pi}{4}} \underbrace{\sin^3 x}_{f^3}\cdot\underbrace{\cos x}_{f'}\,dx = \left[\underbrace{\frac{1}{4}\sin^4 x}_{\frac{1}{4}f^4}\right]_0^{\frac{\pi}{4}}$ ← $\int f^3 \cdot f'\,dx = \frac{1}{4}f^4$

$= \frac{1}{4}\left(\sin^4\frac{\pi}{4} - \sin^4 0\right) = \frac{1}{4}\left\{\left(\frac{1}{\sqrt{2}}\right)^4 - 0^4\right\} = \frac{1}{4}\cdot\frac{1}{4} = \frac{1}{16}$

(5) $\int_1^e \underbrace{(\log x)^2}_{f^2}\cdot\underbrace{\frac{1}{x}}_{f'}\,dx = \left[\underbrace{\frac{1}{3}(\log x)^3}_{\frac{1}{3}f^3}\right]_1^e$ ← $\int f^2 \cdot f'\,dx = \frac{1}{3}f^3$

$= \frac{1}{3}\{(\underbrace{\log e}_{1})^3 - (\underbrace{\log 1}_{0})^3\} = \frac{1}{3}(1^3 - 0^3) = \frac{1}{3}$　となって、

答えだ。

● 置換積分法は3つのステップで解く！

ちょっと複雑な関数の積分になると，これまでのやり方だけでは通用しなくなるんだけれど，そんなときに役に立つのが“**置換積分法**”だ。この置換積分法は，次の**3**つのステップで積分する。頭に入れておこう。

(ⅰ) 被積分関数の中の(ある**1**固まりのxの関数)をtとおく。

(ⅱ) tの積分区間を求める。

(ⅲ) dxとdtの関係式を求める。

それでは，$\int_0^1 x(\underline{x^2+1})^4 dx$ ……① を例にとって解説しよう。

(x^2+1 は tとおく)

これは，例題**32(3)(P129)**と同じ問題だ。

(ⅰ) まず，$x^2+1=t$ ……② とおく。

(ⅱ) $x:0\to 1$ のとき，$t:\underset{0^2+1}{1}\to\underset{1^2+1}{2}$ となる。

(ⅲ) $(x^2+1)'dx=t'\cdot dt$　　$2xdx=dt$　　$\therefore\ xdx=\frac{1}{2}dt$

②のxの式をxで微分して，dxをかける。

②のtの式をtで微分して，dtをかける。

以上(ⅰ)(ⅱ)(ⅲ)の**3**つのステップにより，①はxによる積分から，次のようにtによる積分に置換される。

すべて，tでの積分に置き換えるのがコツだ！

$$\int_{\boxed{0}\to 1}^{\boxed{1}\to 2}\underbrace{(x^2+1)^4}_{t^4}\cdot\underbrace{xdx}_{\frac{1}{2}dt}=\int_1^2 t^4\cdot\frac{1}{2}dt=\frac{1}{2}\left[\frac{1}{5}t^5\right]_1^2=\frac{1}{10}(2^5-1)=\frac{31}{10}$$

となって，同じ結果が導けた！　どう？要領はつかめた？

被積分関数の中のどの**1**固まりをtとおくかは，問題に応じてその都度考えていけばいい。要は，最終的には，tだけの簡単な積分にもち込めればいいんだね。

ただし，いくつかの置換積分にはパターンの決まった公式があるので，これを予め覚えておくといい。これで，積分計算が楽になるんだよ。

置換積分のパターン公式

$\int \frac{1}{\sqrt{a^2-x^2}}dx$, $\int x^2\sqrt{a^2-x^2}\,dx$ などもこのパターン

(1) $\int \sqrt{a^2-x^2}\,dx$ などの場合，$x = a\sin\theta$ とおく。(a：正の定数)

これは，$x = a\cos\theta$ とおいてもいいよ。

(2) $\int \frac{1}{a^2+x^2}dx$ の場合，$x = a\tan\theta$ とおく。(a：正の定数)

(3) $\int f(\sin x)\cdot\cos x\,dx$ の場合，$\sin x = t$ とおく。

(4) $\int f(\cos x)\cdot\sin x\,dx$ の場合，$\cos x = t$ とおく。

それでは，次の例題で置換積分の練習をしておこう。

例題 33　次の定積分を求めよう。

(1) $\int_0^{\sqrt{3}} \frac{1}{\sqrt{4-x^2}}dx$　　(2) $\int_0^1 \frac{1}{1+x^2}dx$

(3) $\int_0^{\frac{\pi}{2}} \cos^3 x\,dx$　　(4) $\int_0^{\frac{\pi}{2}} (1+\cos^3 x)\sin x\,dx$

(1) $\int_0^{\sqrt{3}} \frac{1}{\sqrt{2^2-x^2}}dx$　について，$x = 2\sin\theta$　とおく。 ← ステップ(i)

$x : 0 \to \sqrt{3}$　のとき，$\theta : 0 \to \frac{\pi}{3}$ ← $\sin\theta : 0 \to \frac{\sqrt{3}}{2}$ だからね。 ステップ(ii)

$\underbrace{x'}_{1}\cdot dx = \underbrace{(2\sin\theta)'}_{2\cos\theta}d\theta$　より，$dx = 2\cos\theta d\theta$ ← ステップ(iii)

以上より，

$$\int_0^{\sqrt{3}} \frac{1}{\sqrt{4-x^2}}dx = \int_0^{\frac{\pi}{3}} \frac{1}{\sqrt{4-4\sin^2\theta}}\cdot 2\cos\theta d\theta$$

$\sqrt{4-4\sin^2\theta} = 2\sqrt{1-\sin^2\theta} = 2\sqrt{\cos^2\theta} = 2\cos\theta$　($\because \cos\theta > 0$)

$$= \int_0^{\frac{\pi}{3}} \frac{2\cos\theta}{2\cos\theta}d\theta = \int_0^{\frac{\pi}{3}} 1\cdot d\theta = [\theta]_0^{\frac{\pi}{3}} = \frac{\pi}{3}$$　となって，答えだ。

(2) $\int_0^1 \frac{1}{1^2+x^2}dx$ について，$x=\tan\theta$ とおく。← $\int \frac{1}{a^2+x^2}dx$ のとき，$x=a\tan\theta$ とおく。ステップ(ｉ)

$x:0\to 1$ のとき，$\theta:0\to\frac{\pi}{4}$ ← ステップ(ii)

$\underbrace{x'}_{1}\cdot dx=\underbrace{(\tan\theta)'}_{\frac{1}{\cos^2\theta}}d\theta$ より，$dx=\frac{1}{\cos^2\theta}d\theta$ ← ステップ(iii)

以上より，

$$\int_0^1 \frac{1}{1+x^2}dx=\int_0^{\frac{\pi}{4}}\frac{1}{\underbrace{1+\tan^2\theta}_{\frac{1}{\cos^2\theta}}}\cdot\frac{1}{\cos^2\theta}d\theta$$

← すべて，θ での積分になった！

← 三角関数の公式：$1+\tan^2\theta=\frac{1}{\cos^2\theta}$

$$=\int_0^{\frac{\pi}{4}}\frac{1}{\frac{1}{\cos^2\theta}}\cdot\frac{1}{\cos^2\theta}d\theta=\int_0^{\frac{\pi}{4}}1\cdot d\theta=[\theta]_0^{\frac{\pi}{4}}=\frac{\pi}{4}$$ となる。

［(別解) もちろん，これは，公式 $\int\frac{1}{1+x^2}dx=\tan^{-1}x+C$ を用いて，

$\int_0^1\frac{1}{1+x^2}dx=[\tan^{-1}x]_0^1=\tan^{-1}1-\tan^{-1}0=\frac{\pi}{4}-0=\frac{\pi}{4}$ と求めてもいい。］

(3) $\int_0^{\frac{\pi}{2}}\underbrace{\cos^3x}_{\cos^2x\cdot\cos x=(1-\sin^2x)\cos x}dx=\int_0^{\frac{\pi}{2}}(1-\sin^2x)\cos x\,dx$ について，

← $f(\sin x)$：$\sin x$ の式

$\sin x=t$ とおく。← $\int f(\sin x)\cos x\,dx$ のとき，$\sin x=t$ とおく。ステップ(ｉ)

$x:0\to\frac{\pi}{2}$ のとき，$t:\underbrace{0}_{\sin 0}\to\underbrace{1}_{\sin\frac{\pi}{2}}$ ← ステップ(ii)

$\underbrace{(\sin x)'}_{\cos x}dx=\underbrace{t'}_{1}dt$ より，$\cos x\,dx=dt$ ← ステップ(iii)

以上より，

$$\int_0^{\frac{\pi}{2}}\cos^3x\,dx=\int_0^{\frac{\pi}{2}}(1-\underbrace{\sin^2x}_{t^2})\underbrace{\cos x\,dx}_{dt}$$

$$=\int_0^1(1-t^2)dt=\left[t-\frac{1}{3}t^3\right]_0^1=1-\frac{1}{3}=\frac{2}{3}$$ となる。

(4) $\int_0^{\frac{\pi}{2}}(1+\cos^3 x)\sin x\,dx$ について, $\cos x = t$ とおく。

$f(\cos x)$: $\cos x$ の式

$\int f(\cos x)\sin x\,dx$ のとき, $\cos x = t$ とおく。ステップ(i)

$x : 0 \to \frac{\pi}{2}$ のとき, $t : 1 \to 0$ ← ステップ(ii)

$(\cos x)'dx = t'dt$ より, $\sin x\,dx = -1\cdot dt$ ← ステップ(iii)

$-\sin x$　　1

以上より,

公式 : $-\int_b^a f\,dt = \int_a^b f\,dt$

$$\int_0^{\frac{\pi}{2}}(1+\cos^3 x)\sin x\,dx = \int_1^0 (1+t^3)(-1)dt = \int_0^1 (1+t^3)dt$$

$$= \left[t+\frac{1}{4}t^4\right]_0^1 = 1+\frac{1}{4}\cdot 1^4 = \frac{5}{4}$$ となって, 答えだ!

これで, 置換積分にも慣れたと思う。次は, "**部分積分法**(ぶぶんせきぶんぽう)" について解説しよう。

● 部分積分法もマスターしよう!

2つの関数の積の積分に威力を発揮するのが "**部分積分法**" なんだ。まず, その公式を下に示そう。

部分積分法の公式

(1) $\int_a^b f'\cdot g\,dx = [f\cdot g]_a^b - \int_a^b f\cdot g'\,dx$

（左辺：複雑な積分 → 右辺の積分：簡単化!）

(2) $\int_a^b f\cdot g'\,dx = [f\cdot g]_a^b - \int_a^b f'\cdot g\,dx$

（左辺：複雑な積分 → 右辺の積分：簡単化!）

これらの不定積分の公式は,
(1) $\int f'g\,dx = fg - \int fg'\,dx$
(2) $\int fg'\,dx = fg - \int f'g\,dx$
となる。

証明は簡単だよ。まず, $f(x)$, $g(x)$ をそれぞれ f, g と略記して, その積の微分は,

$(f\cdot g)' = f'\cdot g + f\cdot g'$ だね。

この両辺を積分区間 $a \leqq x \leqq b$ で積分すると,

$$\int_a^b (f\cdot g)'dx = \int_a^b (f'\cdot g + f\cdot g')dx$$

$$[f\cdot g]_a^b = \int_a^b f'\cdot g\,dx + \int_a^b f\cdot g'\,dx$$ となる。

$$[f\cdot g]_a^b=\int_a^b f'\cdot g\,dx+\int_a^b f\cdot g'\,dx$$

(1) $\int_a^b f'\cdot g\,dx=[f\cdot g]_a^b-\int_a^b f\cdot g'\,dx$

(2) $\int_a^b f\cdot g'\,dx=[f\cdot g]_a^b-\int_a^b f'\cdot g\,dx$

の右辺の内，いずれか一方を左辺に移項すれば，**(1)** と **(2)** の公式になるんだね。
この部分積分の公式は，**(1)(2)** いずれも，左辺の積分は難しくても，右辺の積分は簡単になるようにすることがポイントだ。

例として，$\int_0^{\frac{\pi}{2}}x\cdot\cos x\,dx$ について説明しよう。これを部分積分法で解くには，x か $\cos x$ のいずれか一方を積分して「$'$ をつける (微分する)」必要があるんだね。この **2** 通りをやってみよう！

(i) $\int_0^{\frac{\pi}{2}}\left(\frac{1}{2}x^2\right)'\cdot\cos x\,dx=\left[\frac{1}{2}x^2\cos x\right]_0^{\frac{\pi}{2}}-\int_0^{\frac{\pi}{2}}\frac{1}{2}x^2\cdot(-\sin x)\,dx$　より複雑になった！失敗!!

公式：$\int_a^b f'\cdot g\,dx=[f\cdot g]_a^b-\int_a^b f\cdot g'\,dx$

(ii) $\int_0^{\frac{\pi}{2}}x\cdot(\sin x)'\,dx=[x\cdot\sin x]_0^{\frac{\pi}{2}}-\int_0^{\frac{\pi}{2}}1\cdot\sin x\,dx$　簡単になった！成功!!

公式：$\int_a^b f\cdot g'\,dx=[f\cdot g]_a^b-\int_a^b f'\cdot g\,dx$

$$=\frac{\pi}{2}\sin\frac{\pi}{2}-0-[-\cos x]_0^{\frac{\pi}{2}}$$

（$\sin\frac{\pi}{2}=1$，$\cos\frac{\pi}{2}-\cos 0=0-1$）

$$=\frac{\pi}{2}-1$$ となって，答えだね。

次，$\int\log x\,dx$ も，部分積分法を使って，次のように解ける。

$$\int\log x\,dx=\int 1\cdot\log x\,dx=\int x'\cdot\log x\,dx=x\cdot\log x-\int x\cdot(\log x)'\,dx$$

（1 は x' と考える。）

公式：$\int f'\cdot g\,dx=f\cdot g-\int f\cdot g'\,dx$

$$=x\log x-\int x\cdot\frac{1}{x}\,dx=x\log x-x+C$$ となる。

これは，公式：$\int\log x\,dx=x\log x-x+C$ として覚えておこう。

例題 **34**　次の定積分を求めよう。

(1) $\displaystyle\int_0^1 x\cdot e^{2x}dx$　　(2) $\displaystyle\int_1^e x^2\cdot\log x\,dx$

$$(1)\ \int_0^1 x\cdot e^{2x}dx=\int_0^1 x\cdot\left(\frac{1}{2}e^{2x}\right)'dx$$

部分積分の公式：

$$\int_0^1 f\cdot g'dx=[f\cdot g]_0^1-\int_0^1 f'\cdot g\,dx$$

簡単になった！

$$=\left[\frac{1}{2}xe^{2x}\right]_0^1-\int_0^1 \underset{x'}{1}\cdot\frac{1}{2}e^{2x}dx$$

$$=\frac{1}{2}\cdot 1\cdot e^2-\frac{1}{2}\cdot\left[\frac{1}{2}e^{2x}\right]_0^1$$

$$=\frac{1}{2}e^2-\frac{1}{4}(e^2-\underset{1}{e^0})$$

$$=\frac{1}{4}(2e^2-e^2+1)$$

$$=\frac{1}{4}(e^2+1)$$ となって，答えだ！

$$(2)\ \int_1^e x^2\cdot\log x\,dx=\int_1^e\left(\frac{1}{3}x^3\right)'\cdot\log x\,dx$$

部分積分の公式：

$$\int_1^e f'\cdot g\,dx=[f\cdot g]_1^e-\int_1^e f\cdot g'dx$$

簡単になった！

$$=\left[\frac{1}{3}x^3\log x\right]_1^e-\int_1^e\frac{1}{3}x^3\cdot\underset{(\log x)'}{\frac{1}{x}}dx$$

$$=\frac{1}{3}e^3\underset{1}{\log e}-\frac{1}{3}\cdot 1^3\cdot\underset{0}{\log 1}-\frac{1}{3}\int_1^e x^2dx$$

$$=\frac{1}{3}e^3-\frac{1}{3}\left[\frac{1}{3}x^3\right]_1^e$$

$$=\frac{1}{3}e^3-\frac{1}{9}(e^3-1^3)$$

$$=\frac{1}{9}(3e^3-e^3+1)$$

$$=\frac{1}{9}(2e^3+1)$$ となる。

どう？これで部分積分による積分計算にもずい分慣れてきただろう。

演習問題 37　●定積分の計算(Ⅰ)●

次の定積分を計算せよ。

(1) $\displaystyle\int_1^2\left(x+\frac{1}{\sqrt{x}}\right)^2dx$　　(2) $\displaystyle\int_0^{\frac{\pi}{2}}\left(\sin\frac{x}{2}+\cos\frac{x}{2}\right)^2dx$

(3) $\displaystyle\int_0^1(2\cdot e^x+e\cdot 2^x)dx$

ヒント！　定積分の基本問題だ。積分の**8**つの基本公式を利用して解こう！

解答＆解説

(1) $\displaystyle\int_1^2\left(x+\frac{1}{\sqrt{x}}\right)^2dx=\int_1^2\left(x^2+2x^{\frac{1}{2}}+\frac{1}{x}\right)dx$

$\left(x+\frac{1}{\sqrt{x}}\right)^2 = x^2+2\cdot x\cdot\frac{1}{\sqrt{x}}+\left(\frac{1}{\sqrt{x}}\right)^2$

$\displaystyle=\left[\frac{1}{3}x^3+\frac{4}{3}x^{\frac{3}{2}}+\log|x|\right]_1^2$

$\displaystyle=\frac{8}{3}+\frac{4}{3}\cdot2\sqrt{2}+\log2-\left(\frac{1}{3}+\frac{4}{3}+\log1\right)=1+\frac{8\sqrt{2}}{3}+\log2$ ……(答)

($\log 1 = 0$)

公式
- $\displaystyle\int x^\alpha dx=\frac{1}{\alpha+1}x^{\alpha+1}+C$
- $\displaystyle\int\frac{1}{x}dx=\log|x|+C$
- $\displaystyle\int\sin x\,dx=-\cos x+C$

(2) $\displaystyle\int_0^{\frac{\pi}{2}}\left(\sin\frac{x}{2}+\cos\frac{x}{2}\right)^2dx=\int_0^{\frac{\pi}{2}}(1+\sin x)dx$

$\displaystyle\left(\sin\frac{x}{2}+\cos\frac{x}{2}\right)^2 = \sin^2\frac{x}{2}+\cos^2\frac{x}{2}+2\cdot\sin\frac{x}{2}\cdot\cos\frac{x}{2}=1+\sin x$

2倍角の公式
$\displaystyle\sin\theta=2\sin\frac{\theta}{2}\cdot\cos\frac{\theta}{2}$

$\displaystyle=[x-\cos x]_0^{\frac{\pi}{2}}=\frac{\pi}{2}-\cos\frac{\pi}{2}-(0-\cos0)=\frac{\pi}{2}+1$ ……………………(答)

($\cos\frac{\pi}{2}=0$, $\cos 0=1$)

(3) $\displaystyle\int_0^1(2\cdot e^x+e\cdot2^x)dx$

$\displaystyle=\left[2e^x+e\cdot\frac{2^x}{\log2}\right]_0^1$

$\displaystyle=2e^1+e\cdot\frac{2}{\log2}-\left(2\cdot e^0+e\cdot\frac{2^0}{\log2}\right)$

$\displaystyle=2e+\frac{2e}{\log2}-2-\frac{e}{\log2}$

$\displaystyle=2(e-1)+\frac{e}{\log2}$ ………………………………………………………(答)

公式
- $\displaystyle\int e^xdx=e^x+C$
- $\displaystyle\int a^xdx=\frac{a^x}{\log a}+C$

演習問題 38 ● 定積分の計算(II) ●

次の定積分を計算せよ。

(1) $\displaystyle\int_0^{\frac{\pi}{3}} \sin^2 3x\,dx$　　(2) $\displaystyle\int_0^1 (e^x+1)^2 dx$

(3) $\displaystyle\int_0^{\frac{\pi}{3}} \frac{\tan^5 x}{\cos^2 x}dx$　　(4) $\displaystyle\int_1^e \frac{(\log x+1)^3}{x}dx$

ヒント！ (1), (2)では，公式：$\displaystyle\int\cos mx\,dx = \frac{1}{m}\sin mx + C$，$\displaystyle\int e^{ax}dx = \frac{1}{a}e^{ax}+C$ を利用する。(3), (4)は，公式：$\displaystyle\int f^n\cdot f'dx = \frac{1}{n+1}f^{n+1}+C$ を利用して解いてみよう。

解答＆解説

(1) $\displaystyle\int_0^{\frac{\pi}{3}} \sin^2 3x\,dx = \frac{1}{2}\int_0^{\frac{\pi}{3}}(1-\cos 6x)dx$ ← 公式：$\sin^2\theta = \frac{1}{2}(1-\cos 2\theta)$

$\displaystyle = \frac{1}{2}\left[x - \frac{1}{6}\sin 6x\right]_0^{\frac{\pi}{3}} = \frac{1}{2}\left(\frac{\pi}{3}-0\right) = \frac{\pi}{6}$ ……………………(答)

$\sin 6x$ の部分：0 ($\because \sin 2\pi = \sin 0 = 0$)

$\displaystyle\int\cos mx\,dx = \frac{1}{m}\sin mx + C$

(2) $\displaystyle\int_0^1 (e^x+1)^2 dx = \int_0^1 (e^{2x}+2e^x+1)dx$　　$\displaystyle\int e^{ax}dx = \frac{1}{a}e^{ax}+C$

$\displaystyle = \left[\frac{1}{2}e^{2x}+2e^x+x\right]_0^1 = \frac{1}{2}e^2+2e+1-\left(\frac{1}{2}+2+0\right)$

$\displaystyle = \frac{1}{2}e^2+2e-\frac{3}{2}$ ……………………(答)

(3) $f(x) = \tan x$ とおくと，$f'(x) = \dfrac{1}{\cos^2 x}$ より，　$\displaystyle\int f^n\cdot f'dx = \frac{1}{n+1}f^{n+1}+C$

$\displaystyle\int_0^{\frac{\pi}{3}} \underbrace{\tan^5 x}_{f^5}\cdot\underbrace{\frac{1}{\cos^2 x}}_{f'}dx = \underbrace{\frac{1}{6}[\tan^6 x]}_{\frac{1}{6}f^6}{}_0^{\frac{\pi}{3}} = \frac{1}{6}\{(\sqrt{3})^6-0^6\} = \frac{3^3}{6} = \frac{9}{2}$ ……(答)

(4) $f(x) = \log x+1$ とおくと，$f'(x) = (\log x+1)' = \dfrac{1}{x}+0 = \dfrac{1}{x}$ より，

$\displaystyle\int_1^e \underbrace{(\log x+1)^3}_{f^3}\cdot\underbrace{\frac{1}{x}}_{f'}dx = \underbrace{\frac{1}{4}[(\log x+1)^4]}_{\frac{1}{4}f^4}{}_1^e = \frac{1}{4}\{(1+1)^4-1^4\} = \frac{15}{4}$ ……(答)

$(1+1)^4$ の部分：$(\log e+1)^4 = 2^4 = 16$

演習問題 39　●置換積分 (Ⅰ)●

次の定積分を置換積分法により求めよ。

(1) $\int_1^2 x^3\sqrt{x^2-1}\,dx$　　　(2) $\int_0^3 \sqrt{9-x^2}\,dx$

ヒント！ (1)は，$\sqrt{x^2-1}=t$とおいても，$x^2-1=t$とおいて積分してもよい。(2)は，被積分関数が$\sqrt{3^2-x^2}$の形なので，$x=3\sin\theta$と置換して積分すればうまくいく。

解答＆解説

(1) $\int_1^2 x^3\sqrt{x^2-1}\,dx$ ……① について，$x^2-1=t$ とおく。 ←Step1 (まず置換する)

（x^2-1：tとおく）

$x:1\to 2$ のとき，$t:0\to 3$ となる。 ←Step2 (tの積分区間を求める。)

$(x^2-1)'dx=t'dt$ より，$2x\,dx=dt$

$\therefore\ x\,dx=\dfrac{1}{2}dt$ となる。 ←Step3 (dxとdtの関係式を求める。)

以上より①は，

$$\int_1^2 \underbrace{x^2}_{(t+1)}\cdot\underbrace{\sqrt{x^2-1}}_{\sqrt{t}}\cdot \underbrace{x\,dx}_{\frac{1}{2}dt}=\int_0^3 (t+1)\sqrt{t}\cdot\frac{1}{2}dt=\frac{1}{2}\int_0^3\left(t^{\frac{3}{2}}+t^{\frac{1}{2}}\right)dt$$

$$=\frac{1}{2}\left[\frac{2}{5}t^{\frac{5}{2}}+\frac{2}{3}t^{\frac{3}{2}}\right]_0^3=\frac{1}{2}\left(\frac{2}{5}\cdot 9\sqrt{3}+\frac{2}{3}\cdot 3\sqrt{3}\right)=\frac{14\sqrt{3}}{5}$$ ……………(答)

(2) $\int_0^3 \sqrt{3^2-x^2}\,dx$ ……② について，$x=3\sin\theta$ とおくと，

$x:0\to 3$ のとき，$\theta:0\to\dfrac{\pi}{2}$　また，$dx=3\cos\theta d\theta$ となる。

よって②は，

$$\int_0^3 \sqrt{3^2-x^2}\,dx=\int_0^{\frac{\pi}{2}}\sqrt{9-9\sin^2\theta}\cdot 3\cos\theta\,d\theta=\frac{9}{2}\int_0^{\frac{\pi}{2}}(1+\cos 2\theta)d\theta$$

（$3\sqrt{1-\sin^2\theta}\cdot 3\cos\theta=9\cos^2\theta=\dfrac{9}{2}(1+\cos 2\theta)$，$\sqrt{1-\sin^2\theta}=\cos\theta$）

$$=\frac{9}{2}\left[\theta+\frac{1}{2}\sin 2\theta\right]_0^{\frac{\pi}{2}}=\frac{9}{2}\times\frac{\pi}{2}=\frac{9}{4}\pi$$ ……………(答)

（$\frac{1}{2}\sin 2\theta$ の部分は 0 $(\because \sin\pi=\sin 0=0)$）

演習問題 40 ● 置換積分(Ⅱ) ●

次の定積分を置換積分法により求めよ。

(1) $\displaystyle\int_0^3 \frac{1}{9+x^2}dx$　　(2) $\displaystyle\int_0^{\frac{\pi}{2}} \sin^3 x\cdot\cos^2 x dx$

ヒント！ (1) 被積分関数が，$\dfrac{1}{3^2+x^2}$ なので，$x=3\tan\theta$ と置換するとうまくいくんだね。(2)では，$\sin^3 x\cdot\cos^2 x=(1-\cos^2 x)\cos^2 x\cdot\sin x$，つまり $(\cos x$ の式$)\cdot\sin x$ の形の式の積分なので，$\cos x=t$ とおくといいんだね。頑張ろう！

解答＆解説

(1) $\displaystyle\int_0^3 \frac{1}{3^2+x^2}dx$ ……① について，$x=3\tan\theta$ とおくと，

$x:0\to3$ のとき，$\theta:0\to\dfrac{\pi}{4}$　また，$dx=3\cdot\dfrac{1}{\cos^2\theta}d\theta$ となる。

よって①は，

$$\int_0^3\frac{1}{9+x^2}dx=\int_0^{\frac{\pi}{4}}\frac{1}{9+9\tan^2\theta}\cdot\frac{3}{\cos^2\theta}d\theta=\int_0^{\frac{\pi}{4}}\frac{1}{\frac{9}{\cos^2\theta}}\cdot\frac{3}{\cos^2\theta}d\theta$$

$9+9\tan^2\theta=9(1+\tan^2\theta)=9\cdot\dfrac{1}{\cos^2\theta}$

$$=\frac{1}{3}\int_0^{\frac{\pi}{4}}d\theta=\frac{1}{3}[\theta]_0^{\frac{\pi}{4}}=\frac{1}{3}\cdot\frac{\pi}{4}=\frac{\pi}{12}$$ ……………………(答)

(2) $\displaystyle\int_0^{\frac{\pi}{2}}\sin^3 x\cdot\cos^2 x dx=\int_0^{\frac{\pi}{2}}\cos^2 x(1-\cos^2 x)\cdot\sin x dx$ ……②について，

$\sin^3 x=\sin^2 x\cdot\sin x=(1-\cos^2 x)\cdot\sin x$　　$\cos^2 x(1-\cos^2 x)$：($\cos x$ の式)

$\cos x=t$ とおくと，$x:0\to\dfrac{\pi}{2}$ のとき，$t:1\to0$

$(\cos x)'dx=t'dt$ より，$-\sin x dx=dt$　$\therefore \sin x dx=-dt$

よって②は，

$$\int_0^{\frac{\pi}{2}}\cos^2 x(1-\cos^2 x)\sin x dx=\int_1^0 t^2(1-t^2)\cdot(-1)dt=\int_0^1(t^2-t^4)dt$$

$$=\left[\frac{1}{3}t^3-\frac{1}{5}t^5\right]_0^1=\frac{1}{3}-\frac{1}{5}=\frac{5-3}{15}=\frac{2}{15}$$ ……………………(答)

演習問題 41 ● 部分積分法 (I) ●

次の定積分を部分積分法により求めよ。

(1) $\displaystyle\int_0^{\frac{\pi}{2}} x(\cos x+\sin x)dx$　　　(2) $\displaystyle\int_{-1}^{1}(x+1)(e^x+e^{-x})dx$

ヒント！ 部分積分法の公式 $\int f\cdot g'dx = f\cdot g - \int f'\cdot g dx$ を利用する。(1) では $(\cos x+\sin x)$ を，また (2) では (e^x+e^{-x}) を x で積分して，"′" を付けて計算しよう。

解答＆解説

(1) $\displaystyle\int_0^{\frac{\pi}{2}} x\cdot(\underbrace{\cos x+\sin x}_{(\sin x-\cos x)'})dx$

$\cos x+\sin x$ を積分して，"′" を付けた。(微分した)

$$=\int_0^{\frac{\pi}{2}} x\cdot(\sin x-\cos x)'dx$$

部分積分
$\displaystyle\int_0^{\frac{\pi}{2}} f\cdot g'dx = [f\cdot g]_0^{\frac{\pi}{2}} - \int_0^{\frac{\pi}{2}} f'\cdot g dx$

$$=[x(\sin x-\cos x)]_0^{\frac{\pi}{2}} - \int_0^{\frac{\pi}{2}} \underbrace{1}_{x'}\cdot(\sin x-\cos x)dx$$

$$=\frac{\pi}{2}\Big(\underbrace{\sin\frac{\pi}{2}}_{1}-\underbrace{\cos\frac{\pi}{2}}_{0}\Big)-0-[-\cos x-\sin x]_0^{\frac{\pi}{2}}$$

$$=\frac{\pi}{2}+[\cos x+\sin x]_0^{\frac{\pi}{2}}=\frac{\pi}{2}+0+1-(1+0)=\frac{\pi}{2}$$ ……(答)

(2) $\displaystyle\int_{-1}^{1}(x+1)(\underbrace{e^x+e^{-x}}_{(e^x-e^{-x})'})dx$

e^x+e^{-x} を積分して，"′" を付けた。(微分した)

$$=\int_{-1}^{1}(x+1)(e^x-e^{-x})'dx$$

部分積分
$\displaystyle\int_{-1}^{1} f\cdot g'dx = [f\cdot g]_{-1}^{1} - \int_{-1}^{1} f'\cdot g dx$

$$=[(x+1)(e^x-e^{-x})]_{-1}^{1}-\int_{-1}^{1}\underbrace{1}_{(x+1)'}\cdot(e^x-e^{-x})dx$$

$$=2(e-e^{-1})-0-[e^x+e^{-x}]_{-1}^{1}$$

$$=2(e-e^{-1})-(e+e^{-1})+(e^{-1}+e)$$

$$=2(e-e^{-1})=2\Big(e-\frac{1}{e}\Big)=\frac{2(e^2-1)}{e}$$ ……(答)

演習問題 42　● 部分積分法 (Ⅱ) ●

次の定積分を部分積分法により求めよ。

(1) $2\int_0^1 x^2e^{2x}dx$　　(2) $4\int_0^{\frac{\pi}{4}} x^2\cos 2x dx$

ヒント！ (1), (2) 共に，部分積分を 2 回使って解く問題だ。シッカリ計算しよう！

解答＆解説

(1) $2\int_0^1 x^2e^{2x}dx = 2\int_0^1 x^2\left(\frac{1}{2}e^{2x}\right)'dx$ 　部分積分

$= 2\left\{\frac{1}{2}[x^2e^{2x}]_0^1 - \frac{1}{2}\int_0^1 2x\cdot e^{2x}dx\right\}$

$= 1\cdot e^2 - 0 - 2\int_0^1 x\left(\frac{1}{2}e^{2x}\right)'dx$ 　部分積分

$= e^2 - 2\left\{\frac{1}{2}[xe^{2x}]_0^1 - \frac{1}{2}\int_0^1 1\cdot e^{2x}dx\right\}$

$= e^2 - \left(1\cdot e^2 - 0 - \frac{1}{2}[e^{2x}]_0^1\right)$

$= \frac{1}{2}(e^2 - e^0) = \frac{e^2-1}{2}$ ……………………（答）

(2) $4\int_0^{\frac{\pi}{4}} x^2\cos 2x dx = 4\int_0^{\frac{\pi}{4}} x^2\cdot\left(\frac{1}{2}\sin 2x\right)'dx$ 　部分積分

$= 4\left\{\frac{1}{2}[x^2\sin 2x]_0^{\frac{\pi}{4}} - \frac{1}{2}\int_0^{\frac{\pi}{4}} 2x\cdot\sin 2x dx\right\}$

$= 2\left(\frac{\pi^2}{16}\underbrace{\sin\frac{\pi}{2}}_{1} - 0\right) - 4\int_0^{\frac{\pi}{4}} x\left(-\frac{1}{2}\cos 2x\right)'dx$ 　部分積分

$= \frac{\pi^2}{8} - 4\left(-\frac{1}{2}\underbrace{[x\cos 2x]_0^{\frac{\pi}{4}}}_{0\ (\because \cos\frac{\pi}{2}=0)} + \frac{1}{2}\int_0^{\frac{\pi}{4}} 1\cdot\cos 2x dx\right)$

$= \frac{\pi^2}{8} - 2\cdot\frac{1}{2}[\sin 2x]_0^{\frac{\pi}{4}} = \frac{\pi^2}{8} - \underbrace{\sin\frac{\pi}{2}}_{1} = \frac{\pi^2-8}{8}$ ……………………（答）

§2. 定積分で表された関数，区分求積法

前回，積分計算の練習を十分にやったので，今回の講義では，積分を応用して，さまざまな問題を解いてみることにしよう。具体的には，**"定積分で表された関数"**，**"偶関数と奇関数の積分"**，そして**"区分求積法"**の問題について，詳しく解説するつもりだ。

積分を利用することにより，解ける問題の幅がグッと広がるから，さらに面白くなると思うよ。

● まず，定積分で表された関数から始めよう！

"定積分で表された関数"の問題は，大きく分けて次の**2**通りのパターンがあるので，それぞれの解法をまず頭に入れよう。

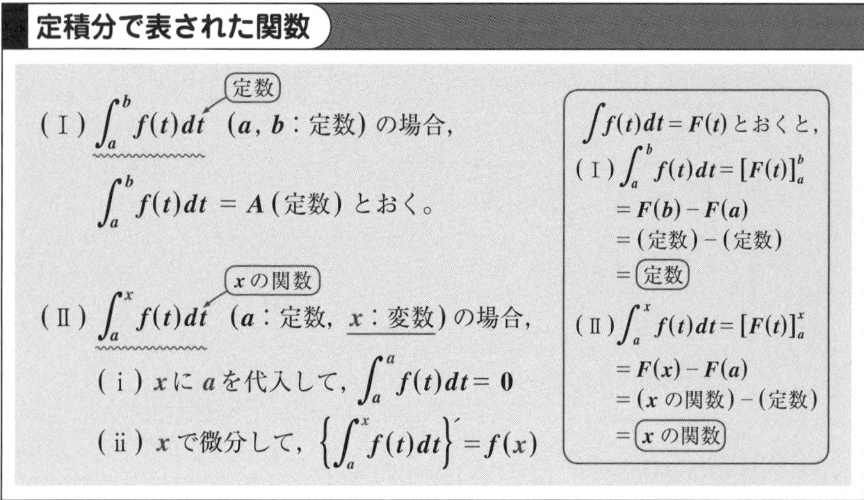

定積分で表された関数

(Ⅰ) $\int_a^b f(t)dt$ （a, b：定数）の場合，（定数）

$\int_a^b f(t)dt = A$（定数）とおく。

(Ⅱ) $\int_a^x f(t)dt$ （a：定数，x：変数）の場合，（xの関数）

(ⅰ) xにaを代入して，$\int_a^a f(t)dt = 0$

(ⅱ) xで微分して，$\left\{\int_a^x f(t)dt\right\}' = f(x)$

$\int f(t)dt = F(t)$ とおくと，

(Ⅰ) $\int_a^b f(t)dt = [F(t)]_a^b$
$= F(b) - F(a)$
$=$（定数）$-$（定数）
$=$（定数）

(Ⅱ) $\int_a^x f(t)dt = [F(t)]_a^x$
$= F(x) - F(a)$
$=$（xの関数）$-$（定数）
$=$（xの関数）

(Ⅰ)の定積分が定数となるのは問題ないはずだ。

(Ⅱ)の定積分 $\int_a^x f(t)dt$ …① では，tでの積分区間が$a \leqq t \leqq x$より，（a：定数，x：変数）

その積分結果はxの関数になることに注意しよう。ここで，

$\int f(t)dt = F(t)$ とおくと，$F'(t) = f(t)$ となる。

(ⅰ) よって，①の x に a を代入すると，

$$\int_a^a f(t)dt = [F(t)]_a^a = F(a) - F(a) = 0$$ となる。

(ⅱ) ①を x で微分すると，

$$\left\{\int_a^x f(t)dt\right\}' = \left\{[F(t)]_a^x\right\}' = \left\{F(x) - F(a)\right\}' = F'(x) = f(x)$$ となる。

定数

$F'(t) = f(t)$ より，文字変数は t が x に変わっても同じだからね。

それでは，この2通りの，定積分で表された関数の問題をこれから解いてみよう。

例題35　次式をみたす関数 $f(x)$ を求めよう。

$$f(x) = e^x + \int_0^1 tf(t)dt \quad \cdots\cdots(\mathrm{a})$$

エッ，難しそうだって？　そんなことないよ。右辺の定積分は単なる定数にすぎないので，これを，

$\int_0^1 tf(t)dt = A$ (定数) ……(b) とおいて，(b) を (a) に代入すると，

$f(x) = e^x + A$ ……(c)　　よって，A の値を求めればいいだけだ。

(c) より，$f(t) = e^t + A$ として，これを (b) に代入すると，

文字変数を x から t に変えてもかまわない！

$$A = \int_0^1 t(e^t + A)dt = \int_0^1 t(e^t + At)'dt$$

これを積分して，$'$ をつける (微分する)

部分積分
$$\int_0^1 f\cdot g'\,dt = [f\cdot g]_0^1 - \int_0^1 f'\cdot g\,dt$$

$$= [t(e^t + At)]_0^1 - \int_0^1 1\cdot(e^t + At)dt$$

$$= 1\cdot(e^1 + A\cdot 1) - \left[e^t + \frac{1}{2}At^2\right]_0^1$$

$$= e + A - \left\{\left(e^1 + \frac{1}{2}A\right) - \left(e^0 + \frac{1}{2}\cdot A\cdot 0^2\right)\right\} = \frac{1}{2}A + 1$$

$\therefore A = \frac{1}{2}A + 1$ より，　$\frac{1}{2}A = 1$　$\therefore A = 2$

これを (c) に代入して，$f(x) = e^x + 2$ となって，答えだ！

例題 36　正の定数 a に対して，$x \geqq a$ で定義される関数 $f(x)$ が，

$$\int_a^x f(t)dt = x\log 2x - 4x \quad \cdots\cdots ①$$ をみたすものとする。

このとき，a の値と関数 $f(x)$ を求めよう。

①の左辺は x の関数なので，(ⅰ)①の両辺の x に a を代入して，a の値を求め，(ⅱ)①の両辺を x で微分して，関数 $f(x)$ を求めればいいんだね。

(ⅰ)①の両辺の x に $a(>0)$ を代入して，

$$\underbrace{\int_a^a f(t)dt}_{0} = a\log 2a - 4a$$ となる。よって，（公式通り！）

$a(\log 2a - 4) = 0$　　両辺を $a(>0)$ で割って，

$\log 2a - 4 = 0$　　$\log 2a = 4$　　$2a = e^4$

$\therefore a = \dfrac{e^4}{2}$ となって，a の値が求まった。

(ⅱ)次，①の両辺を x で微分して，

$$\underbrace{\left\{\int_a^x f(t)dt\right\}'}_{f(x)} = (x\log 2x - 4x)'$$ となる。よって，（公式通り！）

$$f(x) = \underbrace{x'}_{1}\cdot\log 2x + x\cdot\underbrace{(\log 2x)'}_{\frac{2}{2x}=\frac{1}{x}} - 4\underbrace{x'}_{1} = \log 2x + x\cdot\frac{1}{x} - 4$$

$\therefore f(x) = \log 2x - 3$ となって，$f(x)$ も求まった！　大丈夫だった？

● 偶関数・奇関数の定積分のコツをつかもう！

高校数学で既に習っていると思うけれど，関数 $f(x)$ の積分区間 $a \leqq x \leqq b$ における定積分 $\int_a^b f(x)dx$ は，図1(ⅰ)(ⅱ)に示すように，

図1　定積分と面積

(ⅰ) $f(x) \geqq 0$ のとき　　(ⅱ) $f(x) \leqq 0$ のとき

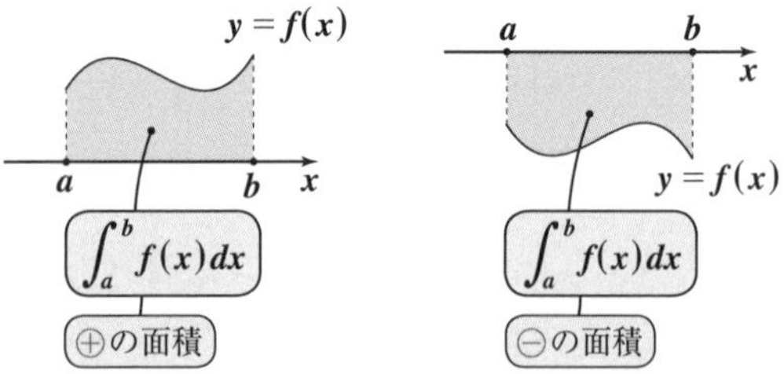

(i) $f(x) \geqq 0$ のときは，$f(x)$ と x 軸とで挟まれる部分の⊕の面積を表し，
(ii) $f(x) \leqq 0$ のときは，$f(x)$ と x 軸とで挟まれる部分の⊖の面積を表すんだね。

よって，$f(x)$ が偶関数（y 軸に対称なグラフ）や奇関数（原点に対称なグラフ）の場合，積分区間 $-a \leqq x \leqq a$ での定積分 $\int_{-a}^{a} f(x)dx$ は次のように簡単になるんだね。

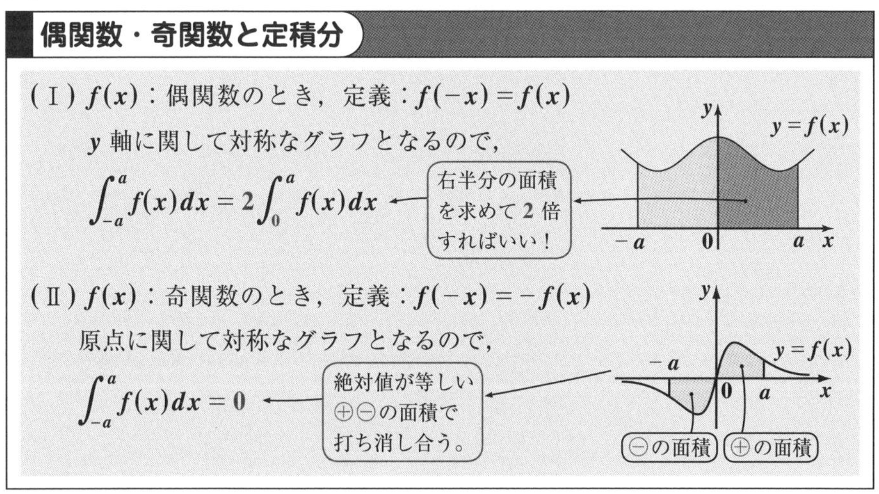

偶関数・奇関数と定積分

(Ⅰ) $f(x)$：偶関数のとき，定義：$f(-x) = f(x)$

y 軸に関して対称なグラフとなるので，

$$\int_{-a}^{a} f(x)dx = 2\int_{0}^{a} f(x)dx$$

右半分の面積を求めて2倍すればいい！

(Ⅱ) $f(x)$：奇関数のとき，定義：$f(-x) = -f(x)$

原点に関して対称なグラフとなるので，

$$\int_{-a}^{a} f(x)dx = 0$$

絶対値が等しい⊕⊖の面積で打ち消し合う。

それでは，例題で練習しておこう。

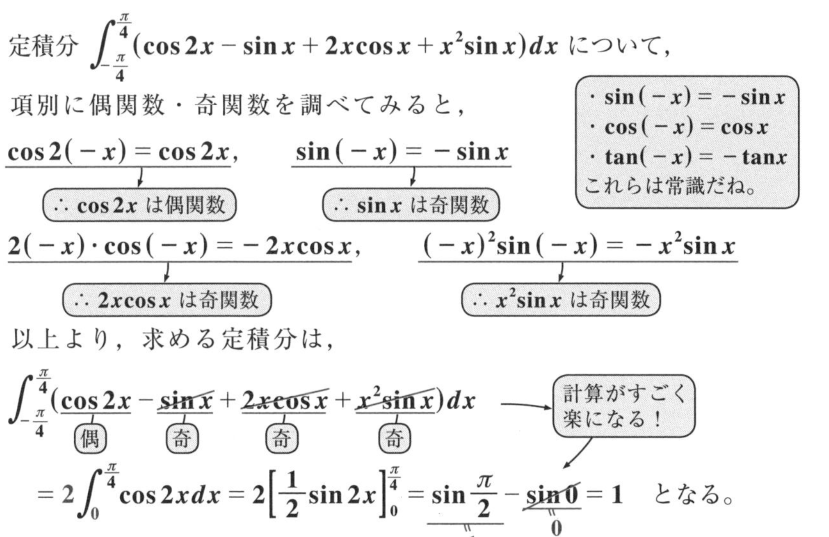

定積分 $\int_{-\frac{\pi}{4}}^{\frac{\pi}{4}} (\cos 2x - \sin x + 2x\cos x + x^2\sin x)dx$ について，

項別に偶関数・奇関数を調べてみると，

・$\sin(-x) = -\sin x$
・$\cos(-x) = \cos x$
・$\tan(-x) = -\tan x$
これらは常識だね。

$\cos 2(-x) = \cos 2x$，　∴ $\cos 2x$ は偶関数

$\sin(-x) = -\sin x$　∴ $\sin x$ は奇関数

$2(-x)\cdot\cos(-x) = -2x\cos x$，　∴ $2x\cos x$ は奇関数

$(-x)^2\sin(-x) = -x^2\sin x$　∴ $x^2\sin x$ は奇関数

以上より，求める定積分は，

$$\int_{-\frac{\pi}{4}}^{\frac{\pi}{4}} (\underbrace{\cos 2x}_{偶} - \underbrace{\sin x}_{奇} + \underbrace{2x\cos x}_{奇} + \underbrace{x^2\sin x}_{奇})dx$$

計算がすごく楽になる！

$$= 2\int_{0}^{\frac{\pi}{4}} \cos 2x dx = 2\left[\frac{1}{2}\sin 2x\right]_{0}^{\frac{\pi}{4}} = \underbrace{\sin\frac{\pi}{2}}_{1} - \underbrace{\sin 0}_{0} = 1$$ となる。

● 区分求積法もマスターしよう！

前に，無限等比級数や部分分数分解型の無限級数の解説をしたけれど，今回の“**区分求積法**（くぶんきゅうせきほう）”も，無限級数の和の解法の**1**つと考えていいよ。

区分求積法の公式

$$\lim_{n\to\infty}\frac{1}{n}\sum_{k=1}^{n}f\left(\frac{k}{n}\right)=\int_0^1 f(x)\,dx \quad \cdots\cdots ①$$

①の区分求積法の公式の意味について，これから解説しよう。

ここで，$y=f(x)$ と x 軸，$x=0$，$x=1$ で囲まれた部分を，そば打ち職人がそばを切るように，トントン…と n 等分に切ったとする。そして，図**2** に示すように，その右肩の y 座標が $y=f(x)$ の y 座標と一致する n 個の長方形を作ったと考えよう。

図 2　n 区間に分けた長方形

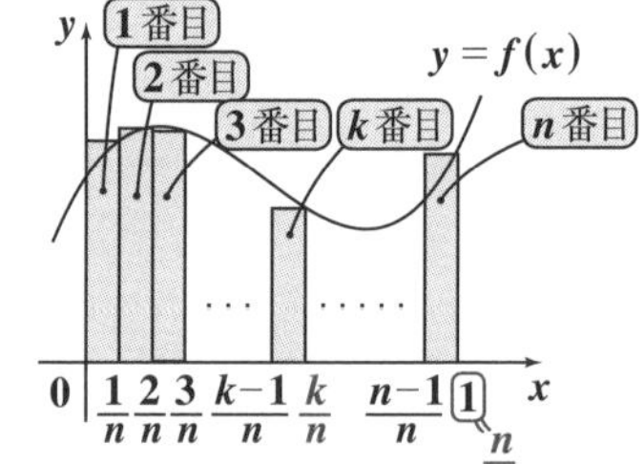

このうち，k 番目の長方形の面積 S_k は，図**3** から，$S_k=\frac{1}{n}f\left(\frac{k}{n}\right)$ $(k=1,\ 2,\ \cdots,\ n)$ となる。

図 3　k 番目の長方形

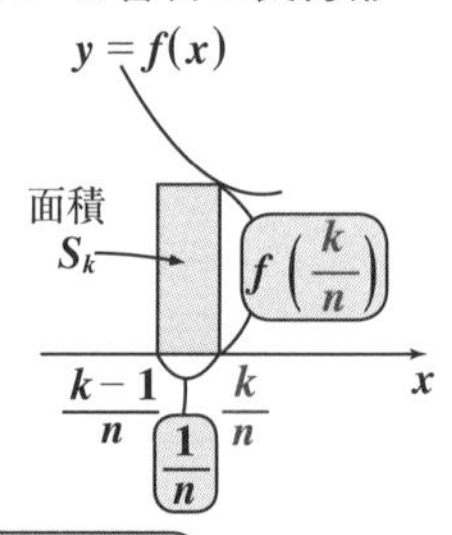

$k=1,2,\cdots,n$ と k が動く。n は定数扱い。

この S_1，S_2，$\cdots$，S_n の和をとると，

$$\sum_{k=1}^{n}S_k=\sum_{k=1}^{n}\frac{1}{n}f\left(\frac{k}{n}\right)=\frac{1}{n}\sum_{k=1}^{n}f\left(\frac{k}{n}\right)$$

となる。

$n\to\infty$ とすると，このギザギザが小さくなって，気にならなくなる！

ここで，$n\to\infty$ とすると，

$\frac{1}{n}\sum_{k=1}^{n}f\left(\frac{k}{n}\right)$ が，$\lim_{n\to\infty}\frac{1}{n}\sum_{k=1}^{n}f\left(\frac{k}{n}\right)=\int_0^1 f(x)dx \cdots ①$　になるんだね。

ギザギザがある

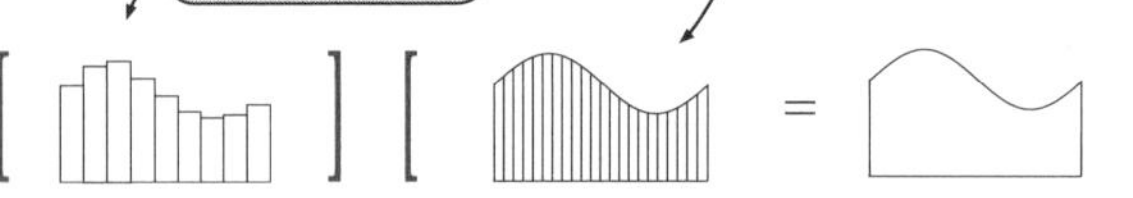

区分求積法の意味もこれで理解できたと思う。後は，次の例題で実践的に練習しよう。公式に当てはめて解いていけばいいんだよ。

例題 37　次の極限を定積分で表し，その値を求めよう。

(1) $I = \lim_{n\to\infty} \frac{1}{n}\sum_{k=1}^{n}\log\left(2+\frac{k}{n}\right)$

(2) $J = \lim_{n\to\infty} \frac{1}{n^2}\left(\sin\frac{1}{n} + 2\sin\frac{2}{n} + 3\sin\frac{3}{n} + \cdots + n\sin\frac{n}{n}\right)$

(1) は公式通りの形だね。

区分求積法
$\lim_{n\to\infty}\frac{1}{n}\sum_{k=1}^{n} f\left(\frac{k}{n}\right) = \int_0^1 f(x)\,dx$

$$I = \lim_{n\to\infty}\frac{1}{n}\sum_{k=1}^{n}\underbrace{\log\left(2+\frac{k}{n}\right)}_{f\left(\frac{k}{n}\right)} = \int_0^1 \underbrace{\log(2+x)}_{f(x)}\,dx$$

$$= \int_0^1 \underbrace{(2+x)'}_{1}\log(2+x)\,dx = \left[(2+x)\log(2+x)\right]_0^1 - \int_0^1 (2+x)\cdot\frac{\overbrace{1}^{(2+x)'}}{2+x}\,dx$$

部分積分：$\int_0^1 f'\cdot g\,dx = [f\cdot g]_0^1 - \int_0^1 f\cdot g'\,dx$

簡単化

$$= 3\log 3 - 2\log 2 - [x]_0^1 = 3\log 3 - 2\log 2 - 1$$ となる。

(2) $J = \lim_{n\to\infty}\frac{1}{n}\cdot\frac{1}{n}\left(1\cdot\sin\frac{1}{n} + 2\cdot\sin\frac{2}{n} + 3\cdot\sin\frac{3}{n} + \cdots + n\cdot\sin\frac{n}{n}\right)$

$$= \lim_{n\to\infty}\frac{1}{n}\left(\frac{1}{n}\sin\frac{1}{n} + \frac{2}{n}\sin\frac{2}{n} + \frac{3}{n}\sin\frac{3}{n} + \cdots + \frac{n}{n}\sin\frac{n}{n}\right)$$

$$= \lim_{n\to\infty}\frac{1}{n}\sum_{k=1}^{n}\underbrace{\frac{k}{n}\sin\frac{k}{n}}_{f\left(\frac{k}{n}\right)} = \int_0^1 \underbrace{x\sin x}_{f(x)}\,dx$$

区分求積法
$\lim_{n\to\infty}\frac{1}{n}\sum_{k=1}^{n} f\left(\frac{k}{n}\right) = \int_0^1 f(x)\,dx$

$$= \int_0^1 x\cdot(-\cos x)'\,dx = -[x\cos x]_0^1 - \int_0^1 \underbrace{1}_{x'}\cdot(-\cos x)\,dx$$

部分積分：$\int_0^1 f\cdot g'\,dx = [f\cdot g]_0^1 - \int_0^1 f'\cdot g\,dx$

$$= -1\cdot\cos 1 + [\sin x]_0^1 = -\cos 1 + \sin 1 - \underbrace{\sin 0}_{0}$$

$= \sin 1 - \cos 1$ となって，答えだ！

$\frac{\pi}{3}$ (ラジアン) $= 60°$ より，1 (ラジアン) $\fallingdotseq 57°$ だ！

$\frac{\pi}{3} \fallingdotseq 1.05$

演習問題 43　●定積分で表された関数(Ⅰ)●

次式をみたす関数 $f(x)$ を求めよ。

$$f(x)=x^2+\int_0^1\frac{f(t)}{t^2+1}dt \quad \cdots\cdots ①$$

ヒント！ ①の定積分の積分区間は $0\leqq t\leqq 1$ なので，これは定数 A とおけるんだね。後は，①を使って，この A の値を求めよう。

解答＆解説

$\int_0^1\frac{f(t)}{t^2+1}dt=A$ (定数) ……② とおいて，これを①に代入すると，

$f(x)=x^2+A$ ……①′ となる。 ← 後は，この A の値を求めればいい。

①′より，$f(t)=t^2+A$ ……①″ ← 変数を x から t に変えた。

①″を②に代入すると，

$$\underline{\underline{A}}=\int_0^1\frac{\overset{f(t)}{(t^2+A)}}{t^2+1}dt=\int_0^1\frac{(t^2+1)+(A-1)}{t^2+1}dt$$

$$=\int_0^1\left\{1+(A-1)\cdot\frac{1}{t^2+1}\right\}dt$$

$$=\left[t+(A-1)\tan^{-1}t\right]_0^1$$

公式
$\int\frac{1}{x^2+1}dx=\tan^{-1}x+C$

$$=1+(A-1)\underbrace{\tan^{-1}1}_{\frac{\pi}{4}\left(\because\tan\frac{\pi}{4}=1\right)}=\underline{\underline{1+\frac{\pi}{4}(A-1)}}$$ となる。

よって，A の方程式：$A=1+\frac{\pi}{4}(A-1)$ ……③ を解いて A の値を求めると，

$4A=4+\pi(A-1)$　$(4-\pi)A=4-\pi$　$\therefore A=\frac{4-\pi}{4-\pi}=1$ ……④ となる。

④を①′に代入して関数 $f(x)$ を求めると，

$f(x)=x^2+1$ である。……………………………………………………(答)

演習問題 44　● 定積分で表された関数（Ⅱ）●

次式で定義される関数 $f(x)$ がある。（ただし，a は定数とする。）

$$\int_a^x f(t)dt = \sinh x + \sqrt{3} \quad \cdots\cdots ① \quad \left(\sinh x = \frac{e^x - e^{-x}}{2},\ \cosh x = \frac{e^x + e^{-x}}{2}\right)$$

このとき，定数 a の値と，関数 $f(x)$ を求めよ。

ヒント！ (i) ①の両辺の x に a を代入して，a の値を求め，(ii) ①の両辺を x で微分して $f(x)$ を求めればよい。ここで，$(\sinh x)' = \cosh x$ となることも覚えておこう。

解答＆解説

$\int_a^x f(t)\,dt = \sinh x + \sqrt{3}$ ……① について，

$\cdot \sinh x = \frac{e^x - e^{-x}}{2}$
$\cdot \cosh x = \frac{e^x + e^{-x}}{2}$

(i) ①の両辺の x に a を代入して，

$\underbrace{\int_a^a f(t)\,dt}_{0} = \underbrace{\sinh a}_{\frac{e^a - e^{-a}}{2}} + \sqrt{3}$ より，$\frac{e^a - e^{-a}}{2} + \sqrt{3} = 0$　両辺に 2 をかけて，

$e^a - e^{-a} + 2\sqrt{3} = 0$　さらに両辺に e^a をかけて，$e^a = X\ (>0)$ とおくと，

$\underbrace{e^{2a}}_{X^2} + 2\sqrt{3}\underbrace{e^a}_{X} - 1 = 0$　$\underbrace{1}_{a} \cdot X^2 + \underbrace{2\sqrt{3}}_{2b'}X \underbrace{-1}_{c} = 0$ ← X の 2 次方程式の解は $X = \frac{-b' \pm \sqrt{b'^2 - ac}}{a}$ だね。

$X = -\sqrt{3} \pm \sqrt{(\sqrt{3})^2 + 1} = -\sqrt{3} \pm 2$

ここで，$X = e^a > 0$ より，$X = e^a = 2 - \sqrt{3}$

よって求める定数 a の値は，$a = \log(2 - \sqrt{3})$ である。……………(答)

(ii) ①の両辺を x で微分すると，

$\underbrace{\left\{\int_a^x f(t)\,dt\right\}'}_{f(x)} = \underbrace{\left(\sinh x + \sqrt{3}\right)'}_{\cosh x}$

$(\sinh x)' = \left(\frac{e^x - e^{-x}}{2}\right)' = \frac{e^x + e^{-x}}{2} = \cosh x$

$\therefore f(x) = \cosh x$　である。……………………………………………………(答)

演習問題 45 ●区分求積法(Ⅰ)●

次の極限を定積分で表し，その値を求めよ。

(1) $I=\lim_{n\to\infty}\left(\frac{1}{n+2}+\frac{1}{n+4}+\frac{1}{n+6}+\cdots+\frac{1}{3n}\right)$

(2) $J=\lim_{n\to\infty}\frac{1}{n^2}\sum_{k=1}^{n}ke^{-\frac{k}{n}}$

ヒント！ (1), (2) 共に区分求積法の公式：$\lim_{n\to\infty}\frac{1}{n}\sum_{k=1}^{n}f\left(\frac{k}{n}\right)=\int_0^1 f(x)dx$ を使って解こう。

解答＆解説

(1) $I=\lim_{n\to\infty}\left(\frac{1}{n+2}+\frac{1}{n+4}+\frac{1}{n+6}+\cdots+\frac{1}{n+2n}\right)$

$=\lim_{n\to\infty}\sum_{k=1}^{n}\frac{1}{n+2k}=\lim_{n\to\infty}\sum_{k=1}^{n}\frac{1}{n}\cdot\frac{1}{1+2\cdot\frac{k}{n}}$

Σ計算では，これは定数扱いなので，Σの外に出せる。

$=\lim_{n\to\infty}\frac{1}{n}\sum_{k=1}^{n}\underbrace{\frac{1}{1+2\cdot\frac{k}{n}}}_{f\left(\frac{k}{n}\right)}=\int_0^1\underbrace{\frac{1}{1+2x}}_{f(x)}dx$

区分求積法の公式：$\lim_{n\to\infty}\frac{1}{n}\sum_{k=1}^{n}f\left(\frac{k}{n}\right)=\int_0^1 f(x)dx$

$=\frac{1}{2}\int_0^1\frac{2}{2x+1}dx=\frac{1}{2}\left[\log|2x+1|\right]_0^1=\frac{1}{2}(\log 3-\log 1)=\frac{1}{2}\log 3$ …(答)

(2) $J=\lim_{n\to\infty}\frac{1}{n^2}\sum_{k=1}^{n}ke^{-\frac{k}{n}}=\lim_{n\to\infty}\frac{1}{n}\sum_{k=1}^{n}\underbrace{\frac{k}{n}e^{-\frac{k}{n}}}_{f\left(\frac{k}{n}\right)}=\int_0^1\underbrace{xe^{-x}}_{f(x)}dx$

$=\int_0^1 x\cdot(-e^{-x})'dx=-\left[xe^{-x}\right]_0^1+\int_0^1 1\cdot e^{-x}dx$ ←部分積分

$=-1\cdot e^{-1}-\left[e^{-x}\right]_0^1=-e^{-1}-(e^{-1}-1)=1-2e^{-1}=\frac{e-2}{e}$ ………………(答)

演習問題 46　● 区分求積法(Ⅱ) ●

$P_n = \left\{\dfrac{(2n)!}{n!n^n}\right\}^{\frac{1}{n}}$ $(n = 1,\ 2,\ 3,\ \cdots)$ について，極限 $\displaystyle\lim_{n\to\infty} P_n$ の値を求めよ。

ヒント！ 一見難しそうだけれど，P_n の自然対数 $\log P_n$ の極限に持ち込むと，区分求積法の形が見えてくるんだね。応用問題だけれど，頑張ろう！

解答＆解説

$$P_n = \left\{\frac{(2n)!}{n!n^n}\right\}^{\frac{1}{n}} = \left\{\frac{1\cdot2\cdot3\cdots n\cdot(n+1)(n+2)(n+3)\cdots(n+n)}{1\cdot2\cdot3\cdots n\times n\times n\times n\times\cdots\times n}\right\}^{\frac{1}{n}}$$

（n 個の（　）の積）（n 個の n の積）

$$=\left\{\left(1+\frac{1}{n}\right)\cdot\left(1+\frac{2}{n}\right)\cdot\left(1+\frac{3}{n}\right)\cdots\left(1+\frac{n}{n}\right)\right\}^{\frac{1}{n}} \cdots\cdots ① \quad (n=1,\ 2,\ 3,\ \cdots)$$

（n 個の n の積で，n 個の（　）の積を 1 つずつ割った結果だ！）

ここで，$P_n\,(>0)$ の自然対数 $\log P_n$ の $n\to\infty$ の極限を求めると，①より，

$$\lim_{n\to\infty}\log P_n = \lim_{n\to\infty}\log\left\{\left(1+\frac{1}{n}\right)\cdot\left(1+\frac{2}{n}\right)\cdot\left(1+\frac{3}{n}\right)\cdots\left(1+\frac{n}{n}\right)\right\}^{\frac{1}{n}}$$

公式
・$\log P^n = n\log P$
・$\log xy = \log x + \log y$

$$=\lim_{n\to\infty}\frac{1}{n}\left\{\log\left(1+\frac{1}{n}\right)+\log\left(1+\frac{2}{n}\right)+\log\left(1+\frac{3}{n}\right)+\cdots+\log\left(1+\frac{n}{n}\right)\right\}$$

$$=\lim_{n\to\infty}\frac{1}{n}\sum_{k=1}^{n}\log\left(1+\frac{k}{n}\right) = \int_0^1 \log(1+x)\,dx$$

（区分求積法の公式通り）（$f\left(\frac{k}{n}\right)$）（$f(x)$）

（部分積分法）

$$=\int_0^1 (1+x)'\cdot\log(1+x)\,dx = \big[(1+x)\cdot\log(1+x)\big]_0^1 - \int_0^1 (1+x)\cdot\frac{1}{1+x}\,dx$$

$$=2\cdot\log 2 - 1\cdot\log 1 - [x]_0^1 = \log 2^2 - 1 = \log 4 - \log e = \log\frac{4}{e}$$

よって，$\displaystyle\lim_{n\to\infty}\log P_n = \log\frac{4}{e}$ より，

（$\frac{4}{e}$）

求める極限の値は，$\displaystyle\lim_{n\to\infty}P_n = \frac{4}{e}$ である。 ……………………………………(答)

§3. 面積・体積・曲線の長さの計算

積分計算の応用のメインテーマは，これから解説する“**面積計算**”と“**体積計算**”だ。様々な曲線で挟まれる図形の面積や，曲線を x 軸や y 軸のまわりに回転させてできる回転体の体積を，定積分を使って求めることができる。特に，y 軸のまわりの回転体の体積に有効な“**バウムクーヘン型積分**”も教えよう。さらに，曲線の長さの求め方についても解説しよう。

● 面積は定積分で求められる！

図 1 に示すように，区間 $[a,\ b]$ において 2 曲線 $y=f(x)$ と $y=g(x)$ で挟まれる図形の面積を S とおくと，$S=\int_a^b\{f(x)-g(x)\}dx$ で表されることを，これから示そう。

図1　2 曲線で挟まれる部分の面積

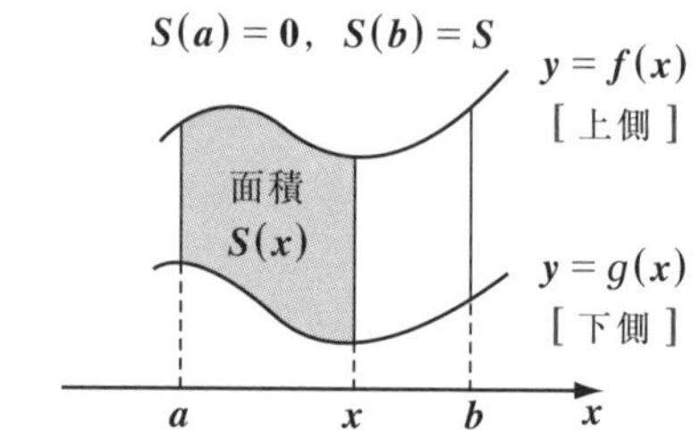

ここで，区間 $[a,\ x]$ において，この 2 曲線で挟まれる図形の面積を $S(x)$ とおくと，$S(a)=0$，$S(b)=S$ となるのは大丈夫だね。(図 1 参照)

図 2 に示すような，区間 $a\leqq x\leqq b$ の中の微小な面積を ΔS とおくと，これは近似的に，

$$\Delta S \fallingdotseq \{f(x)-g(x)\}\Delta x$$

と表せる。よって，

$$\frac{\Delta S}{\Delta x}\fallingdotseq f(x)-g(x)$$

より，$\Delta x\to 0$ の極限をとると，

$$\frac{dS}{dx}=f(x)-g(x)\ \cdots\cdots①$$

図 2　微小面積 ΔS

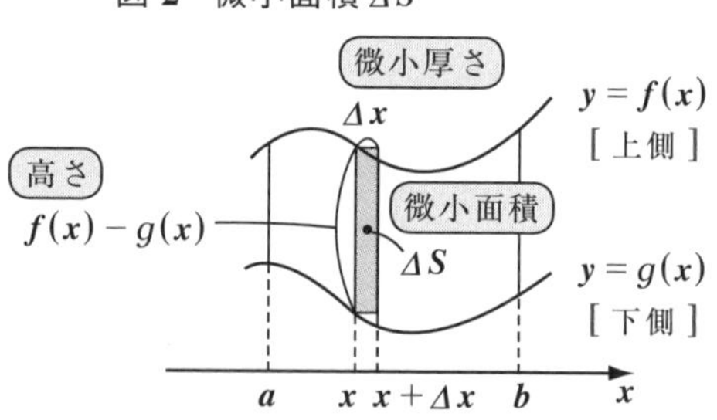

となり，$S(x)$ は $f(x)-g(x)$ の原始関数となる。よって，この①の両辺を積分区間 $[a,\ b]$ で積分すると，面積：$S=\int_a^b\{f(x)-g(x)\}dx\ \cdots\cdots(*1)$ の公式が導ける。

$\left[S(x)\right]_a^b=S(b)-S(a)=S$ だからね。（$S(b)=S$，$S(a)=0$）

特に，$y=f(x)$ と x 軸とで挟まれる部分の面積の計算では，$f(x)$ が 0 以上か 0 以下かに注目すると，以下の公式も導ける。

(i) $f(x) \geqq 0$ のとき，

曲線 $y=f(x)$ は，直線 $y=0$ [x 軸] の上側にあるから，その面積 S_1 は，

$S_1=\int_a^b f(x)\,dx$ 〔$f(x)-0$：上側－下側〕 だね。

(ii) $f(x) \leqq 0$ のとき，

曲線 $y=f(x)$ は，直線 $y=0$ [x 軸] の下側にあるから，その面積 S_2 は，

$S_2=-\int_a^b f(x)\,dx$ 〔$0-f(x)$：上側－下側〕

となる。

それでは，次の例題で実際に面積を求めてみよう。

図3 (i) $f(x) \geqq 0$ のとき

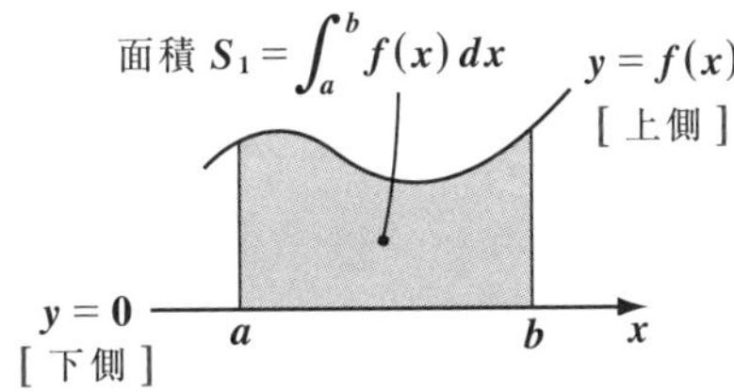

(ii) $f(x) \leqq 0$ のとき

例題 38　$\frac{1}{e} \leqq x \leqq e$ の範囲で曲線 $y=f(x)=\frac{\log x}{x}$ と x 軸とで挟まれる部分の面積 S を求めよう。

$y=f(x)=\frac{\log x}{x}$ のグラフについては，P104 で詳しく解説したので大丈夫だね。

よって，$\frac{1}{e} \leqq x \leqq e$ の範囲において，曲線 $y=f(x)$ と x 軸とで挟まれる部分の面積 S は，右図のように，2つの部分の面積 S_1 と S_2 の和，すなわち $S=S_1+S_2$ となることに気を付けよう。

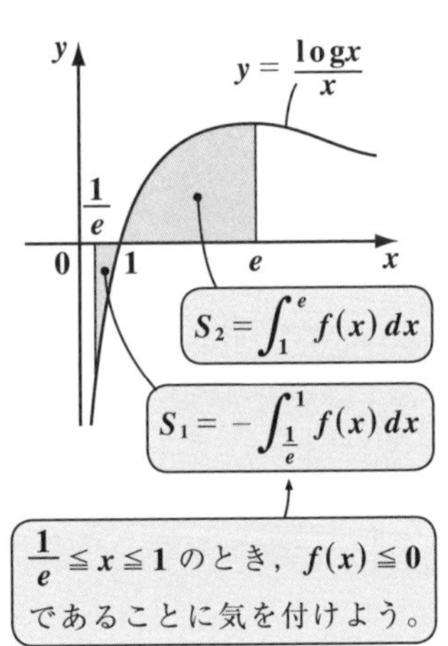

面積 $S=S_1+S_2=-\int_{\frac{1}{e}}^{1}f(x)\,dx+\int_1^e f(x)\,dx$

$=-\int_{\frac{1}{e}}^{1}\log x\cdot\frac{1}{x}\,dx+\int_1^e\log x\cdot\frac{1}{x}\,dx$

$g=\log x$ とおいて，積分公式：$\int g\cdot g'\,dx=\frac{1}{2}g^2$ を使った。

$=-\left[\frac{1}{2}(\log x)^2\right]_{\frac{1}{e}}^{1}+\left[\frac{1}{2}(\log x)^2\right]_1^e$

$=-\frac{1}{2}(\log 1)^2+\frac{1}{2}\left(\log\frac{1}{e}\right)^2+\frac{1}{2}(\log e)^2-\frac{1}{2}(\log 1)^2$

$(\log e^{-1})^2=(-\log e)^2=(-1)^2$

$=\frac{1}{2}+\frac{1}{2}=1$ となって，答えだ！ 納得いった？

> 例題 39　$-\frac{2}{3}\pi\leqq x\leqq\frac{2}{3}\pi$ の範囲で 2 つの曲線 $y=\cos x$ と $y=\cos 2x$ とで囲まれる部分の面積 S を求めよう。

$y=\cos x$ …① と $y=\cos 2x$ …②

$\left(-\frac{2}{3}\pi\leqq x\leqq\frac{2}{3}\pi\right)$ の交点を求めよう。

①，②から y を消して，

$\cos x=\cos 2x$　（$\cos 2x = 2\cos^2x-1$：2 倍角の公式）

$2\cos^2x-\cos x-1=0$

$(2\cos x+1)(\cos x-1)=0$

$y=\cos x$ ［上側］

$y=\cos 2x$ ［下側］

$\therefore\cos x=1,\ -\frac{1}{2}$ より，これをみたす定義域内の x の値は $x=0,\ \pm\frac{2}{3}\pi$ だね。よって，①と②で囲まれる図形は，上に示す網目部になる。

この面積 S は，

$$S=\int_{-\frac{2}{3}\pi}^{\frac{2}{3}\pi}(\underbrace{\cos x}_{偶}-\underbrace{\cos 2x}_{偶})\,dx=2\int_{0}^{\frac{2}{3}\pi}(\cos x-\cos 2x)\,dx$$

$$=2\left[\sin x-\frac{1}{2}\sin 2x\right]_0^{\frac{2}{3}\pi}=2\left(\underbrace{\sin\frac{2}{3}\pi}_{\frac{\sqrt{3}}{2}}-\frac{1}{2}\underbrace{\sin\frac{4}{3}\pi}_{-\frac{\sqrt{3}}{2}}\right)$$

$$=2\left(\frac{\sqrt{3}}{2}+\frac{\sqrt{3}}{4}\right)=2\cdot\frac{3\sqrt{3}}{4}=\frac{3\sqrt{3}}{2}$$ となるんだね。

これで，面積計算の要領もつかめたと思う。次，体積計算に入ろう。

● 薄切りハムモデルで体積計算しよう！

では，体積計算にチャレンジしよう。図 4 に示すように，ある立体が与えられたとき，x 軸を設定して，この立体が $a \leqq x \leqq b$ の範囲にあるものとする。この立体の体積を V とおいて，この V の求め方を考えてみよう。

図 4　体積計算
(薄切りハムモデル)

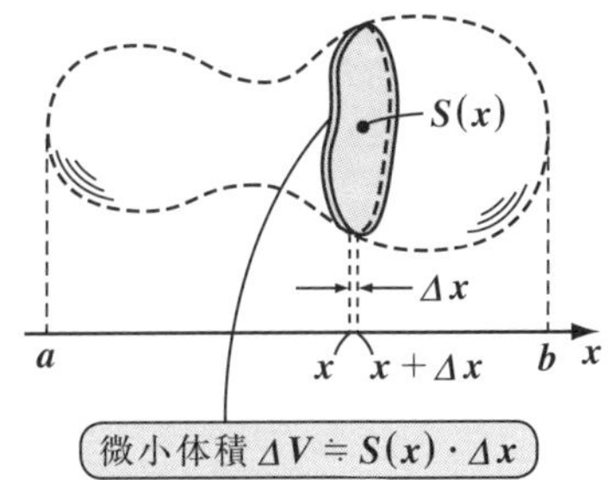

面積計算のときと同様に，微小体積 ΔV をまず求めよう。図 4 に示すように，x 軸に垂直な平面で切った立体の切り口の断面積を $S(x)$ とおくと，これに微小な厚さ Δx をかけたものが，ΔV に近似的に等しいことが分かると思う。よって，

$\underline{\Delta V \fallingdotseq S(x)\cdot\Delta x}$ より，$\dfrac{\Delta V}{\Delta x} \fallingdotseq S(x)$ となる。

立体を薄くスライスしたもので ΔV を近似したので，これを“薄切りハムモデル”と呼ぼう。

ここで，$\Delta x \to 0$ の極限をとると，

$$\frac{dV}{dx}=S(x)$$

となるので，面積計算のときと同様に，この両辺を積分区間 $[a,\ b]$ で積分すると，体積：$V=\displaystyle\int_a^b S(x)\,dx$ ……$(*2)$ の公式が導ける。

例題 **40**　右図に示すように半径 a，高さ a の直円柱がある。この底面(円)の中心 **O** を通り，底面から仰角 **45°** の平面でこの直円柱を切ってできる **2** つの立体の内，小さい方の立体の体積 V を求めてみよう。

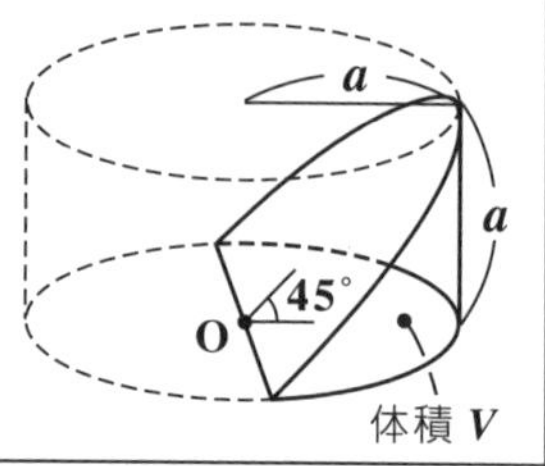

右図に示すように，x 軸と y 軸を定め，この立体を $x=t$ $(-a \leqq t \leqq a)$ の平面で切った切り口の断面積 $S(t)$ を求めよう。

今回は，t での積分にする。

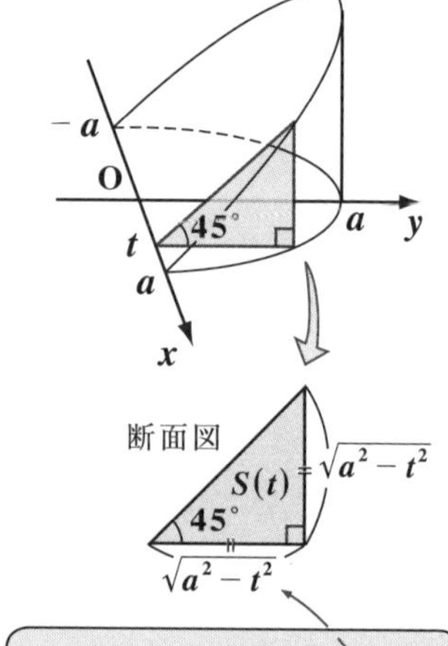

この立体を真上から見た図から明らかに，この切り口は **1** 辺の長さが $\sqrt{a^2-t^2}$ の直角二等辺三角形だね。よって，この断面積 $S(t)$ は，

$$S(t)=\frac{1}{2}\left(\sqrt{a^2-t^2}\right)^2=\frac{1}{2}(a^2-t^2)$$

$$(-a \leqq t \leqq a)$$

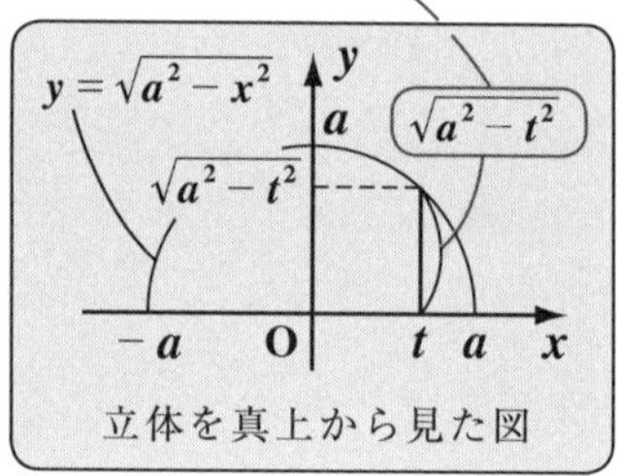

立体を真上から見た図

となる。よって，求める立体の体積 V は，

$$V=\int_{-a}^{a} S(t)\,dt$$

$$=\frac{1}{2}\int_{-a}^{a}(a^2-t^2)\,dt$$

偶

定数

$$=\frac{1}{2}\cdot 2\int_0^a (a^2-t^2)\,dt$$

$$=\left[a^2t-\frac{1}{3}t^3\right]_0^a=a^3-\frac{1}{3}a^3=\frac{2}{3}a^3$$ となって，答えだね。

面白かった？ それでは，回転体の体積計算についても解説しよう。

● 回転体の体積計算もマスターしよう！

まず，(ⅰ) x 軸のまわりの回転体，および (ⅱ) y 軸のまわりの回転体の体積を求める公式を下に示そう。

回転体の体積計算の公式

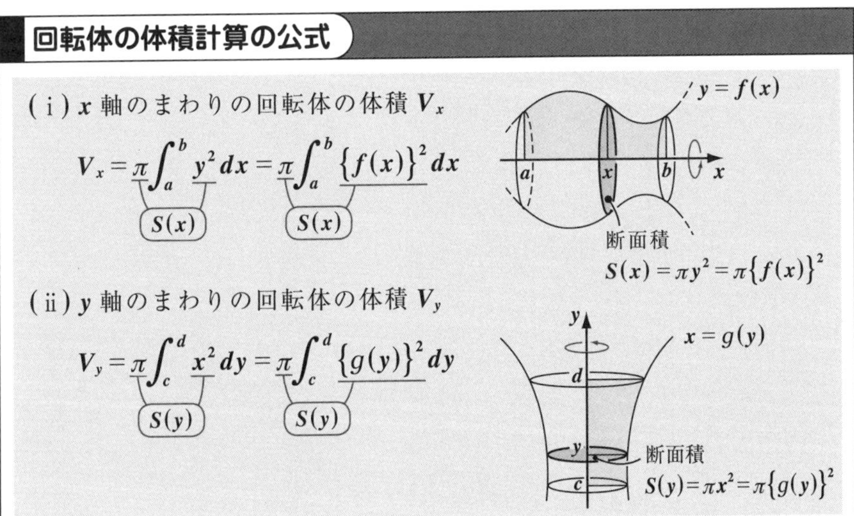

(ⅰ) x 軸のまわりの回転体の体積 V_x

$$V_x = \underbrace{\pi\int_a^b y^2}_{S(x)} dx = \pi\int_a^b \underbrace{\{f(x)\}^2}_{S(x)} dx$$

(ⅱ) y 軸のまわりの回転体の体積 V_y

$$V_y = \underbrace{\pi\int_c^d x^2}_{S(y)} dy = \pi\int_c^d \underbrace{\{g(y)\}^2}_{S(y)} dy$$

(ⅰ) は断面積 $S(x)$ を x で，また (ⅱ) は断面積 $S(y)$ を y で積分する"薄切りハムモデル"の体積計算の公式なんだね。公式の意味は理解できると思う。それでは，早速次の例題で回転体の体積を求めてみよう。

例題 41　放物線 $y = 2 - x^2$ と x 軸とで囲まれる部分を，

(ⅰ) x 軸のまわりに回転してできる回転体の体積 V_x を求めよう。

(ⅱ) y 軸のまわりに回転してできる回転体の体積 V_y を求めよう。

(ⅰ) 右図に示すように，放物線 $y = 2 - x^2$ と x 軸とで囲まれる図形を x 軸のまわりに回転してできる立体を，x 軸と垂直な平面で切ってできる切り口は，半径 $y = 2 - x^2$ の円となるので，その断面積 $S(x)$ は，

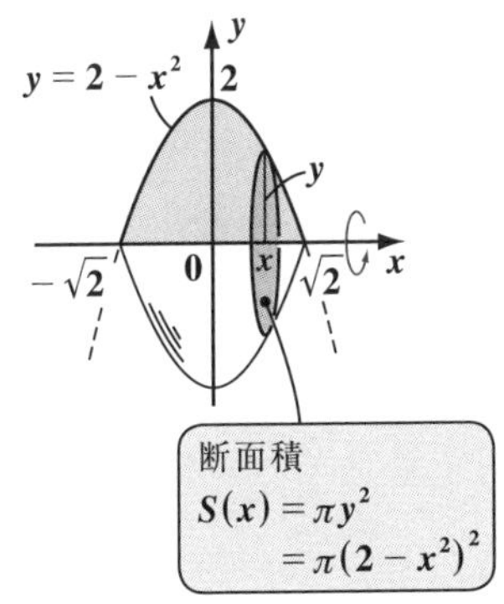

$$S(x) = \pi y^2 = \pi(2 - x^2)^2$$
$$= \pi(4 - 4x^2 + x^4) \quad (-\sqrt{2} \leqq x \leqq \sqrt{2})$$

となる。よって，求める回転体の体積 V_x は，

$$V_x=\int_{-\sqrt{2}}^{\sqrt{2}}S(x)\,dx=\pi\int_{-\sqrt{2}}^{\sqrt{2}}\underbrace{(4-4x^2+x^4)}_{偶}\,dx=2\pi\int_0^{\sqrt{2}}(4-4x^2+x^4)\,dx$$

$$=2\pi\left[4x-\frac{4}{3}x^3+\frac{1}{5}x^5\right]_0^{\sqrt{2}}=2\pi\left(4\sqrt{2}-\frac{8\sqrt{2}}{3}+\frac{4\sqrt{2}}{5}\right)$$

$$=8\sqrt{2}\pi\left(1-\frac{2}{3}+\frac{1}{5}\right)=8\sqrt{2}\pi\cdot\frac{15-10+3}{15}=\frac{64\sqrt{2}}{15}\pi$$ となる。

(ii) 次，同じ図形を y 軸のまわりに回転してできる回転体の体積 V_y を求めよう。これを y 軸に垂直な平面で切った切り口（半径 x の円）の断面積 $S(y)$ は，

$S(y)=\pi x^2=\pi(2-y)$

より，これを積分区間 $[0,\ 2]$ で積分したものが V_y だね。よって，

$$V_y=\int_0^2 S(y)\,dy=\pi\int_0^2 x^2\,dy=\pi\int_0^2(2-y)\,dy$$

$$=\pi\left[2y-\frac{1}{2}y^2\right]_0^2=\pi(4-2)=2\pi$$ となって，答えだ。

これで，回転体の体積計算の要領もつかめただろう？

● バウムクーヘン型積分にもチャレンジしよう！

前述したように，y 軸のまわりの回転体の体積 V_y は，

$V_y=\pi\int_c^d x^2\,dy=\pi\int_c^d\{g(y)\}^2\,dy$ で計算できるんだけれど，この場合，関数を $x=g(y)$ の形で表現しないといけないため，計算が繁雑になることも多いんだね。でも，これから解説する“**バウムクーヘン型積分**”では，$y=f(x)$ の形のままで，y 軸のまわりの回転体の体積を求めることができるんだ。エッ，何で，お菓子のバウムクーヘンなんて名前が付けられているのかって？ それは，微小体積 ΔV の形状が，バウムクーヘンの薄皮 1 枚に似ているからなんだ。これについては後で詳しく解説する。

では，まず“**バウムクーヘン型積分**”の公式を次に示そう。

バウムクーヘン型積分

(y 軸のまわりの回転体の体積)
$y=f(x)$　$(a\leqq x\leqq b)$ と x 軸とで挟まれる部分を，y 軸のまわりに回転してできる回転体の体積 V_y は，

$$V_y=2\pi\int_a^b xf(x)\,dx\quad\left[f(x)\geqq 0\right]$$

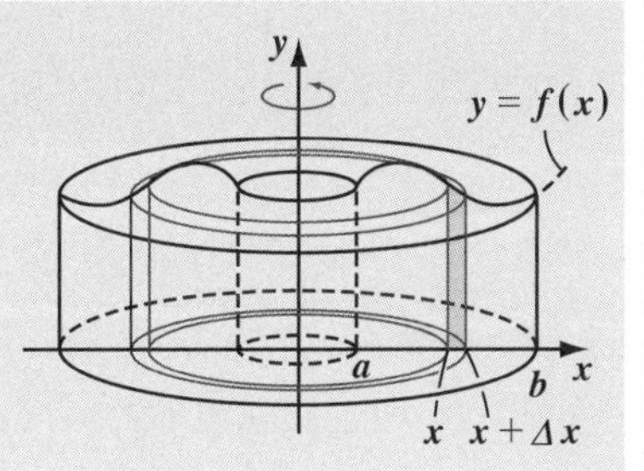

図5(i)に示すように，$a\leqq x\leqq b$ の範囲で $y=f(x)$ と x 軸とで挟まれる図形を y 軸のまわりに回転してできる回転体の体積 V を求める。

まず，図5(i)に示すように，x と $x+\Delta x$ の範囲で曲線 $y=f(x)$ と x 軸が挟む微小部分を y 軸のまわりに回転させてできる微小部分の微小体積を ΔV とおこう。

このバウムクーヘンの薄皮1枚の形状の図5(ii)の薄い円筒に切り目 (cut) を入れて，広げたものが図5(iii)なんだ。これから，この微小体積 ΔV が近似的に

$$\Delta V\fallingdotseq \underbrace{2\pi x}_{\text{横幅}}\cdot\underbrace{f(x)}_{\text{高さ}}\cdot\underbrace{\Delta x}_{\text{厚さ}}$$

と表されるのは大丈夫だね。よって，

$$\frac{\Delta V}{\Delta x}\fallingdotseq 2\pi xf(x)\quad\text{として，}$$

図5　バウムクーヘン型積分

(i)

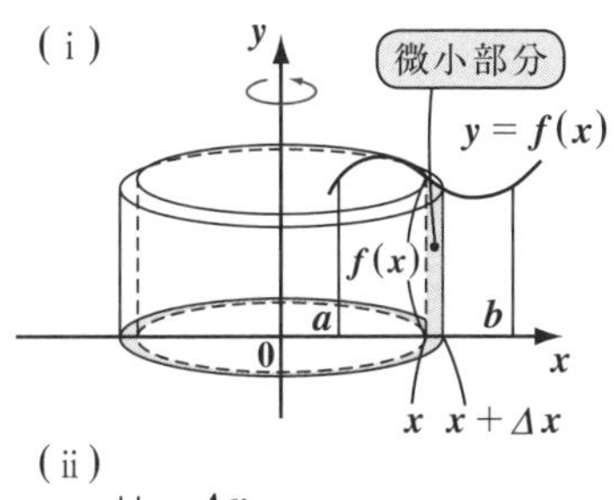

(ii)

(iii)

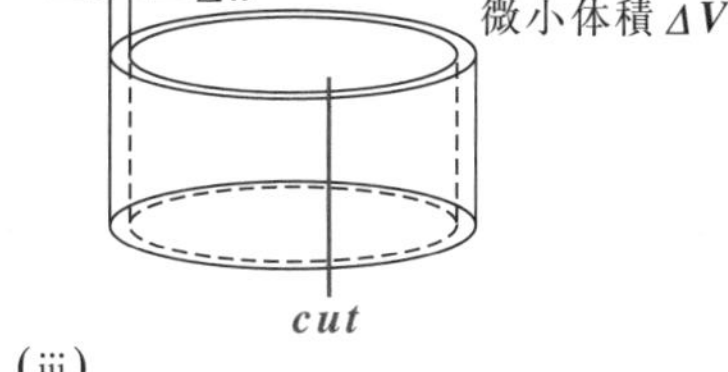

$\Delta x\to 0$ の極限をとると，これは $\dfrac{dV}{dx}=2\pi xf(x)$ となる。

面積計算のときと同様に，この両辺を x の積分区間 $[a,\ b]$ で積分して，

体積：$V_y=2\pi\displaystyle\int_a^b xf(x)\,dx$　……(＊3) のバウムクーヘン型の積分公式が導ける。

では，例題41(ⅱ)の問題をバウムクーヘン

$y = f(x) = 2 - x^2$ と x 軸とで囲まれた部分の y 軸のまわりの回転体の体積 $V_y = 2\pi$ (P158)

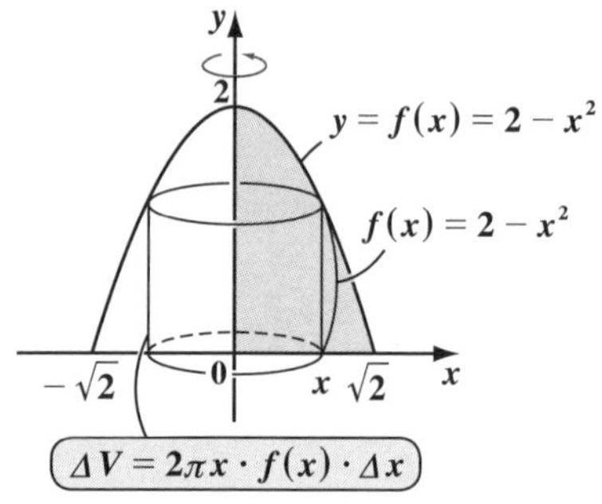

型積分で解いてみよう。この場合，回転する領域は右図に示すように，$y = f(x)$ と x 軸と y 軸とで囲まれた部分でいいね。つまり，積分区間は $0 \leqq x \leqq \sqrt{2}$ でいい。

以上より，求める立体の体積 V は，バウムクーヘン型積分により，

$$V = 2\pi\int_0^{\sqrt{2}} x\underbrace{f(x)}_{(2-x^2)}\,dx = 2\pi\int_0^{\sqrt{2}}(2x - x^3)\,dx = 2\pi\left[x^2 - \frac{1}{4}x^4\right]_0^{\sqrt{2}}$$

$= 2\pi(2-1) = 2\pi$ 　となって，例題と同じ結果(P158)が導けた！

● 曲線の長さの求め方も覚えよう！

図6に示すように，曲線 $y = f(x)$ $(a \leqq x \leqq b)$ の長さ L の求め方を考えよう。図6に示すように，この曲線上のある微小な長さ ΔL を考えると，これは三平方の定理から，

図6　曲線の長さL

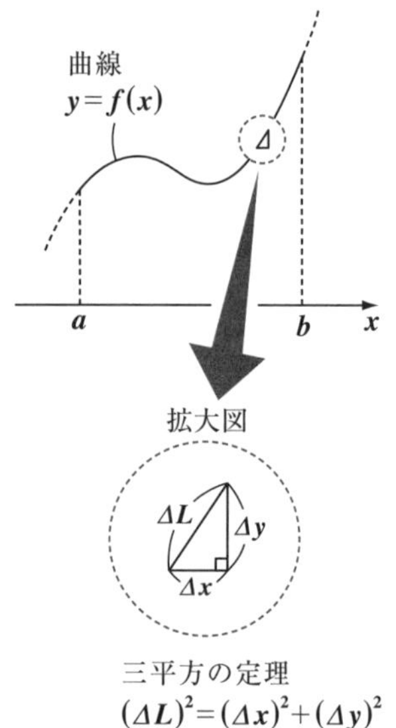

$\Delta L = \sqrt{(\Delta x)^2 + (\Delta y)^2}$ ……① となる。

①をさらに変形して，

$$\Delta L = \sqrt{\left\{1 + \left(\frac{\Delta y}{\Delta x}\right)^2\right\}(\Delta x)^2}$$

$$= \sqrt{1 + \left(\frac{\Delta y}{\Delta x}\right)^2}\,\Delta x \text{ となる。}$$

よって，$\dfrac{\Delta L}{\Delta x} = \sqrt{1 + \left(\dfrac{\Delta y}{\Delta x}\right)^2}$ ……②

ここで，$\Delta x \to 0$ の極限をとると，②は，

$$\frac{dL}{dx}=\sqrt{1+\underbrace{\left(\frac{dy}{dx}\right)^2}_{(y')^2=\{f'(x)\}^2}}=\sqrt{1+\{f'(x)\}^2}$$ となる。

後は，この両辺を x の積分区間 $[a,\ b]$ で積分すると，求める曲線の長さ L が，

$$L=\int_a^b\sqrt{1+\{f'(x)\}^2}\,dx$$ ……(∗4) で求められるんだね。大丈夫？

それでは，次の例題で早速，曲線の長さ L を求めてみよう。

例題 42　曲線 $y=f(x)=\frac{4}{3}x\sqrt{x}$ $(0\leqq x\leqq 2)$ の長さ L を求めてみよう。

$y=f(x)=\frac{4}{3}x\sqrt{x}=\frac{4}{3}x^{\frac{3}{2}}$ $(0\leqq x\leqq 2)$

の導関数 $f'(x)$ は，

$f'(x)=\frac{4}{3}\cdot\frac{3}{2}\cdot x^{\frac{1}{2}}=2\sqrt{x}$ である。

よって，求める曲線の長さ L は，

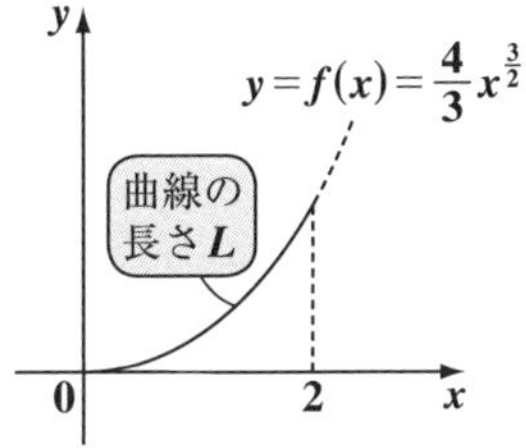

$$L=\int_0^2\sqrt{1+\underbrace{\{f'(x)\}^2}_{(2\sqrt{x})^2=4x}}\,dx$$

$$=\int_0^2(1+4x)^{\frac{1}{2}}dx$$

$$=\frac{1}{6}\left[(1+4x)^{\frac{3}{2}}\right]_0^2$$

合成関数の微分

$\left\{(1+4x)^{\frac{3}{2}}\right\}'=\frac{3}{2}(1+4x)^{\frac{1}{2}}\cdot 4$

$=6(1+4x)^{\frac{1}{2}}$ より，

$\int(1+4x)^{\frac{1}{2}}dx=\frac{1}{6}(1+4x)^{\frac{3}{2}}+C$

となる。

$$=\frac{1}{6}\left(\underbrace{9^{\frac{3}{2}}}_{(3^2)^{\frac{3}{2}}=3^3=27}-1^{\frac{3}{2}}\right)$$

$$=\frac{1}{6}(27-1)=\frac{26}{6}=\frac{13}{3}$$ となるんだね。納得いった？

演習問題 47　●面積の計算(Ⅰ)●

曲線 $y = \sin^{-1}x \quad (0 \leqq x \leqq 1)$ と x 軸と直線 $x = 1$ とで囲まれる図形の面積 S を求めよ。

ヒント！ $y = \sin^{-1}x$ の積分は難しいので，図を描いて，$y = \sin x$ の積分を利用することに気付けばいいんだね。

解答＆解説

曲線 $y = \sin^{-1}x \quad (0 \leqq x \leqq 1)$ と x 軸と直線 $x = 1$ とで囲まれる図形の面積 S は，図1から明らかに，

$S = \int_0^1 \sin^{-1}x\,dx$ ……① で表されるが，

この定積分は難しいので，①の代わりに，図2に示すように，曲線 $y = \sin x$ の積分区間 $\left[0,\ \frac{\pi}{2}\right]$ での定積分を用いて，S を次のように計算する。

図1

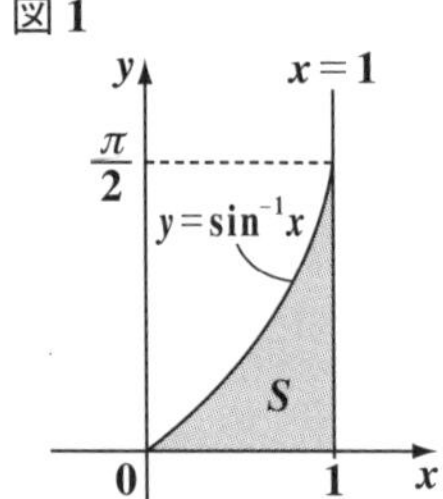

図2

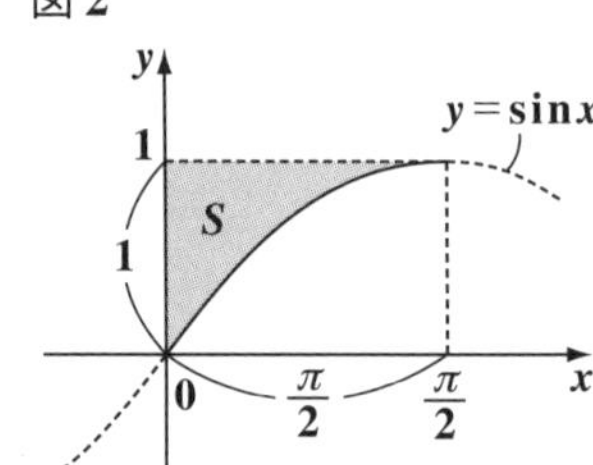

$$S = 1 \times \frac{\pi}{2} - \int_0^{\frac{\pi}{2}} \sin x\,dx$$

$$= \frac{\pi}{2} + [\cos x]_0^{\frac{\pi}{2}} = \frac{\pi}{2} + \underbrace{\cos\frac{\pi}{2}}_{0} - \underbrace{\cos 0}_{1}$$

$\therefore S = \frac{\pi}{2} - 1$ である。……………………………………………………(答)

演習問題 48 ● 面積の計算（Ⅱ）●

曲線 $y=f(x)=(x+2)e^{-x}$ と x 軸と y 軸と直線 $x=a$ （a：正の定数）とで囲まれる図形の面積を $S(a)$ とおく。$S(a)$ を a の式で表せ。また極限 $\lim_{a\to\infty}S(a)$ の値を求めよ。

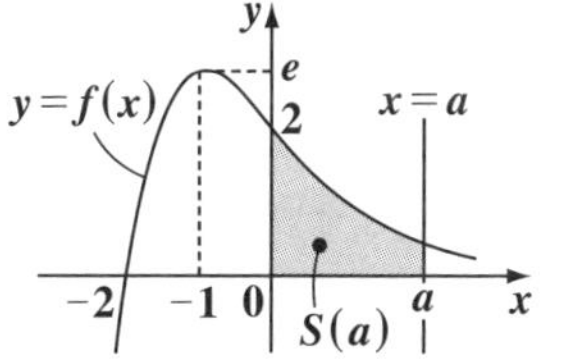

ヒント！ 曲線 $y=f(x)=(x+2)e^{-x}$ のグラフの概形については演習問題 **34**（**P112**）で調べた。今回は $y=f(x)$ と x 軸と y 軸と $x=a$（$a>0$）とで囲まれる図形の面積 $S(a)$ を求めて，$a\to\infty$ の極限を求める問題だ。頑張ろう！

解答＆解説

曲線 $y=f(x)=(x+2)e^{-x}$ と x 軸と y 軸と直線 $x=a$（$a>0$）とで囲まれる図形の面積 $S(a)$ は，

$$S(a)=\int_0^a f(x)\,dx=\int_0^a (x+2)(-e^{-x})'\,dx$$

$$=-\left[(x+2)e^{-x}\right]_0^a+\int_0^a 1\cdot e^{-x}\,dx$$

部分積分法
$$\int_0^a f\cdot g'\,dx=\left[f\cdot g\right]_0^a-\int_0^a f'\cdot g\,dx$$

$$=-(a+2)e^{-a}+2\cdot \underbrace{e^0}_{1}-\left[e^{-x}\right]_0^a=-(a+2)e^{-a}+2-e^{-a}+\underbrace{e^0}_{1}$$

$\therefore\ S(a)=3-(a+3)e^{-a}$ ……① （$a>0$）となる。……………………………（答）

①より，$a\to\infty$ のときの $S(a)$ の極限を求めると，

$$\lim_{a\to\infty}S(a)=\lim_{a\to\infty}\left(3-\frac{a+3}{e^a}\right)=3-0=3$$ となる。……………………………（答）

（$a+3$：中位の∞，e^a：強い∞）

ロピタルの定理を用いて，$\lim_{a\to\infty}\frac{a+3}{e^a}=\lim_{a\to\infty}\frac{(a+3)'}{(e^a)'}=\lim_{a\to\infty}\frac{1}{e^a}=\frac{1}{\infty}=0$ と計算しても，もちろんいい。

演習問題 49　●面積と体積の計算●

曲線 $x^2+y^2=4$　$(1 \leqq x)$ と直線 $x=1$ とで囲まれる図形を D とおく。

(1) D の面積 S を求めよ。

(2) D を x 軸の周りに回転してできる回転体の体積 V_x を求めよ。

(3) D を y 軸の周りに回転してできる回転体の体積 V_y を求めよ。

ヒント！ (1) 中心 $(0, 0)$，半径 2 の円の 1 部 $x^2+y^2=4$　$(x \geqq 1)$ と直線 $x=1$ とで囲まれる図形 D の面積 S は，$S=2\int_1^2\sqrt{4-x^2}\,dx$ で計算できる。(2)，(3) は，D の x 軸，y 軸それぞれの周りの回転体の体積の問題なので，公式通り求めよう。

解答＆解説

(1) $x^2+y^2=4$ ……①　$(1 \leqq x)$ より，

（中心 $(0, 0)$，半径 2 の円の $1 \leqq x$ の部分）

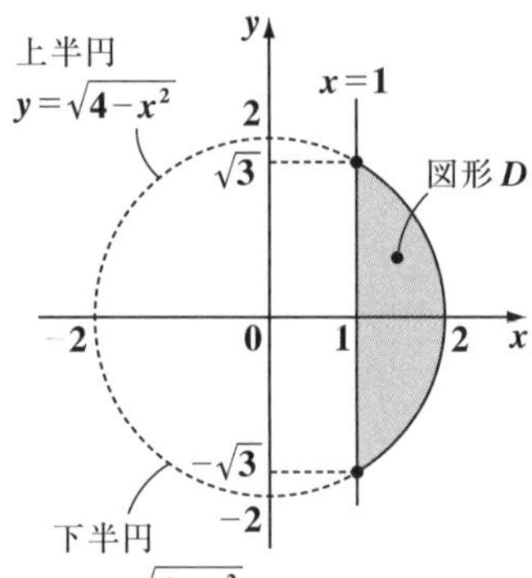

$y^2=4-x^2$　　$\therefore y=\pm\sqrt{4-x^2}$ となる。

（円は，上半円 $y=\sqrt{4-x^2}$ と下半円 $y=-\sqrt{4-x^2}$ とに分けられる。）

［$x^2+y^2=4$ と $x=1$ から，$1+y^2=4$　$y^2=3$　$\therefore y=\pm\sqrt{3}$ より，交点 $(1, \sqrt{3})$，$(1, -\sqrt{3})$ となる。］

よって，図形 D は x 軸に関して対称なので，この面積 S は，次のように求められる。

$$S=2\cdot\int_1^2\sqrt{4-x^2}\,dx \quad \cdots\cdots ②$$

［$2\times$（$y=\sqrt{4-x^2}$ の $1\leqq x\leqq 2$ の部分の面積）］

（$\sqrt{a^2-x^2}$ の積分なので $x=a\sin\theta$ と置換する。）

ここで，$x=2\sin\theta$ とおくと，　$\underbrace{1}_{x'}\cdot dx=\underbrace{2\cos\theta}_{(2\sin\theta)'}\,d\theta$

$x:1\to 2$ のとき，$\theta:\dfrac{\pi}{6}\to\dfrac{\pi}{2}$ となる。よって②は，

$$S=2\int_{\frac{\pi}{6}}^{\frac{\pi}{2}}\sqrt{4-4\sin^2\theta}\cdot 2\cos\theta\,d\theta=4\int_{\frac{\pi}{6}}^{\frac{\pi}{2}}2\cos^2\theta\,d\theta$$

（$2\cos^2\theta=(1+\cos 2\theta)$：半角の公式）

（$\sqrt{4-4\sin^2\theta}=2\sqrt{1-\sin^2\theta}=2\sqrt{\cos^2\theta}=2\cos\theta$　$(\because \cos\theta>0)$）

$$\therefore S = 4\int_{\frac{\pi}{6}}^{\frac{\pi}{2}}(1+\cos 2\theta)\,d\theta = 4\left[\theta + \frac{1}{2}\sin 2\theta\right]_{\frac{\pi}{6}}^{\frac{\pi}{2}}$$

$$= 4\left\{\frac{\pi}{2} - \frac{\pi}{6} + \frac{1}{2}\left(\cancel{\sin\pi} - \sin\frac{\pi}{3}\right)\right\}$$

$$= 4\left(\frac{\pi}{3} - \frac{1}{2}\cdot\frac{\sqrt{3}}{2}\right) = \frac{4\pi - 3\sqrt{3}}{3}$$ である。……………………………(答)

(2) 図形 D を x 軸の周りに回転した回転体の断面積を $S(x)$ とおくと，

$S(x) = \pi y^2 = \pi(4 - x^2)$　(①より)

$\therefore$ D の x 軸の周りの回転体の体積 V_x は，

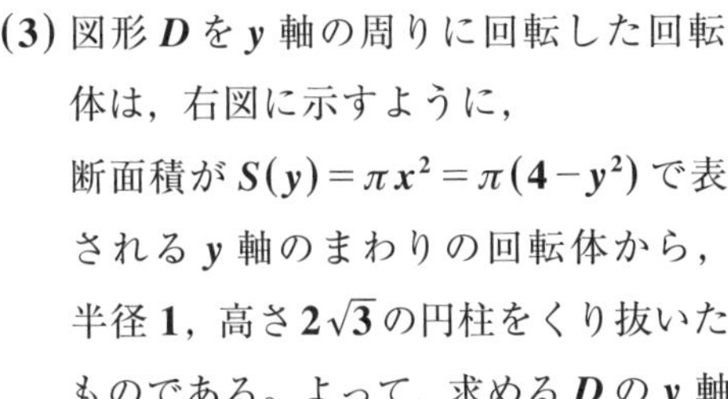

$$V_x = \pi\int_1^2(4 - x^2)\,dx = \pi\left[4x - \frac{1}{3}x^3\right]_1^2$$

$$= \pi\left\{8 - 4 - \frac{1}{3}(8 - 1)\right\} = \pi\left(4 - \frac{7}{3}\right) = \frac{5}{3}\pi$$ である。…………………(答)

(3) 図形 D を y 軸の周りに回転した回転体は，右図に示すように，断面積が $S(y) = \pi x^2 = \pi(4 - y^2)$ で表される y 軸のまわりの回転体から，半径 1，高さ $2\sqrt{3}$ の円柱をくり抜いたものである。よって，求める D の y 軸の周りの回転体の体積 V_y は，

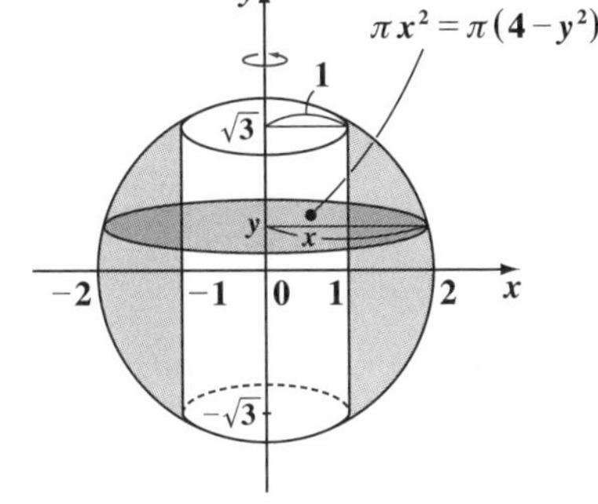

$$V_y = \pi\int_{-\sqrt{3}}^{\sqrt{3}}(4 - y^2)\,dy - \pi\cdot 1^2\times 2\sqrt{3}$$

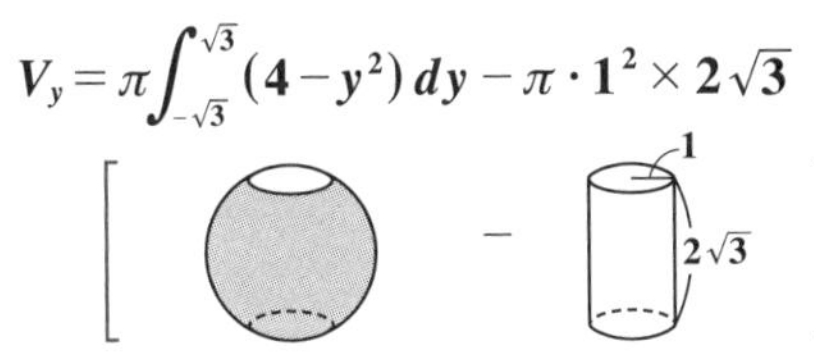

$$= 2\pi\int_0^{\sqrt{3}}(4 - y^2)\,dy - 2\sqrt{3}\pi = 2\pi\left[4y - \frac{1}{3}y^3\right]_0^{\sqrt{3}} - 2\sqrt{3}\pi$$

$$= 2\pi(4\sqrt{3} - \sqrt{3}) - 2\sqrt{3}\pi = (6\sqrt{3} - 2\sqrt{3})\pi = 4\sqrt{3}\pi$$ である。……(答)

演習問題 50 ●体積の計算●

$0 \leqq x \leqq \pi$ の範囲で，$y = f(x) = 1 - \cos x$ と x 軸と直線 $x = \pi$ とで囲まれる部分を，y 軸のまわりに回転してできる回転体の体積 V_y を求めよ。

ヒント！ y 軸のまわりの回転体の体積の問題で，バウムクーヘン型積分を使うといい。この場合の微小体積 ΔV は，$\Delta V = \underbrace{2\pi x}_{横幅} \cdot \underbrace{f(x)}_{高さ} \cdot \underbrace{\Delta x}_{厚さ}$ となるんだね。

解答＆解説

$y = f(x) = 1 - \cos x \quad (0 \leqq x \leqq \pi)$ と x 軸と直線 $x = \pi$ とで囲まれた領域を，y 軸のまわりに 1 回転してできる回転体を右図に示す。

この場合のバウムクーヘン型積分における微小体積 ΔV は，

$$\Delta V = 2\pi x \cdot f(x) \cdot \Delta x$$
$$= 2\pi x(1 - \cos x)\Delta x$$

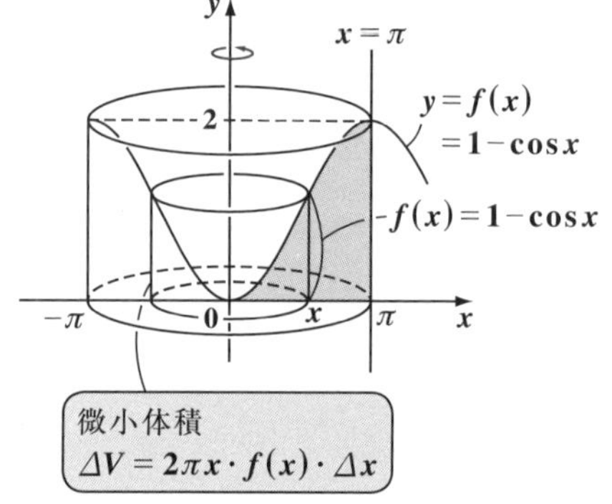

よって，求める回転体の体積 V_y をバウムクーヘン型積分により求めると，

$$V_y = 2\pi\int_0^\pi x f(x)dx = 2\pi\int_0^\pi x(1 - \cos x)dx$$

$$= 2\pi\int_0^\pi x(x - \sin x)' dx$$

部分積分法
$$\int_0^\pi f \cdot g' dx = [f \cdot g]_0^\pi - \int_0^\pi f' \cdot g dx$$

$$= 2\pi\left\{[x(x - \sin x)]_0^\pi - \int_0^\pi 1 \cdot (x - \sin x)dx\right\}$$

（簡単化）

$$= 2\pi\left\{\pi(\pi - \underbrace{\sin\pi}_{0}) - \left[\frac{1}{2}x^2 + \cos x\right]_0^\pi\right\}$$

$$= 2\pi\left\{\pi^2 - \left(\frac{1}{2}\pi^2 + \underbrace{\cos\pi}_{-1}\right) + \left(\frac{1}{2}0^2 + \underbrace{\cos 0}_{1}\right)\right\}$$

$$= 2\pi\left(\pi^2 - \frac{1}{2}\pi^2 + 1 + 1\right) = 2\pi\left(\frac{1}{2}\pi^2 + 2\right) = \pi(\pi^2 + 4)$$ である。………(答)

演習問題 51　● 曲線の長さ ●

曲線 $y=f(x)=2e^{\frac{x}{2}}$　$(\log 3 \leqq x \leqq 3\log 2)$ の長さを L を求めよ。

ヒント！ 曲線の長さ L は，公式：$L=\int_\alpha^\beta \sqrt{1+\{f'(x)\}^2}\,dx$ を使って求めればいい。今回の積分では，置換積分を利用することが，ポイントになる。うまく解いてみよう！

解答＆解説

$y=f(x)=2e^{\frac{1}{2}x}$　$(\log 3 \leqq x \leqq 3\log 2)$ の導関数 $f'(x)$ は，

$f'(x)=2\left(e^{\frac{1}{2}x}\right)'=2\cdot\frac{1}{2}e^{\frac{1}{2}x}=e^{\frac{x}{2}}$ である。

よって，求める曲線の長さ L は，

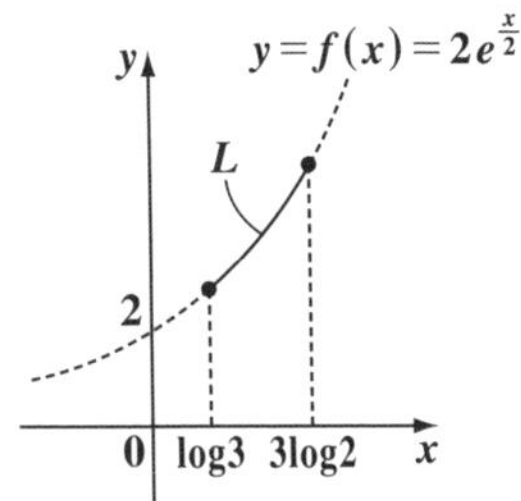

$$L=\int_{\log 3}^{3\log 2}\sqrt{1+\underbrace{\{f'(x)\}^2}_{\left(e^{\frac{x}{2}}\right)^2=e^x}}\,dx=\int_{\log 3}^{3\log 2}\underbrace{\sqrt{1+e^x}}_{t\text{とおく。}}\,dx$$

ここで，$\sqrt{1+e^x}=t$ とおくと，$1+e^x=t^2$ より，

$\underbrace{e^x dx}_{(1+e^x)'}=\underbrace{2t\,dt}_{(t^2)'}$　　$dx=\frac{2t}{e^x}dt=\frac{2t}{t^2-1}dt$ となる。

公式：$e^{\log a}=a$

$\because$ $e^{\log a}=x$ とおくと，両辺の対数をとって，

$\log e^{\log a}=\log x$

$\log a=\log x$

$\therefore$ $x=a$ となる。

また，

x ： $\log 3 \to 3\log 2$ のとき，t ： $2 \to 3$ である。

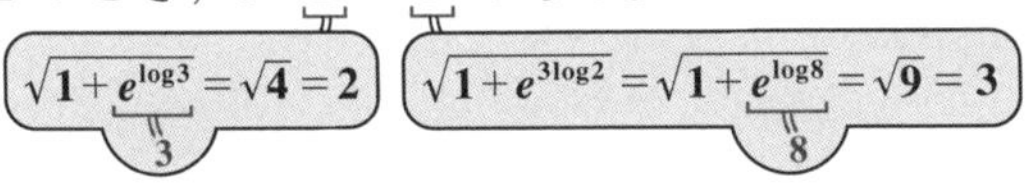

$\sqrt{1+e^{\log 3}}=\sqrt{4}=2$ （$e^{\log 3}=3$）　　$\sqrt{1+e^{3\log 2}}=\sqrt{1+e^{\log 8}}=\sqrt{9}=3$ （$e^{\log 8}=8$）

$$\therefore L=\int_2^3 t\cdot\frac{2t}{t^2-1}dt=\int_2^3\frac{2t^2}{t^2-1}dt=\int_2^3\frac{2(t^2-1)+2}{t^2-1}dt$$

$$=\int_2^3\left(2+\frac{2}{t^2-1}\right)dt=\int_2^3\left(2+\frac{1}{t-1}-\frac{1}{t+1}\right)dt=\Big[2t+\log|t-1|-\log|t+1|\Big]_2^3$$

$$\frac{2}{(t-1)(t+1)}=\frac{1}{t-1}-\frac{1}{t+1}$$

$$=6+\log 2-\log 4-(4+\underbrace{\log 1}_{0}-\log 3)=2+\log\frac{2\times 3}{4}=2+\log\frac{3}{2}\ \cdots\cdots(\text{答})$$

§4. 媒介変数表示された曲線と面積計算

さァ，これから“**媒介変数表示された曲線**”とその曲線で囲まれる図形の面積の求め方について，詳しく解説しよう。媒介変数表示された曲線とは，$x = f(\theta)$，$y = g(\theta)$ などのように，変数 θ を媒介として x と y の間の関係が与えられる曲線のことで，この仲立ちをする変数 θ のことを，“**媒介変数**”(または“**パラメータ**”)と呼ぶんだよ。

この媒介変数表示された曲線は，特殊なものではなく，“**円**”や“**だ円**”も媒介変数で表示できるんだ。ここではさらに，“**らせん**”や“**サイクロイド曲線**”についても教えよう。

● 円の媒介変数表示から始めよう！

図1に，原点Oを中心とする半径 a (>0) の円を示す。この円周上の動点 $\mathrm{P}(x, y)$ は，常に原点Oからの距離OPを一定値 a に保って動くため，$\mathrm{OP} = a$，すなわち，（OP は $\sqrt{x^2+y^2}$）

$\sqrt{x^2+y^2} = a$ となる。これから，見慣れた円の方程式：$x^2+y^2=a^2$ ……①が導かれるんだね。

図1 円の媒介変数表示

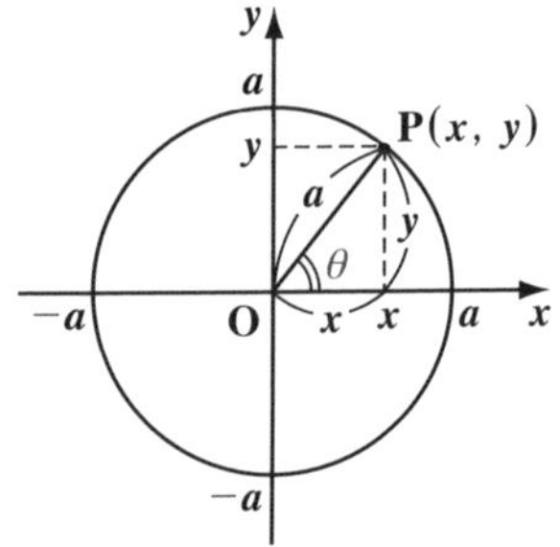

この円の方程式を媒介変数表示してみよう。動径OPと x 軸の正の向き（OPは時計の針のように動くので，“**動径**”という。）とがなす角を θ とおくと，θ が変数であり，図1から明らかに $\cos\theta = \frac{x}{a}$，$\sin\theta = \frac{y}{a}$ の関係が成り立つのが分かるね。よって，これから，原点Oを中心とする半径 a の円の媒介変数表示は，

$$\begin{cases} x = a\cos\theta \\ y = a\sin\theta \end{cases} \quad \cdots\cdots② \ (\theta：媒介変数)$$

となる。ここで，この②を①に代入してごらん。すると，$(a\cos\theta)^2+(a\sin\theta)^2=a^2$

$a^2(\cos^2\theta+\sin^2\theta)=a^2$ より，三角関数の基本公式：

$\cos^2\theta+\sin^2\theta=1$ に帰着する。

● だ円の媒介変数表示も求めよう！

だ円の方程式は，原点を中心とする単位円 (半径 **1**) の方程式

$x'^2+y'^2=1$ ……(a)　を基に導ける。

図 **2** (ⅰ) に示すように，(a)の単位円を左右 a 倍にビローンと引っ張ると，その変数 x は $x=ax'$ となるね。

$\therefore\ x'=\dfrac{x}{a}$ ……(b)

次に，図 **2** (ⅱ) に示すように，これをさらに上下 b 倍にビローンと引っ張ると，その変数 y は $y=by'$ となる。

$\therefore\ y'=\dfrac{y}{b}$ ……(c)

以上(b)，(c)を(a)に代入したものがだ円の

方程式：$\dfrac{x^2}{a^2}+\dfrac{y^2}{b^2}=1$ ……③　である。

そして，円のときと同様に，このだ円の媒介変数表示は

$$\begin{cases} x=a\cos\theta \\ y=b\sin\theta \end{cases} \text{……④}\quad (\theta：媒介変数)$$

となる。何故なら，④を③に代入すると，$\dfrac{(a\cos\theta)^2}{a^2}+\dfrac{(b\sin\theta)^2}{b^2}=1$，$\dfrac{a^2\cos^2\theta}{a^2}+\dfrac{b^2\sin^2\theta}{b^2}=1$ となって，これも基本公式：$\cos^2\theta+\sin^2\theta=1$ に帰着するからなんだね。

図 **2**　だ円の方程式

(ⅰ)

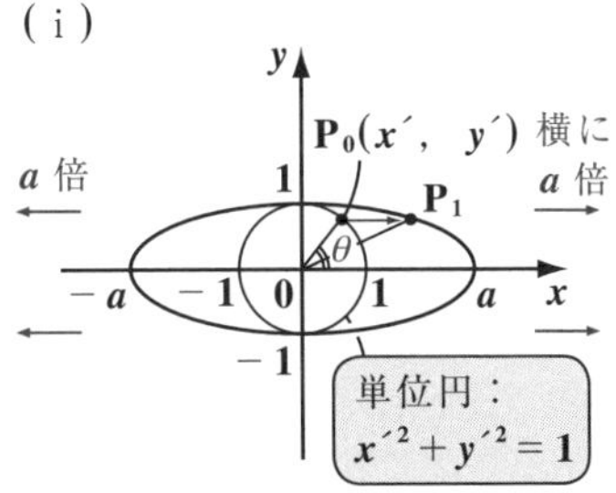

(ⅱ)

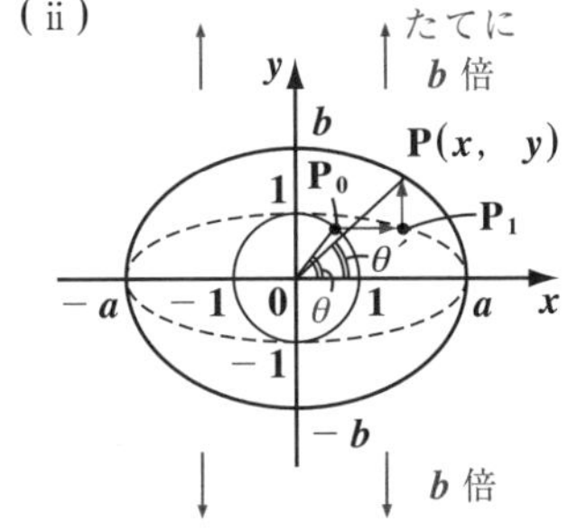

もちろん $0<a<1$，$0<b<1$ ならば，これはキュッと縮小させることになる。

> 注意　だ円周上の動点 $P(x,\ y)$ について，動径 OP と x 軸の正の向きとのなす角は，図 **2** (ⅱ) に示すように θ' であって，元の単位円の偏角 θ，すなわち媒介変数の θ とは異なるものであることに気を付けよう！

したがって，円やだ円の場合，たとえ平行移動項があったとしても，公式 $\cos^2\theta+\sin^2\theta=1$ に帰着するように，媒介変数表示すればいいんだね。

(ex) $\dfrac{(x+1)^2}{25} + \dfrac{(y-2)^2}{9} = 1$ ……(d)のとき，これを媒介変数表示すると，（$25 = 5^2$，$9 = 3^2$）

$x = 5\cos\theta - 1$，$y = 3\sin\theta + 2$ となるのは大丈夫？ 実際にこれらを(d)に代入すると，

$$\frac{(5\cos\theta - 1 + 1)^2}{25} + \frac{(3\sin\theta + 2 - 2)^2}{9} = 1,\quad \frac{25\cos^2\theta}{25} + \frac{9\sin^2\theta}{9} = 1$$

ゆえに，$\cos\theta^2 + \sin\theta^2 = 1$ と，基本公式に帰着するからね。

● らせんは円の変形ヴァージョンだ！

次，“**らせん(螺旋)**”について解説しよう。前に解説した通り，半径 r の円の媒介変数表示は，

$$\begin{cases} x = r\cos\theta \\ y = r\sin\theta \end{cases}$$ (θ：媒介変数) となるんだけれど，

ここで，この半径 r が定数ではなく，(i) $r = e^{-\theta}$ や (ii) $r = e^{\theta}$ と，θ の指数関数になっている曲線を“**らせん**”という。

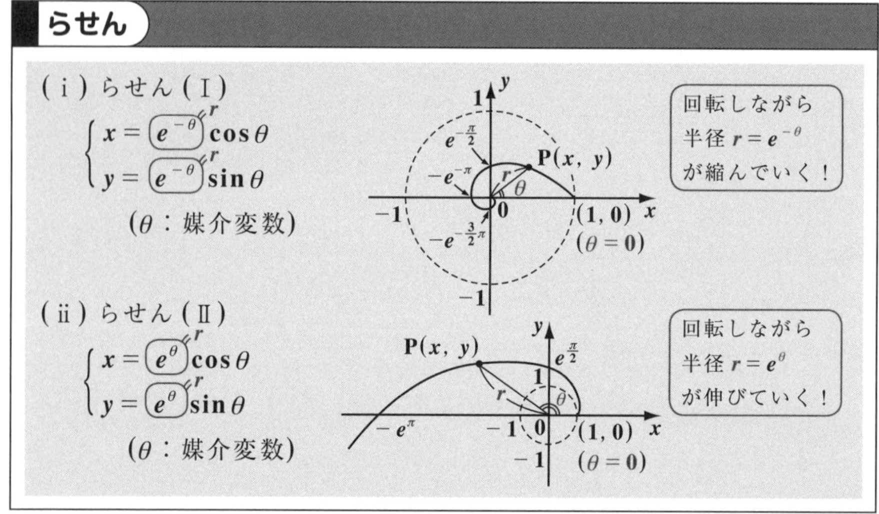

(i)で，半径 $r = e^{-\theta}$ とおくと，θ が大きくなると半径 r が縮む。つまり，回転しながら半径が縮んでいくらせんなんだね。これに対して，(ii)では，半径 $r = e^{\theta}$ とおくと，r は θ の増加関数だから，回転しながらその半径(原点からの距離)がどんどん大きくなっていく曲線なんだね。

● サイクロイド曲線もマスターしよう！

媒介変数表示された曲線として，次の“**サイクロイド曲線**”も重要だ。これは，半径 a の円が x 軸上を転がっていくとき，円周上の動点 $\mathbf{P}$ が描く曲線のことなんだ。

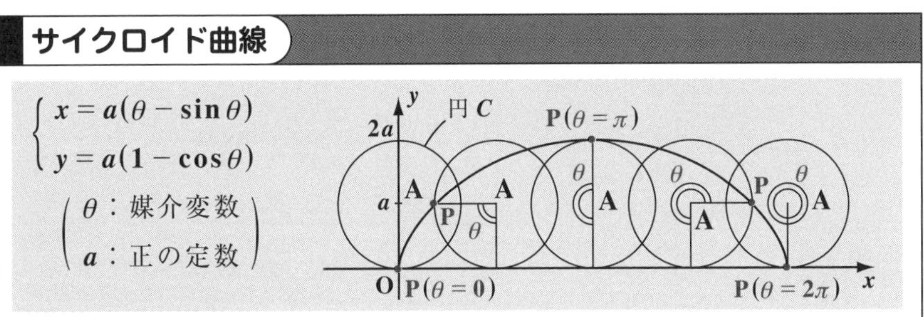

それでは，この曲線を表す方程式の意味について詳しく解説しよう。図 3 に示すように，初め半径 a の円 C が原点 $\mathbf{O}$ に接しているものとし，$\mathbf{O}$ に接する円 C 上の点を $\mathbf{P}$ とおく。そして，円 C が θ だけ回転したときの様子も図 3 に示す。ここで，大事なのは，円がズズ～とスリップすることなく回転していくので，回転後の円 C と x 軸との接点を $\mathbf{Q}$ とおくと，線分 $\mathbf{OQ}$ の長さと円弧 $\widehat{\mathbf{PQ}}$ の長さ $a\theta$ とが等しくなるんだね。

公式 (P56)

図 3

したがって，θ 回転した後の円 C の中心 $\mathbf{A}$ の座標は，$\mathbf{A}(a\theta,\ a)$ となる。

図 4

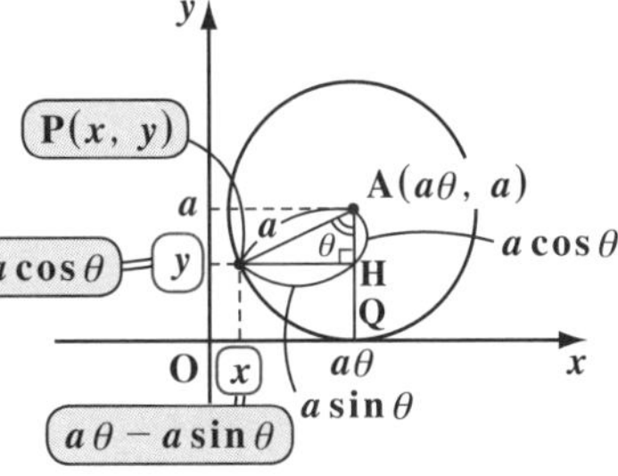

図 4 に示すように，$\mathbf{P}$ から線分 $\mathbf{AQ}$ に下ろした垂線の足を $\mathbf{H}$ とおき，直角三角形 $\mathbf{APH}$ で考えると，

$\mathbf{PH} = a\sin\theta$，$\mathbf{AH} = a\cos\theta$

よって，動点 $\mathbf{P}(x,\ y)$ の x 座標，y 座標は，

$$\begin{cases} x = a\theta - a\sin\theta = a(\theta - \sin\theta) \\ y = a - a\cos\theta = a(1 - \cos\theta) \end{cases}$$

となって，公式が導けるんだね。

● 媒介変数表示された曲線の接線を求めよう！

媒介変数表示された曲線：

$\begin{cases} x = f(\theta) \\ y = g(\theta) \end{cases}$ （θ：媒介変数）の導関数 $\dfrac{dy}{dx}$ は，**P88** で既に解説したように，次のように簡単に求められる。

$$\frac{dy}{dx} = \frac{\frac{dy}{d\theta}}{\frac{dx}{d\theta}} = \frac{g'(\theta)}{f'(\theta)}$$

（見かけ上分子・分母を $d\theta$ で割った形だ。）（結果は当然 θ の関数になる。）

> 例題 43　次の媒介変数表示された曲線の導関数 $\dfrac{dy}{dx}$ を求めよう。
>
> (1) $\begin{cases} x = 2\cos\theta \\ y = \sqrt{2}\sin\theta \end{cases}$　(2) $\begin{cases} x = e^{\theta}\cos\theta \\ y = e^{\theta}\sin\theta \end{cases}$　(3) $\begin{cases} x = \theta - \sin\theta \\ y = 1 - \cos\theta \end{cases}$

(1) は，だ円 $\dfrac{x^2}{4} + \dfrac{y^2}{2} = 1$ の媒介変数表示だね。この導関数は，

$$\frac{dy}{dx} = \frac{\frac{dy}{d\theta}}{\frac{dx}{d\theta}} = \frac{(\sqrt{2}\sin\theta)'}{(2\cos\theta)'} = \frac{\sqrt{2}\cos\theta}{-2\sin\theta} = -\frac{1}{\sqrt{2}}\cdot\frac{\cos\theta}{\sin\theta}$$ となる。

（θ での微分）

(2) は，らせんだね。この導関数は，

$$\frac{dy}{dx} = \frac{(e^{\theta}\sin\theta)'}{(e^{\theta}\cos\theta)'} = \frac{(e^{\theta})'\sin\theta + e^{\theta}(\sin\theta)'}{(e^{\theta})'\cos\theta + e^{\theta}(\cos\theta)'} = \frac{e^{\theta}\sin\theta + e^{\theta}\cos\theta}{e^{\theta}\cos\theta - e^{\theta}\sin\theta}$$

$$= \frac{\cancel{e^{\theta}}(\cos\theta + \sin\theta)}{\cancel{e^{\theta}}(\cos\theta - \sin\theta)} = \frac{\cos\theta + \sin\theta}{\cos\theta - \sin\theta}$$ となる。

(3) は，定数（半径）$a = 1$ のときのサイクロイド曲線だ。この導関数は，

$$\frac{dy}{dx} = \frac{(1 - \cos\theta)'}{(\theta - \sin\theta)'} = \frac{\sin\theta}{1 - \cos\theta}$$ となって，答えだ。

どう？　要領覚えた？

では，媒介変数表示された曲線上の点における接線の方程式の求め方を，次に示そう。**P88** では，媒介変数を t で表したけれど，ここでは θ で表している。媒介変数の文字は，t でも θ でも u でも…，何でも構わないからね。

媒介変数表示された曲線の接線

曲線 $x=f(\theta)$, $y=g(\theta)$ （θ：媒介変数）上の $\theta=\theta_1$ に対応する点 $(x_1,\ y_1)$ における接線の方程式は，その傾きを m とおくと，

$$y=m(x-x_1)+y_1$$

（x_1 は $f(\theta_1)$，y_1 は $g(\theta_1)$）

接線の傾き m は，傾きの公式

$\dfrac{dy}{dx}=\dfrac{\frac{dy}{d\theta}}{\frac{dx}{d\theta}}$ に，$\theta=\theta_1$ を代入したもの。

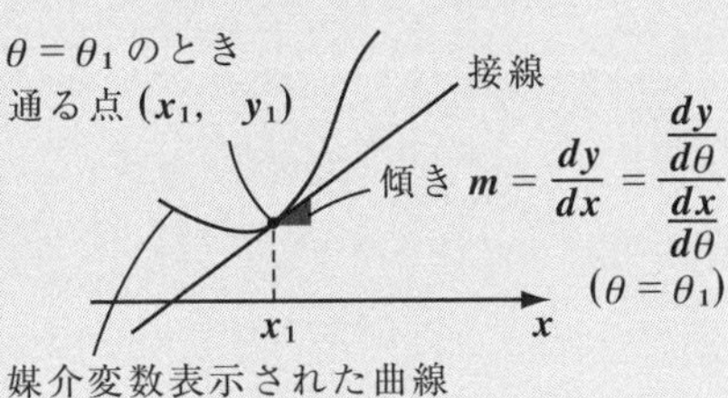

例題 44　だ円 $\begin{cases} x=2\cos\theta \\ y=\sqrt{2}\sin\theta \end{cases}$ ……(a) 上の $\theta=\dfrac{\pi}{4}$ に対応する点 P における接線の方程式を求めてみよう。

(a) の θ に $\dfrac{\pi}{4}$ を代入して，

$$\begin{cases} x=2\cos\dfrac{\pi}{4}=2\cdot\dfrac{1}{\sqrt{2}}=\sqrt{2} \\ y=\sqrt{2}\sin\dfrac{\pi}{4}=\sqrt{2}\cdot\dfrac{1}{\sqrt{2}}=1 \end{cases}$$

よって，だ円上の点 $\mathrm{P}(\sqrt{2},\ 1)$ が分かる。

例題 43(1) の導関数 $\dfrac{dy}{dx}$ に $\theta=\dfrac{\pi}{4}$ を代入して，接線の傾き

$$\frac{dy}{dx}=-\frac{1}{\sqrt{2}}\cdot\frac{\cos\frac{\pi}{4}}{\sin\frac{\pi}{4}}=-\frac{1}{\sqrt{2}}$$

（$\cos\frac{\pi}{4}=\frac{1}{\sqrt{2}}$，$\sin\frac{\pi}{4}=\frac{1}{\sqrt{2}}$）

が分かる。

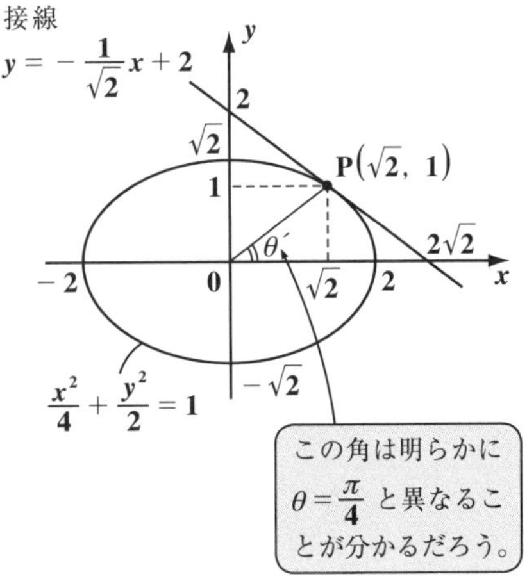

以上より，だ円上の点 $\mathrm{P}(\sqrt{2},\ 1)$ における接線の方程式は，

$$y=-\frac{1}{\sqrt{2}}(x-\sqrt{2})+1 \quad \therefore y=-\frac{1}{\sqrt{2}}x+2$$

となる。大丈夫？

● 媒介変数表示された曲線と面積計算のコツをつかもう！

だ円：$\frac{x^2}{a^2}+\frac{y^2}{b^2}=1\ (a>0,\ b>0)$ の面積が πab となることを御存知の方も多いと思う。これは，媒介変数表示された曲線と x 軸とで囲まれる図形の面積を求めるいい練習になるので，これから解説しよう。

まず，だ円の媒介変数表示は，$x=a\cos\theta$，$y=b\sin\theta$ だね。図5に示すように，上半だ円のみを考えると，θ の範囲は，$0\leqq\theta\leqq\pi$ となる。

図5　面積計算

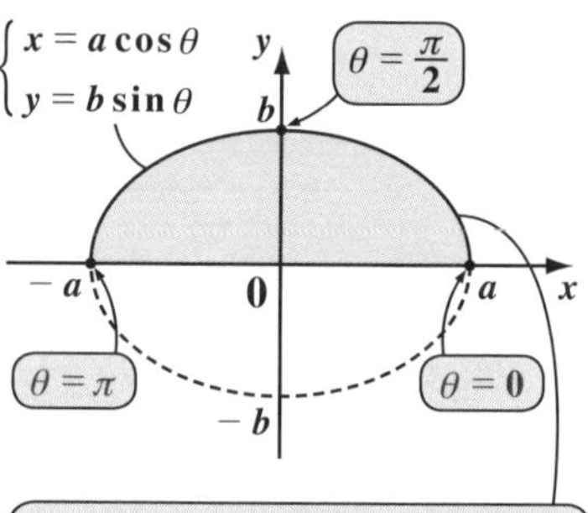

ここで，この上半だ円が $y=f(x)$ と表されているものとすると，半だ円の面積 S' は，

$$S'=\int_{-a}^{a}y\,dx \quad \text{となるね。}$$

この後，これを θ での積分に書き換えればいいんだね。$x：-a\to a$ のとき，$\theta：\pi\to 0$ より，

これが $y=f(x)$ と表されているものとして，$S'=\int_{-a}^{a}y\,dx$ とし，これを θ での積分に切り換えるのがコツだ。

$$S'=\int_{-a}^{a}y\,dx=\int_{\pi}^{0}y\cdot\frac{dx}{d\theta}\,d\theta \quad \text{となる。}$$

dx を $d\theta$ で割った分，$d\theta$ をかける要領だ！

ここで，$y\cdot\frac{dx}{d\theta}=b\sin\theta\cdot(a\cos\theta)'=-ab\sin^2\theta$ と θ の関数になるので，

$(a\cos\theta)'=(-a\sin\theta)$

これを θ で積分することに，何の問題もないんだね。よって，

$$S'=\int_{\pi}^{0}(-ab)\sin^2\theta\,d\theta=\frac{ab}{2}\int_{0}^{\pi}(1-\cos 2\theta)\,d\theta$$

$\sin^2\theta=\frac{1-\cos 2\theta}{2}$ ← 半角の公式

$$=\frac{ab}{2}\left[\theta-\frac{1}{2}\sin 2\theta\right]_0^{\pi}=\frac{ab}{2}\left(\pi-\frac{1}{2}\sin 2\pi\right)=\frac{\pi}{2}ab$$

（$\sin 2\pi=0$）

よって，だ円の面積を S とおくと，$S=2S'=\pi ab$ となって，だ円の面積公式が導けるんだね。

媒介変数表示された曲線と x 軸とで囲まれる図形の面積計算のポイントは次の **2** つであることを，頭に入れておこう。

(i) まず，曲線が $y=f(x)$ ($\geqq 0$) と表されているものとして，面積の式

$$S=\int_a^b y\,dx$$ を立てる。

(ii) 次に，これを θ での積分に切り換える。すなわち，

$$S=\int_a^b y\,dx=\int_\alpha^\beta y\cdot\frac{dx}{d\theta}\,d\theta$$ （ただし，$x:a\to b$ のとき $\theta:\alpha\to\beta$ とする。）

それでは，次の例題で，サイクロイド曲線と x 軸とで囲まれる図形の面積を求めてみよう。

例題 **45**　サイクロイド曲線 $x=a(\theta-\sin\theta)$，$y=a(1-\cos\theta)$ $(0\leqq\theta\leqq 2\pi)$ （a：正の定数）と x 軸とで囲まれる部分の面積 S を求めよう。

$$\begin{cases} x=a(\theta-\sin\theta) \\ y=a(1-\cos\theta) \quad (0\leqq\theta\leqq 2\pi) \end{cases}$$

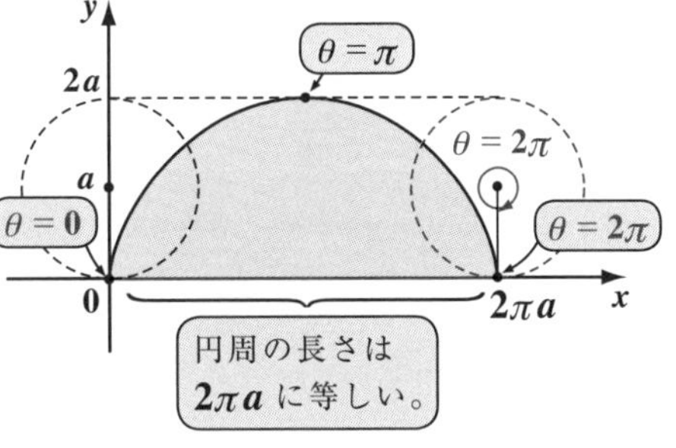

右図のサイクロイド曲線が $y=f(x)$ の形で表されているものとすると，求める面積 S は，

$$S=\int_0^{2\pi a} y\,dx \quad \cdots\cdots① \quad \text{となる。}$$

ここで，$x:0\to 2\pi a$ のとき，

$\theta:0\to 2\pi$，また $\dfrac{dx}{d\theta}=a(1-\cos\theta)$ より，①を θ での積分に変えると，

$$S=\int_0^{2\pi} y\frac{dx}{d\theta}\,d\theta=\int_0^{2\pi} a(1-\cos\theta)\cdot a(1-\cos\theta)\,d\theta$$

$$=a^2\int_0^{2\pi}(1-2\cos\theta+\cos^2\theta)\,d\theta=a^2\int_0^{2\pi}\left(\frac{3}{2}-2\cos\theta+\frac{1}{2}\cos 2\theta\right)d\theta$$

$$\left(\cos^2\theta=\frac{1+\cos 2\theta}{2}\right)$$

$$=a^2\left[\frac{3}{2}\theta-2\sin\theta+\frac{1}{4}\sin 2\theta\right]_0^{2\pi}=a^2\cdot\frac{3}{2}\cdot 2\pi=3\pi a^2 \quad \text{となるんだね。}$$

演習問題 52　●媒介変数表示の曲線と面積●

曲線 $C\begin{cases} x=\cos\theta \\ y=3\sin 2\theta \quad \left(0 \leqq \theta \leqq \dfrac{\pi}{2}\right) \end{cases}$ について，次の問いに答えよ。

(1) C 上の点で $\theta=\dfrac{\pi}{6}$ のときの点を P とする。点 P における曲線 C の接線 l の方程式を求めよ。

(2) 曲線 C と x 軸とで囲まれる図形の面積 S を求めよ。

ヒント！ 曲線 C の概形の簡単な求め方を教えよう。まず，(i) $x=\cos\theta$ と (ii) $y=3\sin 2\theta$ のグラフを描く。そして，特徴的な点として，始点，極大点，極小点，終点などを押さえる。今回は，$\theta=0$，$\dfrac{\pi}{4}$，$\dfrac{\pi}{2}$ の3点を押さえよう。つまり，

（始点）（y の極大点）（終点）

$$\theta\ :\ 0 \longrightarrow \frac{\pi}{4} \longrightarrow \frac{\pi}{2}$$

$$(x,\ y):(1,\ 0) \longrightarrow \left(\frac{1}{\sqrt{2}},\ 3\right) \longrightarrow (0,\ 0)$$

となる。そして，この3点を滑らかな曲線で結んでやれば，オシマイだ！

（場合によっては，とがるときもある。）

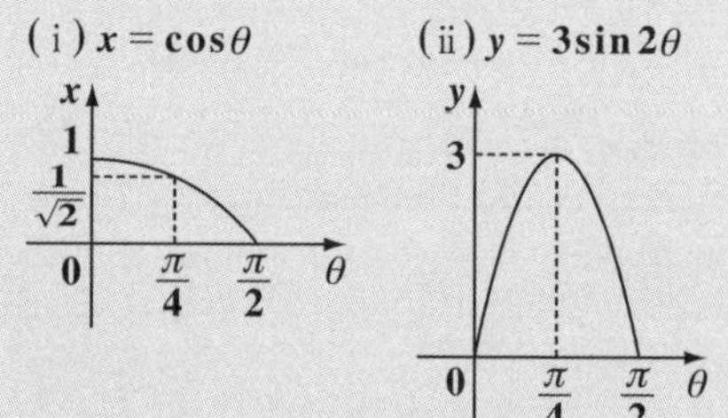

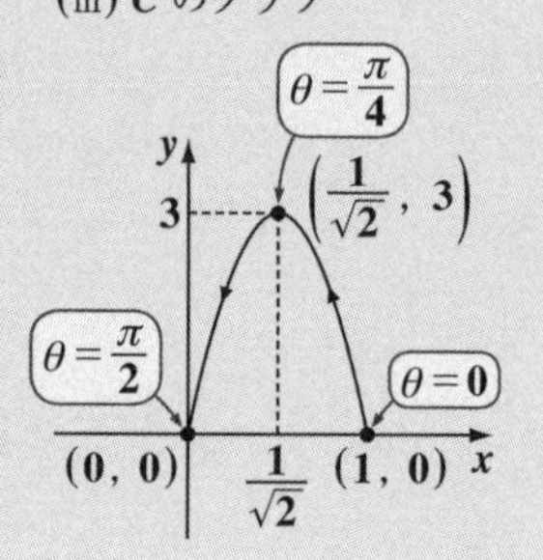

解答＆解説

(1) $\theta=\dfrac{\pi}{6}$ のとき，$x=\cos\dfrac{\pi}{6}=\dfrac{\sqrt{3}}{2}$，$y=3\cdot\sin\dfrac{\pi}{3}=3\cdot\dfrac{\sqrt{3}}{2}=\dfrac{3\sqrt{3}}{2}$

よって，点 $\mathrm{P}\left(\dfrac{\sqrt{3}}{2},\ \dfrac{3\sqrt{3}}{2}\right)$ となる。

また，$\dfrac{dx}{d\theta}=(\cos\theta)'=-\sin\theta$，$\dfrac{dy}{d\theta}=(3\sin 2\theta)'=3\cdot 2\cos 2\theta=6\cos 2\theta$

よって，点 **P** における接線の傾きは，導関数 $\dfrac{dy}{dx}$ の θ に $\theta=\dfrac{\pi}{6}$ を代入したものより，$\dfrac{dy}{dx}=\dfrac{\frac{dy}{d\theta}}{\frac{dx}{d\theta}}=\dfrac{6\cos 2\theta}{-\sin\theta}=\dfrac{6\cos\frac{\pi}{3}}{-\sin\frac{\pi}{6}}=-\dfrac{6\cdot\frac{1}{2}}{\frac{1}{2}}=-6$

以上より，点 **P** における C の接線 l の方程式は，

$y=-6\left(x-\dfrac{\sqrt{3}}{2}\right)+\dfrac{3\sqrt{3}}{2}$ より，

$y=-6x+\dfrac{9\sqrt{3}}{2}$ となる。…………(答)

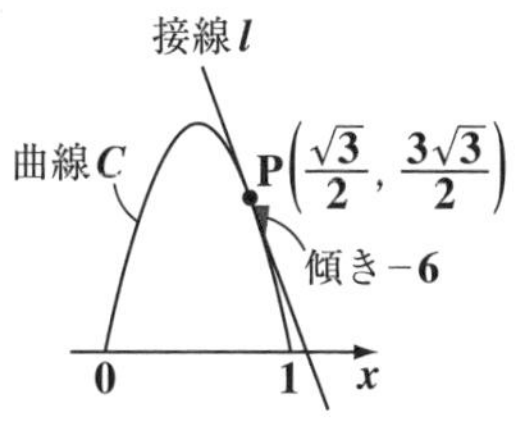

(2) 曲線 C と x 軸とで囲まれる図形の面積 S は，

$S=\displaystyle\int_0^1 y\,dx$ ← (i) まず，$y=f(x)$ で表されているものとして，

$=\displaystyle\int_{\frac{\pi}{2}}^0 \underbrace{y}_{3\sin 2\theta}\cdot\underbrace{\frac{dx}{d\theta}}_{(-\sin\theta)}d\theta$ ← (ii) θ での積分に切り替える。

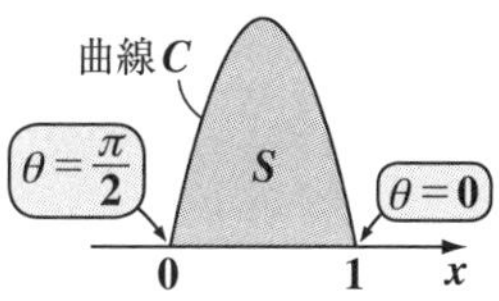

$=\displaystyle\int_0^{\frac{\pi}{2}} 3\underbrace{\sin 2\theta}_{2\sin\theta\cos\theta}\sin\theta\,d\theta$ ← 2 倍角の公式

$=6\displaystyle\int_0^{\frac{\pi}{2}} \underbrace{\sin^2\theta\cdot\cos\theta}\,d\theta$ ← $f(\sin\theta)\cdot\cos\theta$ の形なので，$\sin\theta=t$ とおくと，うまくいく。

ここで，$\sin\theta=t$ とおくと，$\theta：0\rightarrow\dfrac{\pi}{2}$ のとき，$t：0\rightarrow 1$

また，$\cos\theta\,d\theta=dt$ より，

$S=6\displaystyle\int_0^{\frac{\pi}{2}} \underbrace{\sin^2\theta}_{t^2}\underbrace{\cos\theta\,d\theta}_{dt}=6\int_0^1 t^2dt=6\cdot\frac{1}{3}\Big[t^3\Big]_0^1$

$=2\cdot(1^3-0^3)=2$ である。……………………………………(答)

§5. 極方程式と面積計算

これまで座標平面上の点や曲線はすべて“xy 座標系”で表してきた。でも，これを別の座標系で表現することもできる。それがこれから解説する“**極座標**”と呼ばれる座標系なんだね。そして，極座標においても，点だけでなく，さまざまな曲線を方程式で表すことができ，これを“**極方程式**”と呼ぶんだよ。

でも，何故極座標や極方程式をもち出す必要があるのかって？ それは，極座標を使うことによって，曲線がよりシンプルに表されたり，面積計算がより簡単になる場合もあるからなんだ。

● 極座標では，点 $P(r,\ \theta)$ で表す！

図1(i)に示す xy 座標系での点 $P(x,\ y)$ は，(ii)の“**極座標**”では点 $P(r,\ \theta)$ と表す。

“**極座標**”では，O は“**極**”，半直線 OX を“**始線**”，OP を“**動径**”，そして θ を“**偏角**”と呼ぶ。始線 OX から偏角 $\underline{\underline{\theta}}$ を取り，極 O からの距離 $\underline{r}$ を指定すれば，点 P の位置が決まるのが分かるね。よって，点 P の位置を $P(\underline{r},\ \underline{\underline{\theta}})$ と表すことができる。

図1(i)は，この極座標と xy 座標を重ね合わせた形になっているから，xy 座標の $P(x,\ y)$ の x，y と，極座標の $P(r,\ \theta)$ の r，θ との間の変換が，次の公式で出来るのも分かると思う。

図1　xy 座標と極座標

(i) xy 座標

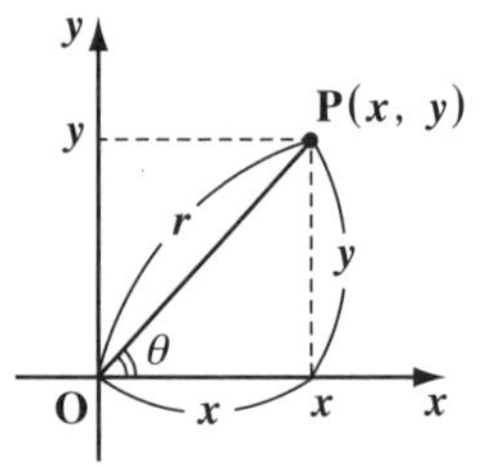

(ii) 極座標

xy 座標と極座標の変換公式

(1) $\begin{cases} x = r\cos\theta \\ y = r\sin\theta \end{cases}$　(三角関数の定義より)

(2) $x^2 + y^2 = r^2$　(三平方の定理より)

ここで，点 $\mathbf{P}(x,\ y)$ の表し方は一意（いちい）に（1通りに）決まるんだけれど，極座標での点は複数の表し方があるんだ。たとえば図2に示す

（複素数の極形式と同じだね。）

点 $\mathbf{P}\left(2,\ \frac{\pi}{4}\right)$（$2$ が r，$\frac{\pi}{4}$ が θ）は，$\theta = \frac{\pi}{4} \pm 2\pi$（1回転），$\frac{\pi}{4} \pm 4\pi$（2回転），…

（一般角 $\theta = \frac{\pi}{4} + 2n\pi$　（n：整数））

としても，すべて同じ位置の点を表す。また，

図2　極座標による点の表現

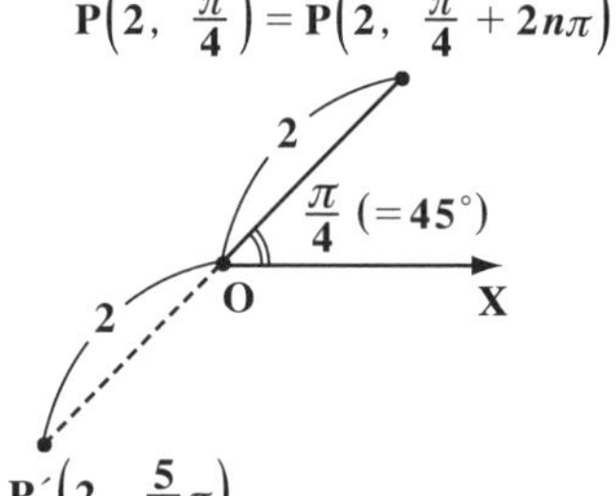

負の r も許して，図2の点 $\mathbf{P}'\left(2,\ \frac{5}{4}\pi\right)$ の $r=2$ を -2 にして反転させた点 $\left(-2,\ \frac{5}{4}\pi\right)$ もまた，点 $\mathbf{P}\left(2,\ \frac{\pi}{4}\right)$ と同じ点を表すことになるんだね。

でも，ここで，$0 < r$，$0 \leqq \theta < 2\pi$ などと範囲を指定すると，原点 $\mathbf{O}$ 以外の極座標の点 $\mathbf{P}(r,\ \theta)$ は一意に決定することができるんだね。大丈夫？

それでは，点の xy 座標と極座標の変換の練習をしておこう。

条件：$0 < r$ かつ $0 \leqq \theta < 2\pi$ の下で，図3に示す3点 $\mathbf{P}$，$\mathbf{Q}$，$\mathbf{R}$ の極座標と xy 座標による座標を下に示そう。

極座標		xy 座標
$\mathbf{P}\left(2,\ \frac{\pi}{4}\right)$（$r=2$，$\theta=\frac{\pi}{4}$）	⟷	$\mathbf{P}(\sqrt{2},\ \sqrt{2})$（$2\cos\frac{\pi}{4}$，$2\sin\frac{\pi}{4}$）
$\mathbf{Q}\left(4,\ \frac{5}{6}\pi\right)$（$r=4$，$\theta=\frac{5}{6}\pi$）	⟷	$\mathbf{Q}(-2\sqrt{3},\ 2)$（$4\cos\frac{5}{6}\pi$，$4\sin\frac{5}{6}\pi$）
$\mathbf{R}\left(3,\ \frac{3}{2}\pi\right)$（$r=3$，$\theta=\frac{3}{2}\pi$）	⟷	$\mathbf{R}(0,\ -3)$（$3\cos\frac{3}{2}\pi$，$3\sin\frac{3}{2}\pi$）

図3　極座標と xy 座標

$\mathbf{Q}\left(4,\ \frac{5}{6}\pi\right) \leftrightarrow (-2\sqrt{3},\ 2)$

$\mathbf{P}\left(2,\ \frac{\pi}{4}\right) \leftrightarrow (\sqrt{2},\ \sqrt{2})$

$\mathbf{R}\left(3,\ \frac{3}{2}\pi\right) \leftrightarrow (0,\ -3)$

● 極方程式の表す図形を考えてみよう！

xy 座標系では，x と y の方程式 $(y=x^2+1,\ x^2+y^2=2,\ y=e^{-x}$ など$)$ により，さまざまな直線や曲線を表した。これと同様に，極座標では，r と θ の関係式により，直線や曲線を表すことができる。この r と θ の関係式のことを，"**極方程式**(きょくほうていしき)"と呼ぶんだね。

そして，xy 座標系での方程式と極方程式は変換公式 $\left\{\begin{array}{l} x=r\cos\theta \\ y=r\sin\theta \end{array}\right.$ と $x^2+y^2=r^2$ を使って，互いに変換できる。ここではまず，1番簡単な例として，(i) 原点を中心とする円と (ii) 原点を通る直線の方程式を，極方程式に変換してみよう。

(i) 円：$x^2+y^2=4$ ……①について，（x^2+y^2 は r^2 ← 変換公式）

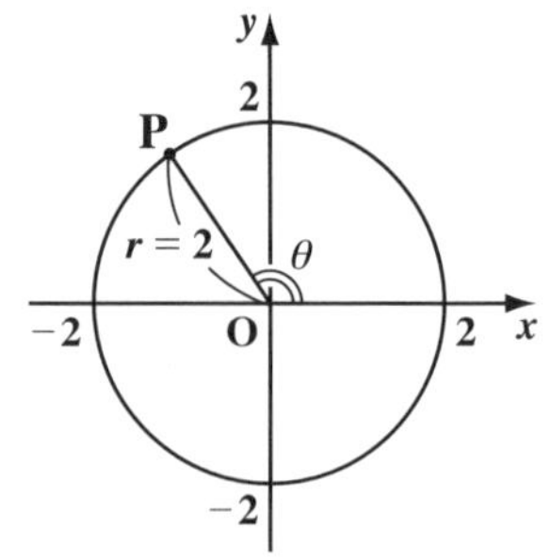

変換公式：$x^2+y^2=r^2$ より①は，

$r^2=4$　　$r>0$ とすると，

$\therefore$ $r=2$ となる。実はこのシンプルな式が，原点 O を中心とする半径 2 の円の極方程式なんだね。これは θ については何も言っていないので，偏角 θ は自由に動く。だけれど，$\mathrm{OP}=r=2$ と，動径の長さは定数 2 で一定なので，動点 P は O を中心とする半径 2 の円を描くことになる。大丈夫？

(ii) 次，直線：$y=x$ ……②について，（y は $r\sin\theta$，x は $r\cos\theta$ ← 変換公式）

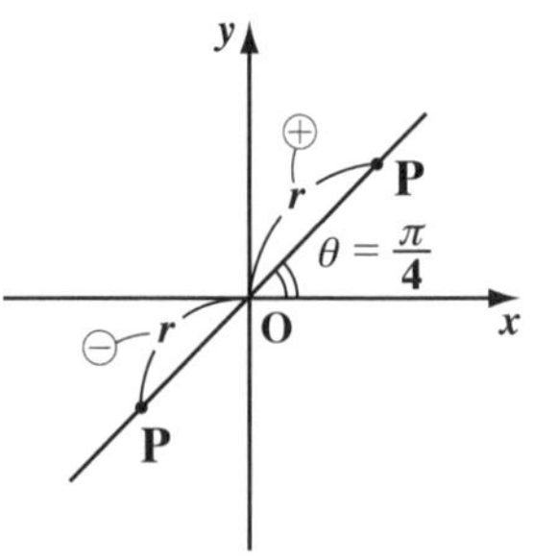

変換公式：$x=r\cos\theta$，$y=r\sin\theta$ より①は，

$$\cancel{r}\sin\theta=\cancel{r}\cos\theta,\quad \frac{\sin\theta}{\cos\theta}=1,\quad \tan\theta=1$$

$\therefore$ $\theta=\dfrac{\pi}{4}$ となる。そして，これがこの直線の極方程式なんだね。偏角 $\theta=\dfrac{\pi}{4}$ は一定で，r は⊕⊖自由に動けるので，結局動点 P は，原点 O を通る傾き 1 $\left(=\tan\dfrac{\pi}{4}\right)$ の直線を描くことになるんだね。納得いった？

それでは，次の例題で，らせんの極方程式も求めてみよう。

例題 46　次のらせんの極方程式を求めてみよう。

$$\begin{cases} x = e^{-\theta}\cos\theta \quad \cdots\cdots(a) \\ y = e^{-\theta}\sin\theta \quad \cdots\cdots(b) \quad (0 \leqq \theta) \end{cases}$$

$(a)^2+(b)^2$ より，$x^2+y^2 = e^{-2\theta}\cos^2\theta + e^{-2\theta}\sin^2\theta$

$$\underbrace{x^2+y^2}_{r^2} = e^{-2\theta}\underbrace{(\cos^2\theta+\sin^2\theta)}_{1}$$

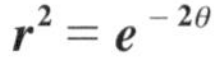

ここで変換公式：$x^2+y^2=r^2$ を用いると，

$r^2 = e^{-2\theta}$

$r>0$ とすると，極方程式

$r = e^{-\theta}$ が導ける。

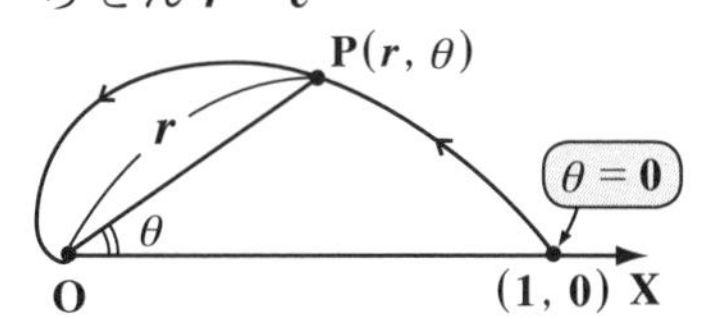

この極方程式は，偏角 θ の値が与えられれば，そのときの r の値が決まり，右上図に示すように，θ が 0 から増加すれば r は減少するので，動点 P は回転しながらその動径の長さを縮めていくことを表しているんだね。つまり，らせんが描けるということだ。納得いった？

それでは次の例題で，逆に極方程式を x と y の方程式に変換してみよう。

例題 47　次の極方程式を x と y の方程式に変換し，その曲線を描いてみよう。

(1) $r = 2\sin\theta \quad \cdots\cdots(a)$　　(2) $r = \dfrac{3}{2-\cos\theta} \quad \cdots\cdots(b)$

(1)，(2) の極方程式のままでは，これがどんな曲線を表すのか見当がつかないので，x と y の方程式に変換してみよう。もちろん，そのためには変換公式を利用するんだね。

(1) $r = 2\sin\theta$ ……(a)　について，この両辺に r をかけると，

$r^2 = 2r\sin\theta$

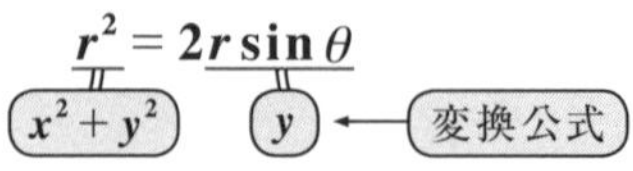

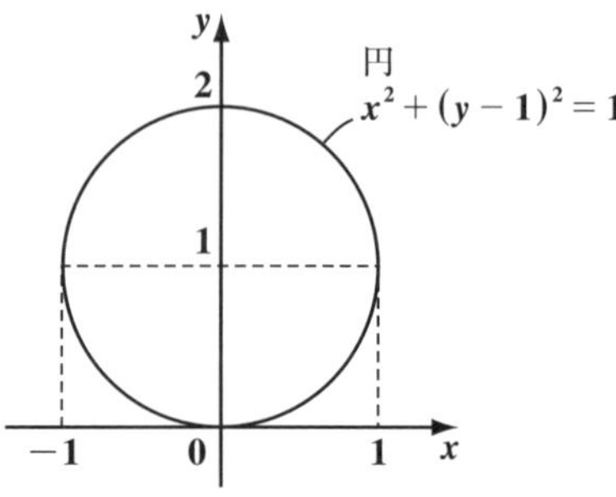

ここで，変換公式：$x^2 + y^2 = r^2$，

$y = r\sin\theta$ を用いると，

$x^2 + y^2 = 2y$

$x^2 + (y^2 - 2y + 1) = 1$

$x^2 + (y-1)^2 = 1$　となる。

よって，(a) の極方程式は，中心 $(0,\ 1)$，半径 1 の円を表すんだね。

(2) $r = \dfrac{3}{2-\cos\theta}$ ……(b)　について，これを変形すると，

$r(2 - \cos\theta) = 3$　　$2r - r\cos\theta = 3$

$r\cos\theta$ → x ← 変換公式

ここで，変換公式：$x = r\cos\theta$ を用いると，

$2r = x + 3$　　この両辺を 2 乗して，

$4r^2 = (x+3)^2$　　ここで，変換公式：$r^2 = x^2 + y^2$ を用いると，

r^2 → x^2+y^2 ← 変換公式

$4(x^2 + y^2) = x^2 + 6x + 9$

$4x^2 + 4y^2 = x^2 + 6x + 9$

$3x^2 - 6x + 4y^2 = 9$

$3(x^2 - 2x + 1) + 4y^2 = 9 + 3$

$3(x-1)^2 + 4y^2 = 12$

$\dfrac{(x-1)^2}{4} + \dfrac{y^2}{3} = 1$

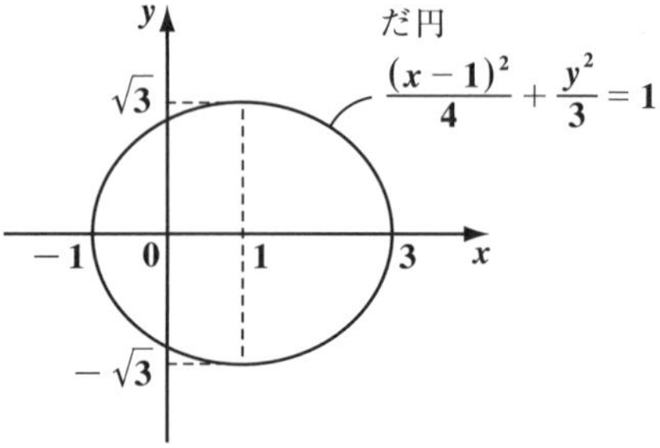

だ円

$\dfrac{(x-1)^2}{4} + \dfrac{y^2}{3} = 1$

よって，(b) の極方程式は，右上図に示すように，だ円 $\dfrac{x^2}{2^2} + \dfrac{y^2}{(\sqrt{3})^2} = 1$ を x 軸方向に 1 だけ平行移動したものであることが分かったんだね。

● 極方程式の面積公式もマスターしよう！

xy 座標系の方程式でも $y=f(x)$ の形のものが圧倒的に多かったけれど，例題 **47** の(a)，(b)から分かるように，極方程式においても，$r=f(\theta)$ の形のものが多いんだよ。これは，偏角 θ の値が与えられれば，そのときの r が決まるので，θ の値の変化により r が変化する。図 **4** のようなイメージを思い描いてくれたらいいんだよ。

図 **4**　$r=f(\theta)$ のイメージ

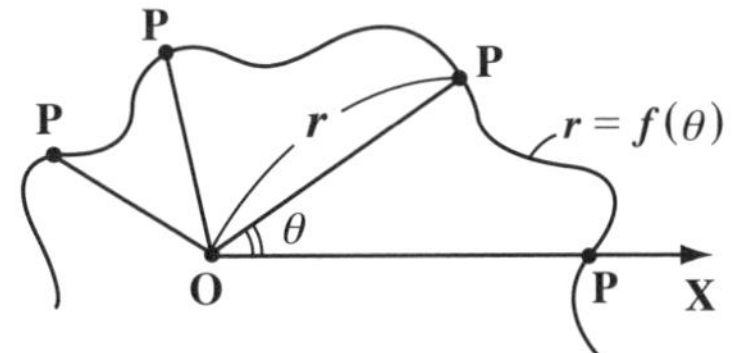

そして，極方程式 $r=f(\theta)$ で表された曲線と，**2** 直線 $\theta=\alpha$，$\theta=\beta$ $(\alpha<\beta)$ で囲まれる部分の面積 S を求める公式も覚えておくと便利だ。図 **5** に示すように，微小面積 ΔS は，近似的に次のように表されるのは大丈夫だね。

図 **5**　極方程式の面積公式

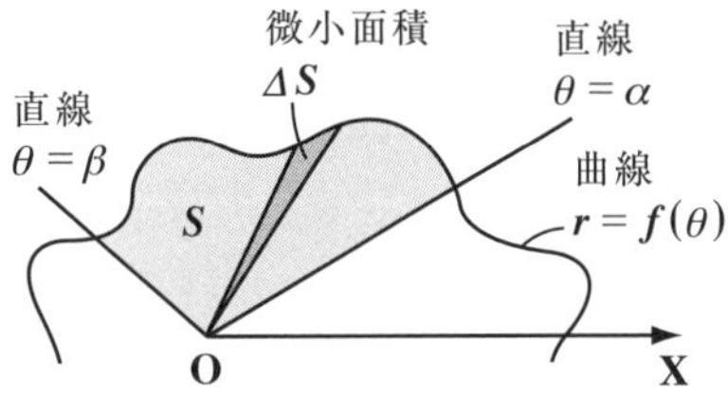

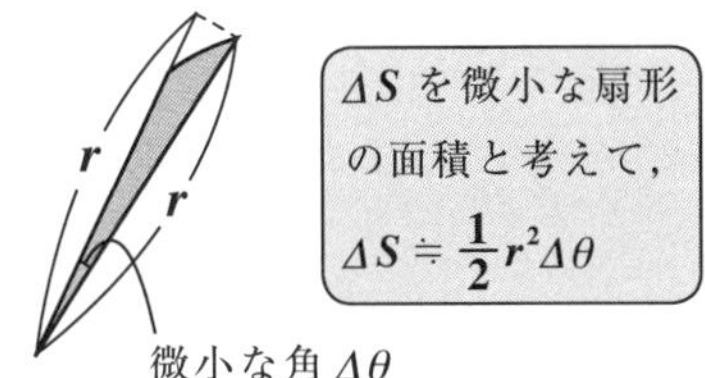

$\Delta S \fallingdotseq \dfrac{1}{2}r^2\Delta\theta$　　これから，

$\dfrac{\Delta S}{\Delta\theta} \fallingdotseq \dfrac{1}{2}r^2$　となる。

ここで，$\Delta\theta \to 0$ の極限をとると，

$\dfrac{dS}{d\theta} = \dfrac{1}{2}r^2$ ……①　となる。

この①の両辺を θ の積分区間 $[\alpha,\ \beta]$ で積分すると，面積 S は，

$S=\dfrac{1}{2}\displaystyle\int_{\alpha}^{\beta} r^2 d\theta$ ……(＊)　と，極方程式 $r=f(\theta)$ についての面積公式が導ける。便利な公式だから，是非頭に入れておこう。

それでは，次の例題で，実際にこの極方程式の面積公式を使ってみることにしよう。

例題 48　極方程式 $r = 2\cos\theta$ ……(a) $\left(-\dfrac{\pi}{2} \leqq \theta \leqq \dfrac{\pi}{2}\right)$ で表される曲線と 2 直線 $\theta = -\dfrac{\pi}{4}$，$\theta = \dfrac{\pi}{6}$ とで囲まれる部分の面積 S を求めてみよう。

(a) の両辺に r をかけて，

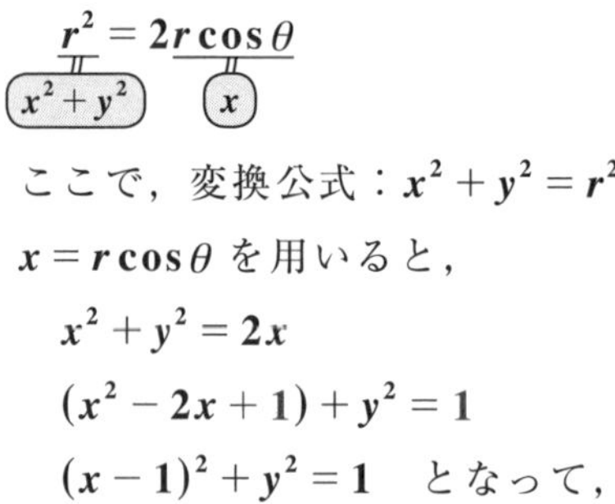

$$r^2 = 2r\cos\theta \quad (r^2 = x^2+y^2,\ r\cos\theta = x)$$

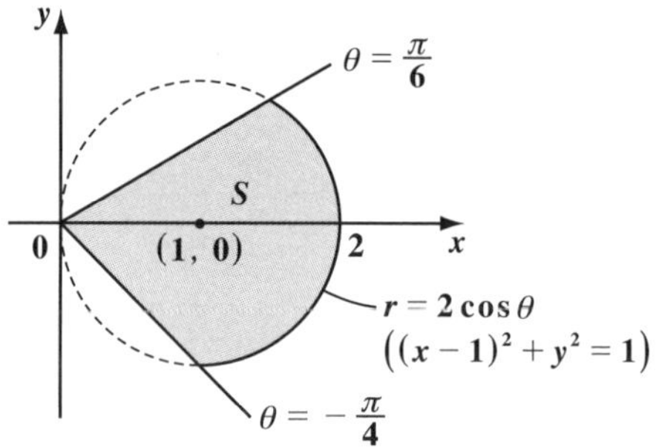

ここで，変換公式：$x^2 + y^2 = r^2$，$x = r\cos\theta$ を用いると，

$$x^2 + y^2 = 2x$$

$$(x^2 - 2x + 1) + y^2 = 1$$

$$(x-1)^2 + y^2 = 1 \quad \text{となって，}$$

右図に示すような中心 $(1,\ 0)$，半径 1 の円であることが分かる。よって，曲線 $r = f(\theta) = 2\cos\theta$（円：$(x-1)^2 + y^2 = 1$ のこと）と 2 直線 $\theta = -\dfrac{\pi}{4}$，$\theta = \dfrac{\pi}{6}$ とで囲まれる図形の面積 S は，極方程式の面積公式より，

$$S = \frac{1}{2}\int_{-\frac{\pi}{4}}^{\frac{\pi}{6}} r^2\,d\theta = 2\int_{-\frac{\pi}{4}}^{\frac{\pi}{6}} \cos^2\theta\,d\theta = \int_{-\frac{\pi}{4}}^{\frac{\pi}{6}} (1 + \cos 2\theta)\,d\theta$$

（$r^2 = (2\cos\theta)^2$，$\cos^2\theta = \dfrac{1+\cos 2\theta}{2}$ ←半角の公式）

$$= \left[\theta + \frac{1}{2}\sin 2\theta\right]_{-\frac{\pi}{4}}^{\frac{\pi}{6}}$$

$$= \frac{\pi}{6} + \frac{1}{2}\sin\frac{\pi}{3} - \left\{-\frac{\pi}{4} + \frac{1}{2}\sin\left(-\frac{\pi}{2}\right)\right\}$$

（$\sin\dfrac{\pi}{3} = \dfrac{\sqrt{3}}{2}$，$\sin\left(-\dfrac{\pi}{2}\right) = (-1)$）

$$= \frac{\pi}{6} + \frac{\sqrt{3}}{4} + \frac{\pi}{4} + \frac{1}{2} = \frac{5}{12}\pi + \frac{2+\sqrt{3}}{4} \quad \text{となる。}$$

> 例題 49　極方程式 $r = e^{-\theta}$ ……(b)　$(0 \leqq \theta \leqq 2\pi)$　で表される曲線と 2 直線 $\theta = \frac{\pi}{6}$，$\theta = \frac{\pi}{2}$ とで囲まれる部分の面積 S を求めてみよう。

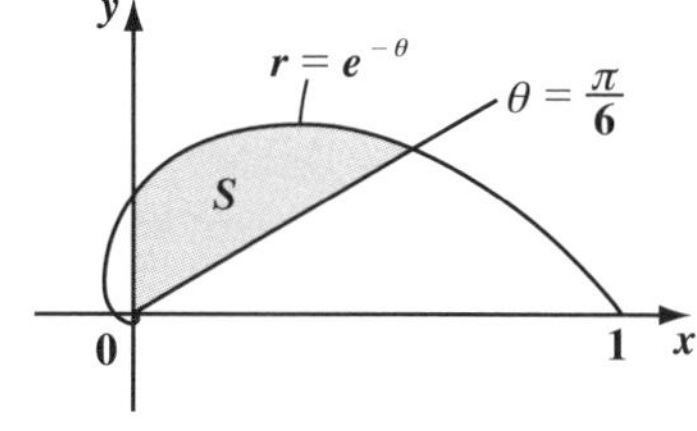

極方程式 $r = e^{-\theta}$ ……(b)　$(0 \leqq \theta \leqq 2\pi)$ は右に示すような“らせん”だね。

よって，このらせん $r = e^{-\theta}$ と 2 直線 $\theta = \frac{\pi}{6}$，$\theta = \frac{\pi}{2}$ とで囲まれる部分の面積 S は，極方程式の面積公式より，

$$S = \frac{1}{2}\int_{\frac{\pi}{6}}^{\frac{\pi}{2}} \underbrace{r^2}_{(e^{-\theta})^2} d\theta = \frac{1}{2}\int_{\frac{\pi}{6}}^{\frac{\pi}{2}} e^{-2\theta} d\theta$$

$$= \frac{1}{2}\left[-\frac{1}{2}e^{-2\theta}\right]_{\frac{\pi}{6}}^{\frac{\pi}{2}} = -\frac{1}{4}\left(e^{-\pi} - e^{-\frac{\pi}{3}}\right) = \frac{1}{4}\left(e^{-\frac{\pi}{3}} - e^{-\pi}\right)$$

となって，答えだ。

どう？ “**極方程式の面積公式**”を使うと，これまで解くのに手間がかかりそうな面積計算がアッという間にできて，面白かっただろう。役に立つ公式だから，是非覚えて使いこなしてくれ。

演習問題 53　●極方程式●

極方程式 $r=\tan\theta$ $\left(0\leqq\theta<\frac{\pi}{2}\right)$ で表される曲線 C を，$y=f(x)$ の形で表し，このグラフの概形を描け。さらに，この曲線 C と直線 $\theta=\frac{\pi}{3}$ とで囲まれる図形の面積 S を求めよ。

ヒント！ $x=r\cos\theta$，$y=r\sin\theta$ などの変換公式を用いて，曲線 C を表す極方程式を $y=f(x)$ $(x\geqq0,\ y\geqq0)$ の形に変形しよう。曲線 C と直線 $\theta=\frac{\pi}{3}$ $(y=\sqrt{3}x)$ とで囲まれる図形の面積 S は，極方程式の面積公式：$S=\frac{1}{2}\int_0^{\frac{\pi}{3}}r^2d\theta$ を使って求めればいいんだね。頑張ろう！

解答＆解説

$r=\tan\theta$ ……① $\left(0\leqq\theta<\frac{\pi}{2}\right)$ で表される曲線 C を，

$y=f(x)$ の形で表す。①を変形して，

$$r=\frac{\sin\theta}{\cos\theta}=\frac{r\sin\theta}{r\cos\theta}=\frac{y}{x}\qquad\therefore r=\frac{y}{x}\ \cdots\cdots②$$

変換公式
$\begin{cases}x=r\cos\theta\\y=r\sin\theta\end{cases}$
$x^2+y^2=r^2$

②の両辺を2乗して，

$r^2=\frac{y^2}{x^2}$ より，$x^2+y^2=\frac{y^2}{x^2}$　　$x^2(x^2+y^2)=y^2$

$$(1-x^2)y^2=x^4\qquad y^2=\frac{x^4}{1-x^2}\ \cdots\cdots③$$

ここで，$0\leqq\theta<\frac{\pi}{2}$ より，$\tan\theta\geqq0$　よって，①より $r\geqq0$

これから，$x\geqq0$，$y\geqq0$　よって，③より，

$$y=\sqrt{\frac{x^4}{1-x^2}}=\frac{x^2}{\sqrt{1-x^2}}$$

$y\geqq0$ より，$y\neq-\sqrt{\frac{x^4}{1-x^2}}$

$\therefore$ 曲線 C は，$y=f(x)=\frac{x^2}{\sqrt{1-x^2}}$ ……④

$(0\leqq x<1)$ で表される。

分母の $\sqrt{\ }$ 内は正より，$1-x^2>0$
$x^2-1<0$　$(x+1)(x-1)<0$
$-1<x<1$　これと $x\geqq0$ より，
$0\leqq x<1$ となる。

$y=f(x)$ を x で微分して，

$$f'(x)=\frac{2x\cdot\sqrt{1-x^2}-x^2\cdot\frac{1}{2}(1-x^2)^{-\frac{1}{2}}\cdot(-2x)}{1-x^2}$$

$\left(\frac{f}{g}\right)'=\frac{f'g-fg'}{g^2}$

$$=\frac{2x\sqrt{1-x^2}+\frac{x^3}{\sqrt{1-x^2}}}{1-x^2}=\frac{2x(1-x^2)+x^3}{(1-x^2)\sqrt{1-x^2}}$$

$$=\frac{x(2-x^2)}{(1-x^2)^{\frac{3}{2}}}\geqq 0 \qquad (0\leqq x<1)$$

これから，$f'(x)$ は，$x=0$ のときのみ 0 で，$0<x<1$ のときは $f'(x)>0$ より，$f(x)$ は単調に増加する。

また，$f(0)=\frac{0}{\sqrt{1-0}}=0$ より，点 $(0,\ 0)$ を通る。

$$\lim_{x\to1-0}f(x)=\lim_{x\to1-0}\frac{x^2}{\sqrt{1-x^2}}=+\infty$$

（$x^2\to1$，$1-x^2\to+0$）

以上より，曲線 C：$y=f(x)$ のグラフの概形は右図のようになる。……………………………(答)

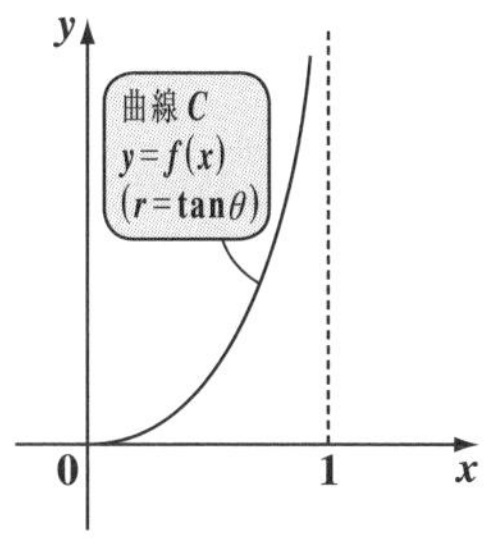

次に，曲線 C：$r=\tan\theta$ $\left(0\leqq\theta<\frac{\pi}{2}\right)$ と直線 $\theta=\frac{\pi}{3}$ $\left(y=\left(\tan\frac{\pi}{3}\right)x=\sqrt{3}\,x\right)$ とで囲まれる図形の面積 S は，

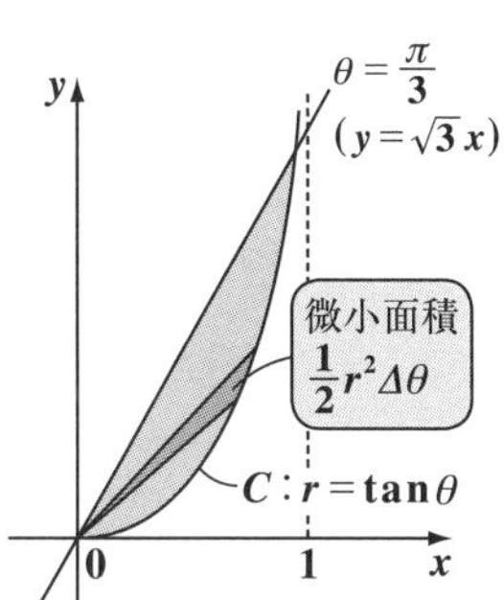

$$S=\frac{1}{2}\int_0^{\frac{\pi}{3}}r^2d\theta=\frac{1}{2}\int_0^{\frac{\pi}{3}}\tan^2\theta\,d\theta$$

公式：$1+\tan^2\theta=\frac{1}{\cos^2\theta}$ → $\left(\frac{1}{\cos^2\theta}-1\right)$

$$=\frac{1}{2}\int_0^{\frac{\pi}{3}}\left(\frac{1}{\cos^2\theta}-1\right)d\theta=\frac{1}{2}\left[\tan\theta-\theta\right]_0^{\frac{\pi}{3}}$$

$$=\frac{1}{2}\left(\tan\frac{\pi}{3}-\frac{\pi}{3}\right)=\frac{1}{2}\left(\sqrt{3}-\frac{\pi}{3}\right)=\frac{1}{6}(3\sqrt{3}-\pi)$$ となる。………………(答)

講義3 ● 積分法　公式エッセンス

1．不定積分の基本公式：(積分定数 C は省略)

(1) $\int x^\alpha dx = \frac{1}{\alpha+1}x^{\alpha+1}$　(2) $\int \cos x dx = \sin x$　(3) $\int \frac{1}{\cos^2 x}dx = \tan x$

(4) $\int e^x dx = e^x$　(5) $\int a^x dx = \frac{a^x}{\log a}$　(6) $\int \frac{f'(x)}{f(x)}dx = \log|f(x)|$

など

2．置換積分法：次の3つのステップで積分する。

(ⅰ) 被積分関数の中の (ある **1** 固まりの x の関数) を t とおく。

(ⅱ) t の積分区間を求める。　(ⅲ) dx と dt の関係を求める。

3．部分積分法

$$\int_a^b f'g\,dx = [fg]_a^b - \int_a^b fg'\,dx$$ など。

（左辺の積分：複雑な積分　右辺の積分：簡単化）

不定積分の公式は，
$\int f'g\,dx = fg - \int fg'\,dx$

4．区分求積法

$$\lim_{n\to\infty}\frac{1}{n}\sum_{k=1}^{n} f\left(\frac{k}{n}\right) = \int_0^1 f(x)dx$$

5．体積計算の公式

$$V = \int_a^b S(x)\,dx \quad (S(x)：断面積)$$

6．x 軸のまわりの回転体の体積公式

$$V_x = \pi\int_a^b y^2\,dx = \pi\int_a^b \{f(x)\}^2\,dx$$

7．y 軸のまわりの回転体の体積公式：バウムクーヘン型積分

$$V_y = 2\pi\int_a^b xf(x)\,dx \quad (f(x) \geqq 0)$$

8．媒介変数表示された曲線と x 軸とで囲まれる部分の面積公式

$$S = \int_a^b y\,dx = \int_\alpha^\beta y\cdot\frac{dx}{d\theta}\,d\theta$$ (ただし，$x：a \to b$ のとき，$\theta：\alpha \to \beta$)

9．極方程式 $r = f(\theta)$ の面積公式

$$S = \frac{1}{2}\int_\alpha^\beta r^2\,d\theta$$

2変数関数の微分・積分

▶ 偏微分と全微分

$$dz = \frac{\partial z}{\partial x}dx + \frac{\partial z}{\partial y}dy$$

▶ 2重積分

$$\int_c^d \int_a^b f(x,\ y)\,dx\,dy$$

§1. 2変数関数の偏微分と全微分

これまで扱ってきた関数は，**1**つの独立変数xからなる**1**変数関数$y=f(x)$ばかりだったんだね。ここでは，レベルアップして**2**つの独立変数x，yからなる**2**変数関数$z=f(x,\ y)$についても少し考えてみよう。

この**2**変数関数の微分には"**偏微分**(へんびぶん)"と"**全微分**(ぜんびぶん)"の**2**つがある。

これらの計算の仕方を，まずここで教えよう。

● 2変数関数は，ある曲面を表す！

2変数関数$z=f(x,\ y)$が与えられたとすると，これは一般には，図**1**に示すように，xyz座標空間上のある曲面を表すと考えることができるんだね。

図1　2変数関数の表す曲面のイメージ

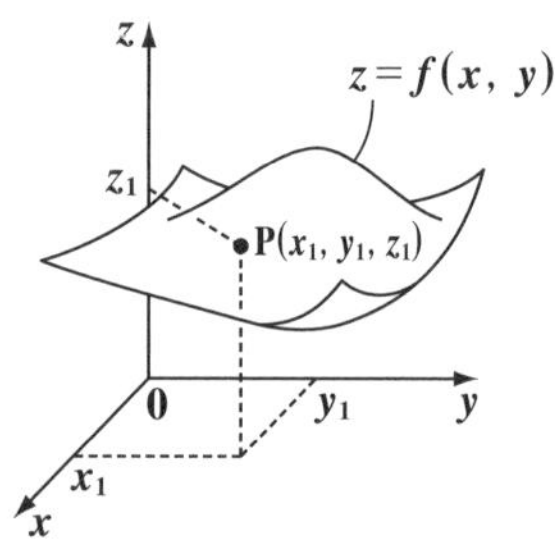

そして，$x=x_1$，$y=y_1$のとき，これらの値を$z=f(x,\ y)$に代入すると，そのときのz座標z_1が$z_1=f(x_1,\ y_1)$から求まる。このとき，点$P(x_1,\ y_1,\ z_1)$は，図**1**に示すように，曲面$z=f(x,\ y)$上の点になるんだね。

具体的に練習してみよう。

(i) $z=f(x,\ y)=x^2-2xy+3y^2$ ……① について，

$x=1$，$y=2$のときのz座標は，①より，

$z=f(1,\ 2)=1^2-2\cdot1\cdot2+3\cdot2^2=1-4+12=9$ となるんだね。

(ii) $z=g(x,\ y)=\sin(x+y)$ ……② について，

$x=\frac{\pi}{2}$，$y=-\frac{\pi}{3}$のときのz座標は，②より，

$z=g\left(\frac{\pi}{2},\ -\frac{\pi}{3}\right)=\sin\left(\frac{\pi}{2}-\frac{\pi}{3}\right)=\sin\frac{\pi}{6}=\frac{1}{2}$ となる。大丈夫？

では，この**2**変数関数の微分は，どのように計算するのか？　そのやり方を解説しよう。

● 偏微分と全微分の計算の仕方を覚えよう！

2変数関数 $z=f(x,\ y)$ は，**2**つの独立変数 x と y をもっているので，x と y それぞれについて，$f(x,\ y)$ を微分することができる。これを x と y による**偏微分**，または**偏導関数**と呼び，それぞれ，$\dfrac{\partial f}{\partial x}\left(=\dfrac{\partial z}{\partial x}\right)$，$\dfrac{\partial f}{\partial y}\left(=\dfrac{\partial z}{\partial y}\right)$ と表す。

（これは"ラウンド x 分のラウンド f"と読む）（これは"ラウンド y 分のラウンド f"と読む）

この記号法は，**1**変数関数の微分 $\dfrac{df}{dx}\left(=\dfrac{dy}{dx}\right)$ と区別するためのものなんだね。

ここで，偏微分 $\dfrac{\partial f}{\partial x}$ を行うときは，変数 x での微分なので，y は定数扱いとし，また，偏微分 $\dfrac{\partial f}{\partial y}$ を行うときは，変数 y での微分なので，x は定数扱いとすることがポイントになるんだね。早速，練習しておこう。

(i) $z=f(x,\ y)=x^2-2xy+3y^2$ の偏導関数 $\dfrac{\partial f}{\partial x}$ と $\dfrac{\partial f}{\partial y}$ を求めると，

・$\dfrac{\partial f}{\partial x}=\dfrac{\partial}{\partial x}(x^2-\underbrace{2y}_{\text{定数扱い}}\cdot x+\underbrace{3y^2}_{\text{定数扱い}})=2x-2y\cdot 1+0=2x-2y$ となり，

・$\dfrac{\partial f}{\partial y}=\dfrac{\partial}{\partial y}(\underbrace{x^2}_{\text{定数扱い}}-\underbrace{2x}_{\text{定数扱い}}\cdot y+3y^2)=0-2x\cdot 1+6y=-2x+6y$ となる。

そして，$z=f(x,\ y)$ の **2** つの偏導関数 $\dfrac{\partial f}{\partial x}$ と $\dfrac{\partial f}{\partial y}$ を用いることにより，この **2** 変数関数の**全微分** dz を次の公式により，求めることができる。

全微分 $dz=\dfrac{\partial f}{\partial x}dx+\dfrac{\partial f}{\partial y}dy$ ←（$dz=\dfrac{\partial z}{\partial x}dx+\dfrac{\partial z}{\partial y}dy$ と表してもいい。）

(i) の例の場合，$\dfrac{\partial f}{\partial x}=2x-2y$，$\dfrac{\partial f}{\partial y}=-2x+6y$ より，この $z=f(x,\ y)$ の全微分 dz は，

$$dz=(2x-2y)dx+(-2x+6y)dy$$
$$=2(x-y)dx+2(-x+3y)dy$$ となるんだね。

それでは，この偏微分と全微分について，さらに演習問題で練習しよう。

演習問題 54　●偏微分と全微分●

次の関数の偏微分 $\frac{\partial f}{\partial x}$ と $\frac{\partial f}{\partial y}$，および全微分 dz を求めよ。

(1) $z=f(x,\ y)=e^{-x^2}\cdot\sin y$　　　(2) $z=f(x,\ y)=\cos(2x-3y)$

ヒント！ 2つの偏微分 $\frac{\partial f}{\partial x}$ と $\frac{\partial f}{\partial y}$ は，それぞれ f_x，f_y と簡潔に表してもいい。したがって，全微分 dz は，$dz=f_x dx+f_y dy$ と表してもいい。

解答＆解説

(1) $z=f(x,\ y)=e^{-x^2}\cdot\sin y$ について，2つの偏微分 f_x，f_y は，

・$f_x=\frac{\partial}{\partial x}(e^{-x^2}\cdot\underbrace{\sin y}_{\text{定数扱い}})=\underbrace{e^{-x^2}(-2x)}_{\text{合成関数の微分}}\cdot\sin y=-2xe^{-x^2}\sin y$ ………………(答)

・$f_y=\frac{\partial}{\partial y}(\underbrace{e^{-x^2}}_{\text{定数扱い}}\cdot\sin y)=e^{-x^2}\cdot\cos y$ ………………(答)

以上より，全微分 dz を求めると，

$dz=f_x dx+f_y dy=-2xe^{-x^2}\sin y dx+e^{-x^2}\cdot\cos y dy$ ………………(答)

(2) $z=f(x,\ y)=\cos(2x-3y)$ について，2つの偏微分 f_x，f_y は，

・$f_x=\frac{\partial}{\partial x}\cos(2x-\underbrace{3y}_{\text{定数扱い}})=\underbrace{-\sin(2x-3y)\cdot 2}_{2x-3y=t\text{ とおいて，合成関数の微分}}=-2\sin(2x-3y)$ ………(答)

・$f_y=\frac{\partial}{\partial y}\cos(\underbrace{2x}_{\text{定数扱い}}-3y)=\underbrace{-\sin(2x-3y)\cdot(-3)}_{2x-3y=t\text{ とおいて，合成関数の微分}}=3\sin(2x-3y)$ ……(答)

以上より，全微分 dz を求めると，

$dz=f_x dx+f_y dy=-2\sin(2x-3y)dx+3\sin(2x-3y)dy$ ……………(答)

演習問題 55　● 偏微分係数 ●

関数 $f(x, y) = \sqrt{1-x^2}\sin^{-1}y \quad (-1 < x < 1,\ -1 < y < 1)$ について，

偏微分係数 $f_x\left(\frac{\sqrt{3}}{2}, \frac{1}{2}\right)$，$f_y\left(\frac{1}{3}, \frac{2}{3}\right)$ を求めよ。

ヒント！ 一般に，2変数関数 $f(x, y)$ の偏導関数 $f_x(x, y)$ や $f_y(x, y)$ の x や y に，a, b などの定数を代入した $f_x(a, b)$ や $f_y(a, b)$ を偏微分係数という。1変数関数 $f(x)$ の導関数 $f'(x)$ の x に定数 a を代入した $f'(a)$ を微分係数と呼ぶのと同様なんだね。

解答＆解説

$f(x, y) = \sqrt{1-x^2}\sin^{-1}y$ ……① $(-1 < x < 1,\ -1 < y < 1)$ について，

2つの偏導関数 $f_x(x, y)$ と $f_y(x, y)$ を求めると，①より，

(i) $f_x(x, y) = \frac{\partial}{\partial x}\left\{(1-x^2)^{\frac{1}{2}}\cdot\underbrace{\sin^{-1}y}_{\text{定数扱い}}\right\} = \underbrace{\frac{1}{2}(1-x^2)^{-\frac{1}{2}}\cdot(-2x)}_{1-x^2=t\text{ とおいて，合成関数の微分}}\cdot\sin^{-1}y$

$= -\frac{x}{\sqrt{1-x^2}}\sin^{-1}y$ となる。

(ii) $f_y(x, y) = \frac{\partial}{\partial y}(\underbrace{\sqrt{1-x^2}}_{\text{定数扱い}}\cdot\sin^{-1}y) = \sqrt{1-x^2}\cdot\frac{1}{\sqrt{1-y^2}} = \frac{\sqrt{1-x^2}}{\sqrt{1-y^2}}$ となる。

以上(i)(ii)より，求める偏微分係数の値は，

・$f_x\left(\frac{\sqrt{3}}{2}, \frac{1}{2}\right) = -\frac{\frac{\sqrt{3}}{2}}{\sqrt{1-\left(\frac{\sqrt{3}}{2}\right)^2}}\cdot\underbrace{\sin^{-1}\frac{1}{2}}_{\frac{\pi}{6}} = -\frac{\frac{\sqrt{3}}{2}}{\frac{1}{2}}\cdot\frac{\pi}{6} = -\frac{\sqrt{3}\pi}{6}$ であり，…(答)

・$f_y\left(\frac{1}{3}, \frac{2}{3}\right) = \frac{\sqrt{1-\left(\frac{1}{3}\right)^2}}{\sqrt{1-\left(\frac{2}{3}\right)^2}} = \frac{\sqrt{\frac{8}{9}}}{\sqrt{\frac{5}{9}}} = \frac{\sqrt{8}}{\sqrt{5}} = \frac{2\sqrt{2}}{\sqrt{5}} = \frac{2\sqrt{10}}{5}$ である。………(答)

§2. 2変数関数の重積分

では次に，2変数関数 $z=f(x,\ y)$ の積分について考えよう。これは x と y による2重の積分になるので，**重積分**(じゅうせきぶん)と呼ばれる。この2変数関数の重積分は，曲面 $z=f(x,\ y)$ と xy 平面とで挟まれる体積の計算と密接な関係があるんだね。

● 2変数関数の重積分で体積計算ができる！

2変数関数 $z=f(x,\ y)$ の重積分について考えよう。まず，xy 平面上に $a\leqq x\leqq b$，$c\leqq y\leqq d$ で表される長方形の領域 D を考える。この領域 D において，$z=f(x,\ y)$ が連続で有界な（±∞にはならないということ。）らば，$f(x,\ y)$ は次のように重積分することができる。さらに，D において $f(x,\ y)\geqq 0$ であるならば，これは，図1に示すように曲面 $z=f(x,\ y)$ と xy 平面上の領域 D とで挟まれる立体の体積 V を表しているんだね。

図1 重積分と体積計算

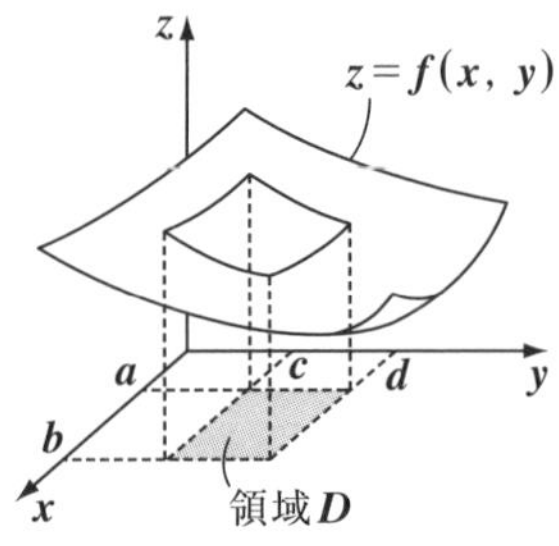

$$V=\int_c^d\int_a^b f(x,\ y)dx\,dy$$

（x での積分）（y での積分）

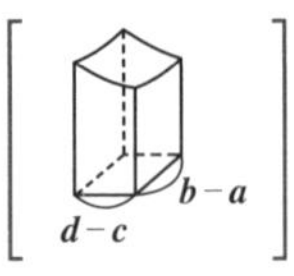

しかし，$f(x,\ y)<0$ となっても構わない。この場合，重積分によって負の体積が計算されることになるだけだからね。

では，x での積分と y での積分との順序はどうするか？　この順序を問題とする重積分を**累次積分**(るいじせきぶん)というんだけれど，ここで解説している領域 D $(a\leqq x\leqq b,\ c\leqq y\leqq d)$ の積分については，この順序は問わない。つまり，

$V=\displaystyle\int_a^b\int_c^d f(x,\ y)dy\,dx$ と計算しても構わない。

（y での積分）（x での積分）

ただし，偏微分の計算のときと同様に，先に x で積分するときは，y は定数扱いとし，また，先に y で積分するときは，x は定数扱いとするんだね。

それでは，次の例題で，この重積分の計算をやってみよう。

例題 **50**　次の重積分の計算をしよう。

(1) $\int_0^{\pi}\int_0^1 \frac{\sin y}{1+x^2}dx\,dy$　　(2) $\int_{-1}^1\int_0^2(-x^2-xy+3y^2)dx\,dy$

(1) $\underbrace{\int_0^{\pi}\underbrace{\int_0^1 \frac{\sin y}{1+x^2}dx}_{x\text{での積分}}\,dy}_{y\text{での積分}} = \underbrace{\int_0^{\pi}\sin y\,dy}_{y\text{での積分}}\cdot\underbrace{\int_0^1\frac{1}{1+x^2}dx}_{x\text{での積分}}$

$f(x)\cdot g(y)$ の形の積分では，このように分離して個別に積分してもよい。

$= -\left[\cos y\right]_0^{\pi}\times\left[\tan^{-1}x\right]_0^1 = -(\underbrace{\cos\pi}_{-1}-\underbrace{\cos 0}_{1})\times(\underbrace{\tan^{-1}1}_{\frac{\pi}{4}}-\underbrace{\tan^{-1}0}_{0})$

$= -(-1-1)\cdot\frac{\pi}{4} = 2\cdot\frac{\pi}{4} = \frac{\pi}{2}$ となる。

(2) $\underbrace{\int_{-1}^1\int_0^2(-x^2-\underbrace{y}_{\text{定数扱い}}\cdot x+\underbrace{3y^2}_{\text{定数扱い}})dx}_{\text{先に}x\text{での積分}}\,dy$

これは，
$\int_0^2\underbrace{\int_{-1}^1(3y^2-x\cdot y-x^2)dy}_{\text{先に}y\text{での積分}}\,dx$
としてもいい。自分で確認しよう。

$= \int_{-1}^1\underbrace{\left[-\frac{1}{3}x^3-\frac{1}{2}y\cdot x^2+3y^2x\right]_0^2}_{\left(-\frac{8}{3}-2y+6y^2\right)}dy$

$= \int_{-1}^1\left(\underbrace{6y^2}_{\text{偶}}-\underbrace{2y}_{\text{奇}}-\underbrace{\frac{8}{3}}_{\text{偶関数}}\right)dy$

・$\int_{-a}^a \underbrace{f(x)}_{\text{奇関数}}dx = 0$

・$\int_{-a}^a \underbrace{f(x)}_{\text{偶関数}}dx = 2\int_0^a f(x)dx$

$= 2\int_0^1\left(6y^2-\frac{8}{3}\right)dy = 2\left[2y^3-\frac{8}{3}y\right]_0^1$

$= 2\left(2-\frac{8}{3}\right) = -\frac{4}{3}$ となる。

演習問題 56　●重積分(I)●

次の重積分を計算せよ。

(1) $\int_{-\pi}^{0}\int_{0}^{\pi}\cos(x+y)\,dx\,dy$　　(2) $\int_{0}^{\pi}\int_{-\pi}^{0}\cos(x+y)\,dy\,dx$

ヒント！ x と y での積分の順序を変えても，重積分の結果が同じになることを，この問題で確認しよう。ここで，公式：$\sin(\theta\pm\pi)=-\sin\theta$ も利用する。

解答＆解説

(1) $\int_{-\pi}^{0}\int_{0}^{\pi}\cos(x+y)\,dx\,dy=\int_{-\pi}^{0}\left[\sin(x+y)\right]_0^{\pi}dy$

（y：定数扱い）（まず，xでの積分）

$=\int_{-\pi}^{0}\{\sin(y+\pi)-\sin y\}dy$　（$\sin(y+\pi)=-\sin y$ ← 公式：$\sin(\theta+\pi)=-\sin\theta$）

$=-2\int_{-\pi}^{0}\sin y\,dy=2\left[\cos y\right]_{-\pi}^{0}$

$=2\{\cos 0-\cos(-\pi)\}=2\cdot(1+1)=4$ ……………………………(答)

（$\cos 0=1$，$\cos(-\pi)=\cos\pi=-1$）

(2) $\int_{0}^{\pi}\int_{-\pi}^{0}\cos(x+y)\,dy\,dx=\int_{0}^{\pi}\left[\sin(x+y)\right]_{-\pi}^{0}dx$

（x：定数扱い）（まず，yでの積分）

$=\int_{0}^{\pi}\{\sin x-\sin(x-\pi)\}dx$　（$\sin(x-\pi)=-\sin x$ ← 公式：$\sin(\theta-\pi)=-\sin\theta$）

$=2\int_{0}^{\pi}\sin x\,dx=-2\left[\cos x\right]_0^{\pi}$

$=-2(\cos\pi-\cos 0)=-2\cdot(-1-1)=4$ ……………………………(答)

（$\cos\pi=-1$，$\cos 0=1$）

（(1)と同じ結果が導けた！）

演習問題 57　● 重積分 (Ⅱ) ●

次の重積分を計算せよ。

(1) $\displaystyle\int_0^{\frac{\pi}{6}}\int_0^{\frac{\pi}{2}}\frac{\cos^3 x}{\cos y}dxdy$　　(2) $\displaystyle\int_1^2\int_0^1\log(x+y)dxdy$

ヒント! (1) は $\displaystyle\int_0^{\frac{\pi}{2}}\cos^3 xdx\cdot\int_0^{\frac{\pi}{6}}\frac{1}{\cos y}dy$ の形に変形できるので，x と y での積分計算を個別に行って，積を求めればよい。(2) では，$\log x$ の積分公式 $\displaystyle\int\log xdx=x\log x-x+C$ に加えて，$\log(x+a)$ (a：定数) の積分公式 $\displaystyle\int\log(x+a)dx=(x+a)\log(x+a)-x+C$ を利用するといい。

解答＆解説

(1) $\displaystyle\int_0^{\frac{\pi}{6}}\left(\int_0^{\frac{\pi}{2}}\frac{\cos^3 x}{\cos y}dx\right)dy=\underbrace{\int_0^{\frac{\pi}{2}}\cos^3 xdx}_{(\text{i})}\cdot\underbrace{\int_0^{\frac{\pi}{6}}\frac{1}{\cos y}dy}_{(\text{ii})}$ …①と変形できる。ここで，

(i) $\displaystyle\int_0^{\frac{\pi}{2}}\cos^3 xdx=\int_0^{\frac{\pi}{2}}\cos^2 x\cdot\cos xdx=\int_0^{\frac{\pi}{2}}(1-\sin^2 x)\cdot\cos xdx$

ここで，$\sin x=t$ とおくと，$x:0\to\frac{\pi}{2}$ のとき，$t:0\to 1$ ← $\int f(\sin x)\cdot\cos xdx$ のとき $\sin x=t$ とおく。

また，$\cos xdx=dt$ より，

$$\int_0^{\frac{\pi}{2}}\cos^3 xdx=\int_0^1\underbrace{(1-t^2)}_{(1-\sin^2 x)}\underbrace{dt}_{\cos xdx}=\left[t-\frac{1}{3}t^3\right]_0^1=1-\frac{1}{3}=\frac{2}{3}\quad\cdots②\ \text{となる。}$$

(ii) $\displaystyle\int_0^{\frac{\pi}{6}}\frac{1}{\cos y}dy=\int_0^{\frac{\pi}{6}}\frac{1}{\cos^2 y}\cdot\cos ydy=\int_0^{\frac{\pi}{6}}\frac{1}{1-\sin^2 y}\cos ydy$

ここで，$\sin y=t$ とおくと，$x:0\to\frac{\pi}{6}$ のとき，$t:0\to\frac{1}{2}$

また，$\cos ydy=dt$ より，

$\displaystyle\frac{1}{(1-t)(1+t)}=\frac{1}{2}\left(\frac{1}{1+t}+\frac{1}{1-t}\right)$

$$\int_0^{\frac{\pi}{6}}\frac{1}{\cos y}dy=\int_0^{\frac{1}{2}}\frac{1}{1-t^2}dt=\int_0^{\frac{1}{2}}\frac{1}{(1-t)(1+t)}dt=\frac{1}{2}\int_0^{\frac{1}{2}}\left(\frac{1}{1+t}+\frac{1}{1-t}\right)dt$$

$$=\frac{1}{2}\Big[\log(1+t)-\log(1-t)\Big]_0^{\frac{1}{2}}=\frac{1}{2}\left\{\log\frac{3}{2}-\log\frac{1}{2}-(\log 1-\log 1)\right\}$$

$$=\frac{1}{2}\log 3\quad\cdots\cdots③$$

$\log\dfrac{\frac{3}{2}}{\frac{1}{2}}=\log 3$

②，③を①に代入して，

$$与式 = \underbrace{\int_0^{\frac{\pi}{2}} \cos^3 x dx}_{\frac{2}{3}\ (②より)} \cdot \underbrace{\int_0^{\frac{\pi}{6}} \frac{1}{\cos y} dy}_{\frac{1}{2}\log 3\ (③より)} = \frac{2}{3} \times \frac{1}{2}\log 3 = \frac{1}{3}\log 3 \cdots\cdots\cdots\cdots (答)$$

(2) $\log(x+a)$ (a：定数) の不定積分 $\int \log(x+a)dx$ は，

$$\int \log(x+a)dx = (x+a)\cdot\log(x+a) - x + C \quad \cdots(*)$$

$$\because \{(x+a)\cdot\log(x+a)-x\}' = 1\cdot\log(x+a) + (x+a)\cdot\frac{1}{x+a} - 1 = \log(x+a) + 1 - 1 = \log(x+a)$$

である。これを用いると，

まず，定数扱い　x で積分

$$\int_1^2 \left\{ \underbrace{\int_0^1 \log(x+y)dx}_{} \right\} dy$$

$$\left[(x+y)\cdot\log(x+y)-x\right]_0^1 \quad ((*) の積分公式より)$$
$$= (1+y)\log(1+y) - 1 - (y\log y - 0) = (y+1)\log(y+1) - y\log y - 1$$

$$= \int_1^2 (y+1)\log(y+1)dy - \int_1^2 y\log y dy - \int_1^2 dy$$

$y+1=t$ とおくと，$y:1\to 2$ のとき，$t:2\to 3$　また，$dy=dt$ より，

$$\int_2^3 t\cdot\log t\,dt = \int_2^3 \left(\frac{1}{2}t^2\right)'\log t\,dt$$
$$= \left[\frac{1}{2}t^2\log t\right]_2^3 - \frac{1}{2}\int_2^3 t^2\cdot\frac{1}{t}dt$$
$$= \frac{9}{2}\log 3 - 2\log 2 - \frac{1}{2}\left[\frac{1}{2}t^2\right]_2^3$$
$$= \frac{9}{2}\log 3 - 2\log 2 - \frac{1}{4}(9-4)$$

$$\int_1^2 \left(\frac{1}{2}y^2\right)'\log y dy \quad \leftarrow 部分積分$$
$$= \left[\frac{1}{2}y^2\log y\right]_1^2 - \int_1^2 \frac{1}{2}y^2\cdot\frac{1}{y}dy$$
$$= 2\log 2 - \frac{1}{2}\log 1 - \frac{1}{2}\left[\frac{1}{2}y^2\right]_1^2$$
$$= 2\log 2 - \frac{1}{4}(4-1) = 2\log 2 - \frac{3}{4}$$

$$\left[y\right]_1^2 = 2-1 = 1$$

$$= \frac{9}{2}\log 3 - 2\log 2 - \frac{5}{4} - \left(2\log 2 - \frac{3}{4}\right) - 1$$

$$= \frac{9}{2}\log 3 - 4\log 2 - \frac{3}{2} \cdots\cdots\cdots\cdots (答)$$

講義 4 ● 2 変数関数の微分・積分　公式エッセンス

1. 2 変数関数 $f(x, y)$

一般に，2 変数関数 $z = f(x, y)$ は，xyz 座標空間上の曲面を表す。

2. 2 変数関数の偏微分と全微分

(1) 2 変数関数 $f(x, y)$ の偏微分

$f(x, y)$ が偏微分可能であるとき，

(i) x での偏導関数を $\dfrac{\partial f}{\partial x}$ または $f_x(x, y)$ などと表す。

点 (a, b) での偏微分係数を $f_x(a, b)$ などと表す。

(ii) y での偏導関数を $\dfrac{\partial f}{\partial y}$ または $f_y(x, y)$ などと表す。

点 (a, b) での偏微分係数を $f_y(a, b)$ などと表す。

(2) 2 変数関数の全微分

2 変数関数 $z = f(x, y)$ が全微分可能であるとき，

全微分 $dz = f_x dx + f_y dy = \dfrac{\partial f}{\partial x} dx + \dfrac{\partial f}{\partial y} dy$ である。

3. 重積分

2 変数関数 $z = f(x, y)$ が，領域 $D(a \leqq x \leqq b,\ c \leqq y \leqq d)$ において，連続かつ有界であるとき，次のように重積分することができる。このとき，この重積分は，領域 D において，曲面 $z = f(x, y)$ と xy 平面とで挟まれる立体の体積 V を表す。(ただし，$V < 0$ の場合もある。)

$$V = \iint_D f(x, y)\,dx\,dy = \int_c^d \int_a^b f(x, y)\,dx\,dy$$

x での積分

y での積分

この場合，x と y での積分の順序を変えても構わない。つまり，

$$V = \int_a^b \int_c^d f(x, y)\,dy\,dx$$ と計算してもよい。

y での積分

x での積分

◆◆◆ Appendix(付録) ◆◆◆

補充問題 1 ● 逆三角関数 $\sin^{-1}x$ の微分 ●

$y=f(x)=\sin x$ $\left(-\frac{\pi}{2}<x<\frac{\pi}{2}\right)$ の逆関数は $y=f^{-1}(x)=\sin^{-1}x$ $(-1<x<1)$ である。$(\sin x)'=\cos x$ であることを利用して，$(\sin^{-1}x)'$ を求めよ。

ヒント！ $y=\sin^{-1}x$ $\left(-1<x<1,\ -\frac{\pi}{2}<y<\frac{\pi}{2}\right)$ より，$x=\sin y$ となる。よって，x を y で微分して $\frac{dx}{dy}$ を求め，これを $\frac{dx}{dy}=(x\text{の式})$ の形に持ち込んで，この逆数をとれば，$\sin^{-1}x$ の導関数 $y'=(\sin^{-1}x)'$ になるんだね。

解答＆解説

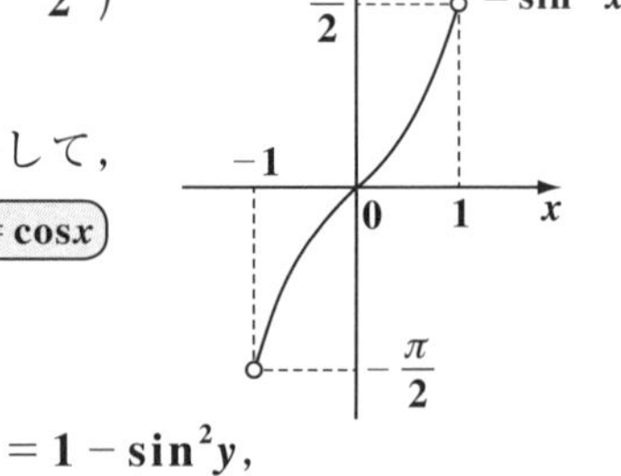

$y=f^{-1}(x)=\sin^{-1}x$ $\left(-1<x<1,\ -\frac{\pi}{2}<y<\frac{\pi}{2}\right)$

より，$x=\sin y$ ……① となる。

よって，x は y の関数なので，x を y で微分して，

$\frac{dx}{dy}=(\sin y)'=\cos y$ ……② ← 公式：$(\sin x)'=\cos x$

ここで，$-\frac{\pi}{2}<y<\frac{\pi}{2}$ より，$\cos y>0$

よって，公式 $\cos^2y+\sin^2y=1$ より，$\cos^2y=1-\sin^2y$,

$\cos y=\sqrt{1-\sin^2y}$ ……③ ← $\cos y>0$ より，$\cos y=-\sqrt{1-\sin^2y}$ とはならない。

①を③に代入すると，

$\cos y=\sqrt{1-x^2}$ ……④ となる。よって，④を②に代入して，

$\frac{dx}{dy}=\sqrt{1-x^2}$ より，この逆数をとると， ← これで $\frac{dx}{dy}=(x\text{の式})$ の形になったので，この逆数をとれば $\frac{dy}{dx}$，すなわち $(\sin^{-1}x)'$ が求められる。

$y'=\frac{dy}{dx}=(\sin^{-1}x)'=\frac{1}{\sqrt{1-x^2}}$ $(-1<x<1)$

が導ける。 ……………………………………………(答)

Term・Index

大学数学入門編
初めから学べる 微分積分
キャンパス・ゼミ

マセマ

著　者　馬場 敬之
発行者　馬場 敬之
発行所　マセマ出版社
〒 332-0023 埼玉県川口市飯塚 3-7-21-502
TEL 048-253-1734　FAX 048-253-1729
Email：info@mathema.jp
https://www.mathema.jp

編　集　七里 啓之
校閲・校正　高杉 豊　秋野 麻里子
制作協力　久池井 茂　印藤 治　久池井 努
野村 直美　野村 烈　滝本 修二
平城 俊介　真下 久志　間宮 栄二
町田 朱美
カバーデザイン　馬場 冬之
ロゴデザイン　馬場 利貞
印刷所　中央精版印刷株式会社

令和 5 年 11 月 10 日 初版発行

ISBN978-4-86615-318-6 C3041

落丁・乱丁本はお取りかえいたします。